面对越来越复杂的生活，我们有必要掌握心理学知识。懂得运用心理学管理自己，管理别人，我们的工作才更有成就，和他人的关系才会更友好，生活才会更幸福、更有意义。

轻松读懂心理学知识

QINGSONG DUDONG XINLIXUE ZHISHI

倪秉瑞◎编著

一 本 书 让 你 轻 松 掌 握 心 理 学 知 识

中国城市出版社
·北京·

图书在版编目（CIP）数据

轻松读懂心理学知识 / 倪秉瑞编著. —北京：中国城市出版社，2012.4
ISBN 978-7-5074-2578-9

Ⅰ. ① 轻… Ⅱ. ① 倪… Ⅲ. ① 心理学 - 通俗读物
Ⅳ. ① B84-49

中国版本图书馆 CIP 数据核字(2012)第 066627 号

责任编辑 张惠平
封面设计 方彩工作室
责任技术编辑 张建军
出版发行 中国城市出版社
地址 北京市西城区广安门南街甲 30 号（邮编 100053）
网址 www.citypress.cn
发行部电话 （010）63454857 63289949
发行部传真 （010）63421417 63400635
总编室电话 （010）68171928
总编室信箱 citypress@sina.com
经销 新华书店
印刷 北京集惠印刷有限责任公司
字数 338 千字 印张 22
开本 710 × 1000（毫米）1/16
版次 2012 年 5 月第 1 版
印次 2012 年 5 月第 1 次印刷
定价 33.80 元

前 言

品酒只需一刻钟，品人需待十年功。在纷纭复杂的社会里，能真正认识一个人实属不易。心理现象是一种极其复杂的现象，法国大作家雨果说得好，世界最浩瀚的是海洋，比海洋更浩瀚的是天空，比天空还要浩瀚的是人的心灵。所谓心理学，用一句带点哲学意味的话来说，就是当人类的意识返回到自身，用智慧的解剖刀解剖自己内心世界的一种科学。

谁不想认识认识自己呢？谁没有过独处一室，透过镜子，悄悄打量自己是什么模样的经历呢？“心理学”则是另一种镜子——发展到一定高度的文明人，没有不渴望照照这面镜子的。我们要想了解对方的想法，并不是一件容易的事情。但是，人的想法会不经意间通过一些外在的行为表现出来，从而被他人觉察到。我们只要从一个人的外在表现，就能轻而易举地识别对方，深入细致地了解他的内心世界。

本书是揭示人的日常心理活动规律的书，是一本让人变得更聪明的书。对事业、生活充满期待的人，它是一本无以伦比的制胜宝典。

只要你将本书学习到的心理学知识应用到实践中，并把行动中所感悟到的经验和教训记录下来，不断改进，相信很快就会让领导赏识你，让部下佩服你，让小人服从你，让好人尊重你，让朋友喜欢你，让亲人更爱你。

本书运用心理学原理，结合实际生活案例，对为人处世中可能遇到的各种心理现象进行了详尽的分析，并提供了操作简便的解决思路与方法。帮助你在了解人际关系现象背后的深层心理原因的同时，也帮助你在职场上、商场上、亲友圈中，成为最有分量、最受欢迎、最能呼风唤雨的人。

本书通俗易懂而又不失准确深刻，书中充满了知识和挑战，其中既有妙趣横生的心理学效应，也有诡异深奥的心理学原理。它寓深刻道理于平实的语言，润物无声地让你用心理学家的方式重新思考世界、重新理解人性。

人际关系理顺了，你才能获得更多的支持和帮助，才能远离各种可能发生的纷争。

一旦人际关系的问题顺畅之后，诸事皆顺，你将不再委曲求全，你将随心所欲地主导自己的命运，并能充分运用人际关系给你带来的各种资源，各种意想不到的好机会也都会纷至沓来。

目 录

第一章　成为受欢迎的自己——让自己变得人见人爱

第二章　认识真正的自己——人贵在自知

第三章　打败消极的自己——以积极的心态面对困境

第四章　修炼智慧的自己——知人知面要知心

第五章 锻炼出健康的自己——做自己的心理医生

第六章　追求幸福的自己——和家人分享真爱

第七章　遇见从容的自己——淡定让你反败为胜

第八章　实现成功的自己——思路决定出路

第一章

成为受欢迎的自己

◎好心情定律：在别人心情好的时候请求帮助

【俗话说，人逢喜事精神爽。而很多人不知道，在精神爽的情况下，人们会有一个变化，那就是变得更加乐于助人。】

众所周知，有些人的心情会随着天气好坏而变化。心理学家通过实验发现，天气越好，人的心情就越好，同时也变得更加容易帮助别人。

当然影响人的心情的因素有许多。有时就是很小的一件事也可能左右人的情绪。比如，晴朗的星期天，外出去买东西，然后又在街上找了一个电话亭给朋友打电话。很不巧，电话虽然通了但就是没人接，无奈只好放下话筒，伸手取回自己的硬币。就在拿钱的一瞬间，突然发现前面打电话的人的钱没有拿走，于是你就会想“没想到还赚了一次电话费”。随后几分钟里，心里总有一种乐滋滋的感觉。那么这种情况下的人是否变得更加乐于助人呢？心理学家对此做了个实验。他们故意在公用电话里放置了一枚硬币，假装是前一个人忘掉的。

这时，试验者抱着一堆书籍之类的东西从他跟前走过，故意让书突然掉到地上。而刚从电话亭里出来的这个心情好的被试者，大多会帮助他拣起地上的书。而对于没有拣到额外钱币的人，帮助陌生人拣书的概率则小得多。

这很明显地证明了，心情好的确使人更容易帮助别人。

其实我们每个人大概都有过类似的体会。当你遇见一件好事，顿时觉得生活特别美好，觉得自己非常幸运。这种情况下，为什么不能帮助那些不如你那么幸运的人呢，为什么不能让世界有更多的美好呢？似乎好心情有一种惯性。

有很多人懂得这个心理规律，总是在别人遇到喜事临门、有意外收获的时候，让别人请客，或帮忙做一些事。当然这个人比平时更可能同意。

比如，一位男士中了几十万的大奖，兴高采烈。此时，朋友们让他请客，他会很豪爽地请大家到高档酒楼吃一顿海鲜。而要是在平时，朋友让他在小吃摊上请客，他也要算计算计。

一位厅长换届时连任，他肯定高兴。你拿着过去很长时间里他都没来得及批的一项申请报告找他，请他在上面签字，他多半会爽快答应。这也是好心情定律使然。

因此，要记住，在别人心情好的时候，请求帮助，很可能会让你如愿以偿。这个定律反过来就是，对方心情不好时，本来挺简单的事，他可能也不肯帮你的忙。所以人们爱说："出门看天色，进门看脸色。"就是教人先看别人的脸色再对其采取合适的策略。

◎色彩心理学：正确使用颜色，给自己一个好心情

【在生活中正确地使用颜色，对人的身心健康有很重要的意义。】

每当我们仰头看着湛蓝的天空，不能不佩服大自然的神奇造化。蓝色是多么的令人宁静、令人神清气爽啊！我们能够想象天空要是红色的会怎么样呢？想一想，每天头上顶着鲜红的天空，我们的心情会怎样吧！那恐怕我们要经常充满躁动，甚至发狂了。我们不能不赞叹造物主的安排是多么巧妙、合理。蓝色的天空中漂浮着白云，是多么美的图画！还有绿色的树木。据科学家研究发现，绿色是令眼睛比较放松的颜色，对视力比较有好处。也许因为这样，造物主把树木的颜色大多设为绿色，让我们经常可以看得赏心悦目，缓解眼睛的疲劳。而鲜花大多是红色、黄色、白色等五彩斑斓，那些或鲜艳、或素淡的颜色，对世界形成了美妙的点缀，使我们感到这个世界的多姿多彩。

总之，我们每个人——除了色盲，恐怕都不会对颜色麻木不仁。不同的颜色会给我们不同的心情，这是每个人都体会到的。比如我们会根据不同的心情和个性选择不同颜色的衣服。颜色对人的心理影响是很多的，还比如不同色调的画作和摄影作品，会使我们感受到不同的心情。还有，房间里墙壁刷上不同的颜色，也让我们感觉不同。

这些都说明，颜色具有影响人情绪的特性。有的时候，这种影响是至关重要的。

国外曾发生过一件有趣的事：

伦敦附近的泰晤士河上，有一座叫波利菲尔的大桥十分著名。它的著名不在于桥的设计和外观，而在于每年都有很多人在这里投河自尽，民间盛传这座桥上总是有幽灵游荡。

由于自杀的数目太惊人，伦敦市议会希望皇家医学院研究人员帮助寻找原因。皇家医学院的普里森博士提出，自杀和桥是黑色的有很大的关系。政府采用普里森博士的建议，把桥身的黑色换成了绿色。当年，跳桥自杀的人数就减少了56%。

为什么当桥的颜色从黑色变成了绿色就引起了这么大的改变呢？这要从色彩对人的心理影响谈起。

心理学家发现，当人看不同颜色的时候，自然就会联想到一些别的东西。比如，看到蓝色我们会想到天空，看到红色会想到血液，看到绿色会想到草地……而这些不同的联想，就造成我们对不同颜色的感觉。当我们看到一种颜色的时候，除了颜色本身，我们还会感受到冷暖、远近和轻重，这就是心理上的错觉。通过联想，色彩也就影响了我们的情绪。

现在我们可以解释为什么黑色的大桥会让人自杀了。黑色本身给我们的感觉就是黑暗、肃静，进而引起心理上的压抑。而这种压抑，正好对那些想自杀的人起到了催化剂的作用，让他们沉浸在绝望之中，在黑暗的暗示下跳了桥。而当黑色换成了绿色，桥的黑暗和压抑的成分就消失了，绿色代表的生机勃勃和希望，无形中就打消了想自杀的人的压抑和悲观的情绪。

心理学家对颜色与人的心理进行的研究表明，在一般情况下，红色表示快乐、热情，它使人情绪热烈、饱满，激发爱的情感。黄色表示快乐、明亮，使人兴高采烈，充满喜悦。绿色表示和平，使人的心里有安定、恬静、温和之感。蓝色给人以安静、凉爽、舒适之感，使人心胸开朗。灰色使人感到郁闷、空虚。黑色使人感到庄严、沮丧和悲哀。白色使人有素雅、纯洁、轻快之感。

各种颜色都会给人的情绪带来一定的影响，使人的心理活动发生变化。

在临床实践中，学者们对颜色治病也进行了研究，效果是很好的。高血压病人戴上烟色眼镜可使血压下降；红色和蓝色可使血液循环加快；病人如果住在涂有白色、淡蓝色、淡绿色、淡黄色墙壁的房间里，心情很安定、舒适，有助于健康的恢复。

颜色对人的脉搏和握力都有一定影响。实验证明，人在黄颜色的房间里脉搏正常，在蓝色的房间里脉搏减慢一些，在红颜色的房间里脉搏增快很明显。

法国的生理学家实验发现，在红色光的照射下，人的握力比平常增强一倍，在橙黄色光的照射下，手的握力比平常增强半倍。由此可见，颜色不但可以影响人的情绪，而且还对人的健康发生影响。

◎天气心理学：莫让天气破坏情绪

【在阳光灿烂、空气湿润、和风飘飘的日子里，你会不会格外觉得精神振奋、心情舒畅？如果一连遭遇十几天的阴雨，你是否会感到莫名的郁闷？】

由于天气变化而造成的情绪变化，我们不能简单地归结为多愁善感。因为科学家已发现，在气候特别寒冷的地带，人们在冬天的情绪会显著地忧郁、低落。而导致情绪低落的主要原因就是缺少阳光。此外还会容易疲劳，嗜睡，喜欢吃大量含碳水化合物的食物等。

精神治疗专家发现，人的情绪或多或少地会受到天气的影响。人对天气变化，特别是坏天气的刺激反应强烈，容易表现出种种不适症状：疲倦、虚弱、健忘、眼冒金星、神经过敏，情绪低落、工作提不起精神、睡眠不好、偏头痛、注意力不集中，恐惧、冒汗、没有食欲、肠胃功能紊乱，神经质、易激动等等。

1982—1983 年的厄尔尼诺现象，曾经使全球大约 10 万人患上了抑郁症，精神病的发病率上升了 38%，交通事故也至少增加了 5000 次以上。原因就是，全球气候异常和天气的灾难，超过了一部分人的心理承受能力。

环境心理学的研究指出，一些研究表明，温度与暴力行为有关，夏日的高温可引起暴力行为增加。但是当温度达到一定点时再升高则不导致暴力行为，而导致嗜睡。温度也和人际吸引有关，在高温室内的被试者，比在常温室内的被试者，更容易对他人作出不友好的评价。

我们都知道，“万物生长靠太阳”。植物往往有向光性，人也是一样。一般来说，选择阳光充足的居所对人比较有利。因为光是热、土壤、植物、水、空气的轴心。

心理学家研究表明，在日光灯中加入类似太阳光的紫外线，对健康有好处；让自闭者生活在光线较充足的地方，自闭行为减少一半，还会增加许多与人互动的行为。而灯光不足会造成视觉疲劳、反胃、头痛、忧郁、郁闷等行为反应。研究甚至发现在日光灯下与太阳光下的工作效率不同。在阳光充足的地方，孩子显得活泼有劲多了。

在法国，有一段长时间的阴雨天气，导致了抑郁症患者大大增加。于是许多治疗机构创造性地采用人造阳光治疗法，就是用光照来治疗这些等不及阳光出现的病人，并具有明显的疗效。

长时间的天气特征，会形成气候。研究发现，一个人性格的形成，和他所生活地区的气候有直接的关系。这也是因为天气影响到人的心情，天长日久，就影响了性格。所谓“一方水土养一方人”，几乎每个人都无法完全摆脱这种环境的影响。

一般来说，长期生活在热带的人，性格比较暴躁、易怒；生活在纬度高的寒带，气候寒冷、阳光稀少，是抑郁症的高发区；而在气候湿润、万物生机盎然的水乡，人会多情、反应机敏；草原上的牧民大多为人豪放；山区的人多是性格率直；秋高气爽的气候被认为最适合创作——长年居住在15－18摄氏度环境中的人，头脑较为发达，文学艺术的成就比较突出。

◎噪音定律：噪音会让人变得烦躁不安

【噪音是环境心理学的一个主要课题。噪音是使人感到不愉快的声音，会对人造成不良的心理刺激。】

许多年前美国有个报道，一个男子因为不堪忍受家附近建筑工地的汽锤的噪声，竟跑上前去，把脑袋伸到汽锤底下，结果脑浆被砸成肉浆。

这个悲剧的主人，很可能有些抑郁症，至少是心理承受能力太差。但从另一方面来看，也正说明噪音对人的心理有明显的负面影响。

事实上，许多文艺家，特别是一些作家之所以喜欢到远离城市的地方，到一个偏僻的山村去写作，就是为了躲避城里密集的噪音。

在科学上，噪音（噪声）是指波形量非周期间变化或超过 85 ~ 95 分贝的不规则声音。但在现实中，这个标准并不是绝对的。

欢快的锣鼓声、口号声、大喊大叫、鞭炮声，尽管超过 85 分贝，甚至有的也无规律，但不会引起参与者与欣赏者的心理烦躁。这是因为参与者和欣赏者当时有一种心理宣泄的需要而喜欢或能够接受这种声音。

反过来，即使低于 85 分贝的声音，如果不成规律，比如鸡鸣狗叫，对某些人来说，也形成了噪音。有人爱养蝈蝈，其阵发性的叫声对某些人来说是噪音，对另一些人却像催眠曲。

噪音广泛地危害人的生理机能，如耳聋、睡眠障碍、植物性神经功能紊乱、心率加速、血压升高，血管痉挛、胃功能紊乱、胃液分泌异常、食欲下降、甲状腺功能亢进、肾上腺皮质功能增强、性机能紊乱和月经失调等等。在这里，我们主要说说噪音效应对心理的影响。

噪音引起人们的烦躁不安、心情变坏、注意力不集中、工作效率降低，影响休息和造成睡眠障碍等现象，叫做噪音定律。

噪音有时会形成对别人强烈的情绪干扰，甚至使人方寸大乱。我国古代的军事家因为懂得噪音的这个特点，在战争中巧妙把噪音作为了攻击敌人的一个武器。

明朝初年，朱元璋为了彻底消灭元朝在西南地区的统治势力，任命沐英为征南右副将军，和蓝玉一起随傅友德将军进攻云南。元朝梁王派达里嘛率领10万人马在曲靖抗击。

沐英为了出其不意打击敌人，秘密迂回敌后，突然在山谷间竖起旗帜，擂响战鼓，铜号齐鸣，发出阵阵无节律的震耳响声。在这种噪音刺激下，敌军心惊肉跳，在懵然混乱之中，被打得落花流水，大败而逃。

明军的胜利，很大程度上要归功于一个功臣——噪音。

如今，噪音作为环境污染的一个组成部分而得到广泛关注——各大医院疗养院和居民住宅区，一般都限制汽车鸣笛，禁止随意饲养动物。目前，我国大部分城市在城区已禁止燃放鞭炮。这些都是为避免噪音效应所采取的必要措施。

◎选择适度定律：选择适度，才容易做出最好的决定

【人在做出选择的时候一定要记住“选择适度”这个定律，要在选择适度的情况下做出决定，选择面既不能太窄，也不能太宽。】

生活中很有趣的一个现象是：才华出众的男人往往娶了个姿色平平的夫人，美丽如花的女人往往嫁了个不着调的丈夫。从心理学角度来分析，一个很可能的原因就是条件太好的男人或女人，在选择配偶的时候，由于可以选择的对象较多，因而往往做不出最好的选择。看来俗话讲的“挑花了眼”是有科学根据的。

人类的认识和实践活动是能动的、创造性的，它的本质就在于选择。具有自觉的选择能力，是人区别于动物的根本标志之一。那么怎样能够做出最好的选择呢？

心理学家告诉我们，我们在做出抉择的时候，面临的选择面并不是越多越好，而是应该适度。选择面适度，才容易做出最好的选择。

中国历史上有个“歧路亡羊”的故事。有一天，杨子的邻居在牧羊的归途中，遇到了迎面而来的一行车马，羊群因受惊吓而跑开了。他回家清

点以后，发现丢了一只羊，于是召集全家老小，并邀请杨子的童仆一起去找羊。杨子在旁不以为然地说：“咳，何必兴师动众，派这么多的人去找羊呢?”邻人说：“山野、田间岔路多，人少了分派不过来。”杨子想一想，也有道理。

那邻人带领大家沿着赶羊回家时经过的大路走，一遇到岔路就派一个人去找。没过多久，他带去的人都分派完了，剩下那邻人只身走大路。可是没走多远，前面又出现了岔路。他感到左右为难，焦急中任选了一条路走去。走着走着，只见前面又出现了岔路，就感到无可奈何了。那时天色已黑了，他只好往回走，碰到其他的找羊人也说遇到了同样的困难。邻人回来后，杨子奇怪地问：“你带了这么多的人去找，怎么还找不到呢?”邻人说：“我知道大路边有岔路，所以找羊时多带了几个人。可是没想到岔路上还有岔路。在只剩一个人面对岔路的时候，就不知该怎么办好了。”杨子听了，感到很受启发。

这个故事包含着心理学中关于选择适度的理论。可以表述为：选择项并不是越多越好，适量的选择项才有利于做出最佳选择。

首先，选择面过窄肯定不利于做出好的选择。好与坏、优与劣，都是在对比中发现的，只有拟定出一定数量和质量的可能方案供对比选择，判断、决策才能做到合理。一个人在进行判断、决策的时候，他必须在多种可供选择的方案中决定取舍，如果一种判断只需要说“是”或“不”的话，就不能算是真正的判断，只有在许多可供选择的方案中进行研究，并能够在对其了解的基础上判断，才算得上真正的判断。

但是，选择方案是不是越多越好呢？也不是的。选择的方案过多，会搅得人们心神不宁，无所适从，最后，很讽刺的是，“多方案”成了“无方案”，最后什么方案也确定选择不下来。也就是俗话所说的“挑花眼了”。

在生活中，犯“歧路亡羊”错误的人也是有的。人生在择偶方面就存在这种现象。

有人打过这样一个比喻，寻找配偶就像经过一片玉米地摘玉米一样，人只能朝前走，不能往回退，就像人生一样。当然每个人都想摘个最大的玉米。你走了一段路，发现了几个比较大的，但是你猜测后面还会有更大的，就先不摘，继续走；再走一段，发现了比原来大的，但是你还是猜测

后面还有更大的，就仍然不摘，继续走下去；……这样若干次，当离玉米地的边缘不远的时候，你想，没有多少路可走了，下面碰到大的我就摘，可是遗憾的是，再也没有比原先大的了。你实际上已经错过了其中最大的。

人生的选择也是如此，从某种意义上说，选择说是无限的，世间的人有的是；可是从另一种意义上说，选择又是有限的，因为你的青春有限，过了适婚年龄，选择面将骤然变窄。所以面对这样的现实，我们要做的是，选择面既不需过宽，也不需过窄。对于择偶来说，如果决定得太早，可能无法等到后面更好的；而如果决定得太晚，可能发现好的已经没有了。

◎应急效应：紧急状况下有可能会做出勇敢行为

【“急中生智”可并不是总能发生的。有的人，急中不但不能生智，反而会吓得慌了神，反而“不智”了。】

也许我们都还记得小学课本里学的“司马光砸缸”的故事。那时，司马光不到10岁。

有一天，司马光跟小伙伴在一起玩得正起劲，忽然一个小伙伴，一不小心掉进了一个大水缸，他在水中拼命挣扎，大声呼救。水缸很大，要爬上去也不是很容易，而且小孩子力气小，也很难把这个伙伴拽上来。

怎么办呢？周围的孩子都吓得变了脸色，只有司马光比较镇静，他环顾四周，忽然发现有一块大石头，于是灵机一动，想出一个办法。那个石头对他来说沉了一点，但他刚好能拿得动，就搬起石头，猛力向水缸砸去！

只听“咣当”一声巨响，水缸破了个大洞，水哗啦一下流出来，孩子们七手八脚地把伙伴从缸里拉了出来。

司马光不愧是个天才人物，从小就体现出与众不同的临机应变的心理素质。

在意料之外的紧急情况下，人会产生极度紧张的情绪，心理学上把这叫做应激。当情绪处于高度应激状态时，人的激活水平快速发生变化，表现为心率、血压、肌肉紧张度发生显著的变化，大脑皮层的某一区域高度兴奋。在这种情况下，人们可能急中生智，做出平时不能做出的勇敢行为，发挥出巨大的潜能；但另一方面，也可能心绪紊乱，惊慌失措，做出不适当的行为。而司马光显然属于前者。

似乎许多伟大人物都具有冷静的心理素质和超常的智谋。比如拿破仑就曾在一个应激的状况下，急中生智，救了士兵。

有一次，拿破仑骑着马正穿越一片树林，忽然听到一阵呼救声。他扬鞭策马，来到湖边，看见一个士兵在湖里拼命挣扎，一边却向深水中漂去。岸边的几个士兵慌做一团，因为水性都不好，不知该怎么办。

拿破仑问旁边的那几个士兵："他会游泳吗?""只能扑腾几下!"拿破仑立刻从侍卫手中拿过一支枪，朝落水的士兵大喊："赶紧给我游回来，不然我毙了你!"说完，朝那人的前方开了两枪。

落水人听出是拿破仑的声音，又听说拿破仑要枪毙他，一下子使出浑身的力气，猛地转身，扑通扑通地游了回来。

拿破仑给那位落水的士兵的强刺激，使他精神一振，进入心理学的应激状态，才使出全部力量和智能，自救成功。

有句成语叫急中生智，说的就是这种情况。

不过，急中生智可并是总能发生的。有的人，急中不但不能生智，反而会吓得慌了神，反而"不智"了。有人认为，急中生智是一种学不会的天赋。其实不然，现代心理学研究发现，急中能否生智，取决于三个条件。

一是急中要"冷"，就是冷静。人越到需要紧迫做出决定的时候，思维越容易混乱，甚至思考能力干脆停止了，这样哪里还能生智？其实情况越急，心里越要不急，才想得出办法。总之要培养在任何情况下都保持冷静的心理素质。

二是急中要"变"，也就是善于变向思考。一般的，定向思维在"急中"生不了智，常常是变向思维令你翻然开悟。

三是要有比较丰富的知识。平时要训练自己的头脑，积累丰富的知识，在紧急时刻才有办法可想。

◎酸葡萄心理：换个角度看，事情就不一样

【我们不倡导在事情还有改变余地的情况下进行自我安慰，酸葡萄甜柠檬的心理只是在某些特定的情况下对人的心理健康有益。】

《伊索寓言》中有一个家喻户晓的故事：

一个炎热的夏日，狐狸走过一个果园，它停在一大串熟透而多汁的葡萄前。狐狸想："我正口渴呢。"于是它后退了几步，向前一冲，跳起来，却无法够到葡萄。狐狸后退又试。一次，两次，三次，但是都没有得到葡萄。狐狸试了一次又一次，都没有成功。最后，它决定放弃，它昂起头，边走边说："我敢肯定它是酸的。"

在西方，这个故事甚至被引入了词典，短语 sour grapes（酸葡萄心理）就是来自于此，是指得不到的就说不好。而心理学中也借用了这个术语，用来解释人类心理防卫的一种机制——合理化的自我安慰。

其实，在日常生活中，我们也时常会处于那只狐狸的境遇。比如，一个公司职员很想得到更高的职位，却总也得不到提升，为了保持内心平衡他会自我安慰：职位越高，责任越重，还不如现在工作轻松，乐得逍遥自在。

与"酸葡萄"心态相对应，还有一种心态被称为"甜柠檬"心态，它指的是人们对得到的东西，尽管不喜欢或不满意，也坚持认为是好的。比如，你买了一套衣服，回来后觉得价钱太贵，颜色也不如意。但你和别人说起时，你可能会强调这是今年最流行的款式，即使价格贵点也值得。

心理学上有一个实验，本来是为了"每个人对事情的兴趣，是否影响到了工作效率"，但是间接证明了"酸葡萄甜柠檬定律"的存在。

心理学家招募了一批大学生来做一些枯燥乏味的工作。其中一件事是把一大把汤匙装进一个盘子，再一个个地拿出来，然后再放进去，来来回回半个小时。还有一件是转动计分板上的48个木钉，每根顺时针转四分之一圈，再转回，也是反反复复耗费了半个小时。

工作完成后，再分别给予他们1美元或20美元的奖励，并要求他们告诉下一个来做实验的人这个工作十分有趣。

奇怪的是，结果发现与一般的预期相反，得到1美元奖励的人反而认为工作比较有趣。

这似乎证明了人们对已经发生的不好的事情，倾向于通过自我安慰，自我欺骗，把它的不愉快减轻。

这不由得让我们想起鲁迅先生笔下的阿Q。我们都知道阿Q有一种独特的精神胜利法，被称为“阿Q精神”。比如阿Q挨了假洋鬼子的揍，无奈之余，就说“儿子打老子，不必计较”来自我安慰一番，也就心平气和了。

过去，这种明显的自欺欺人心理，成为人们的笑谈，遭到否定、批判。但是，今天的心理学家认为，适度的精神胜利法在心理健康方面是非常有价值的。

在生活中，我们每个人都会遇到这样那样不愉快的事，有很多事情是我们无法左右、无法更改的。

那该怎么办呢？难道就要为此一味地愁苦、懊恼么？那显然不利于身心的健康，也不利于事情的解决。这时候，使用一下阿Q精神，安慰一下自己，对于心理调节可能非常有效。实际上，任何一个心理健康的人，多少都需要有点阿Q精神。

对于相同一件事，如果我们从不同的角度去看，结论就会不尽相同，心情也会不一样。现实生活中，几乎所有事情都存在积极性和消极性，当你遇到不顺心的事情时，如果只看到消极的一面，心情就会低落、郁闷。这时，如果换个角度，从积极的一面去看，说不定能转变你的心情。

比如当你感冒时，与其为一时的痛苦而烦恼，不如想一想，感冒可以使人的自身免疫力提高；当你遇到挫折时，应该看到失败是成功的前奏，“塞翁失马，焉知非福？”从失败中吸取教训也是一种收获；当遇到倒霉事时，你可以想一想那些比自己更不幸的人……

有一次，美国前总统罗斯福家中被盗，他的朋友写信来安慰他。他在回信中说：“谢谢你来信安慰我，我现在很平安。感谢上帝，因为贼偷去的是我的东西，而没有伤害我的生命；贼只偷去我部分东西，而不是全部；最值的庆幸的是：做贼的是他，而不是我。”

凡事换一个角度去看，事情就显得不一样了。

◎心理疲劳：疲劳多半是由精神和情感因素引起的

【引起心理疲劳的因素有好多种，大多是消极的情绪，比如：厌倦，心烦意乱，无能为力，优柔寡断等。】

比尔·盖茨曾说过："每天清晨当我醒来的时候，都会为技术进步给人类生活带来的发展和改进而激动不已。"可见他对软件技术的兴趣和激情。

当有人问沃伦·巴菲特他的成功之道时，他回答："我和你没有什么差别。如果你一定要找一个差别，那可能就是我每天有机会做我最爱的工作。如果你要我给你忠告，这是我能给你的最好忠告了。"

也许我们曾经好奇过，许多杰出的人物和我们一样，没有什么三头六臂，可是为什么他们能做那么多的工作，取得那么多的成绩呢？

其实，人和人在智力上的差别并没有我们想象的那么大。比尔·盖茨和沃伦·巴菲特的话向我们揭示了这个奥秘，那就是成功人士大多热爱他们的工作。

心理学家发现，一个人做喜欢的事，不容易疲劳。科学家的发现大体能证明这个结论：只是用脑不会使你疲倦。它"在八个或者十二个小时之后，工作能量还像开始时一样地迅速和有效率"。脑部几乎是完全不会疲倦的。

那么是什么使你疲倦呢？心理治疗专家们都说，我们所感到的疲劳，多半是由精神和情感因素引起的，本质上就是所谓的"心理疲劳"。

生理疲劳对人们来说比较容易理解，因为它比较直观，体现为人的体力或脑力的下降，并进而造成工作效率的下降。而人们对心理疲劳则了解得比较少。

心理疲劳虽然也经常在我们身上出现，但是心理学家对心理疲劳的揭示还处于初级阶段。因为心理疲劳常和生理疲劳掺杂在一起，其外在表现和内在机制很难认识、描述清楚。

心理疲劳的表现是：注意力不集中、思想紧张、思想迟缓、情绪低落和行动吃力，更主要指情绪浮躁、厌烦、忧虑、倦怠，感到工作无聊等现象。在感知敏度方面，心理疲劳者除有与生理疲劳者共同的一般的感知敏度减弱外，还有其独特的表现，就是对某些刺激特别敏感，如饥饿、姿势不舒服、睡意等。

心理学家认为，心理疲劳的原因主要是对工作的厌倦。也就是说，心理疲劳造成的工作效率降低，本质是，“非不能也，是不为也”。

比如有时候，我们做脑力劳动，做了一定时间后，就感到心烦意乱，不想再做了。但是反观自己，似乎也并不疲劳。但是一种不可知的原因让你就是不想做了。这种感觉其实是厌倦。

人的心理活动有一个特点是，做一件事如果过久，就会感到厌倦而不爱做。李开复曾说过，他在学校里的学习方法是：同时把好几个科目的书摆在附近。看一科看烦了，就换另一科。这样换来换去，脑子不容易厌倦而麻木，头脑始终能保持比较活跃的状态。人脑的这个特点，也是死记硬背效果不好的原因之一。

造成心理疲劳的原因还有其他一些，比如是否受到鼓舞。在体育比赛结束时，胜负双方本来在体力上的消耗相差无几，但是胜方却远远没有负方感觉那么疲劳。这是为什么呢？因为胜方为获胜和周围观众的掌声而感到自豪、受到鼓舞，情绪激昂，所以感觉不到心理疲劳，就连体力疲劳也似乎恢复了。负方则不然，他们感到懊丧，感到来自观众、教练和亲朋好友的压力，无精打采，比赛中的疲劳就向他们袭来。

焦虑有时也会让我们心理疲劳。比如，做一项工作时，非常担心做不好它。这种担心的情绪如果总来骚扰你，会使你在情绪上浪费大量能量，从而感到非常疲劳。

◎体育健全性格：以运动改变自己

【不同的运动包含着不同的心理特点，适应不同的人群参与，对不同的人有所裨益——也许，这也是人们发明各种运动的原因之一吧。】

运动心理学研究证明，各项体育活动都需要一定的心理品质作为基础，比如较高的自我控制能力、坚定的信心，勇敢果断和坚韧刚毅的意志等。因此，如果有针对性地进行体育锻炼，对培养健全自己的性格有特殊的功效。

如果你觉得自己不大合群，不习惯与同伴交往，那你就选择足球、蓝球、排球以及接力跑、拔河等集体项目进行锻炼。这些项目，都是群体的运动，都需要团队的合作。所以参与这些运动可以帮助你改变孤僻的习性，适应和同伴的交往。

如果你胆子小，做事怕风险，容易脸红，怕难为情，那就应多参加游泳、溜冰、滑雪、拳击、摔跤、单双杠，跳马、跳箱、平衡木等项活动。因为这些运动要求人不断克服害羞、怕摔跤等各种胆怯心理，以勇敢无畏的精神去越过障碍，战胜困难。比如游泳，你不亲自下水，永远不可能学会。而下水是需要很大勇气的。但是一旦战胜了自己的恐惧，会发现学会它并不很难。其他运动也有类似特征，有的摔跤，有的容易被打倒，这些运动会使你的胆子变大，处事也会更老练。

如果你办事犹豫不决，不够果断，那就多参加乒乓球、网球、羽毛球、拳击、摩托、跨栏、跳高、跳远、击剑等体育活动。这些项目的活动中，很锻炼人的反应速度，来了球，你必须马上接住，并在瞬息间想出该如何反击，或者在一瞬间发挥出你的全部能力。任何犹豫、徘徊都会延误时机、遭到失败，因而它们能帮助你增强果断的个性。

假如你发现自己遇事容易急躁、冲动，那就应多参加下棋、打太极拳、慢跑、长距离步行及游泳、骑自行车、射击等运动。这些运动是急不来的，是费时较长的运动。在运动的过程中，你需要调节自己，把自己的力量使匀，在时间安排上达到最合理，才能得到最好的发挥。

如果你做事总是担心完不成任务，那就选择一些如跳绳、俯卧撑、广播操、跑步等项目进行锻炼。你可以给自己规定完成的数量，不完成不罢休，就容易养成做事有首有尾的习惯。

若你遇到重要的事情容易紧张、失常，那你应多参加公开激烈的体育比赛，特别是足篮排球比赛。在这些紧张激烈的比赛中，只有冷静沉着才能取得优胜。经常参加这种锻炼，遇事就不会过分紧张，更不会惊慌失措。

假如你发觉自己有好逞强、易自负的缺点，则可选择难度较大、动作较复杂的跳水、体操、马拉松、艺术体操等项目进行锻炼，也可找一些水平超过自己的对手下棋、打乒乓球或羽毛球。这些项目会让你感到“山外有山”，自己没什么了不起的，千万不能自负、骄傲。

◎自我展示定律：如何拉近与别人的心理距离

【你有无话不谈的好友吗？为了与对方变得亲密，自我展示是很重要的。有的人朋友很多，知己很少，其原因之一恐怕在于谈话的内容很宽泛，自我展示的范围很广，但深度不够，所以难以和对方建立亲密的关系。】

从萍水相逢到变得亲密，直至建立友情，这其中的关系是如何发展的呢？一般情况下，与初次见面的人建立亲密关系的过程要经历以下阶段。

首先，会面的阶段。外在的要素和最初的印象是十分有影响力的。过了这一阶段，了解了对方的价值观，就进入了被称为价值台阶的阶段。这时的人一般会喜欢同自己的价值观相似的人，等变得更亲密时，就会产生分工——我挑选一起去的商店，你来计算钱。

那么，在这样的阶段中，为了和对方变得亲密，我们应该做些什么呢？实际上，向对方坦言自己的私生活或倾诉烦恼等行为可以迅速拉近人与人的距离。这样的行为被称为自我展示。

生活中有一些人是相当封闭的。当对方向他们说出心事时，他们却总是对自己的事情闭口不谈。但这种人不一定都是内向的人，有的人话虽然不少，但是从不触及自己的私生活，不谈自己内心的感受。

总体来说，一个人对他人的开放性体现在两个方面：一是由初次见面时待人接物的习惯所决定的，这称为社交性。社交能力强的人擅于闲谈，但谈话中未必会涉及根本问题；第二个方面是由一个人是否愿意将自己的本意、内心展现给他人所决定的，这就是自我展示性。

和对方谈话时，内容会涉及工作上的事情、家庭的事情、自己的价值观等，我们还会自然地根据对方来选择谈话内容的范围和程度。谈话内容的广度表明了自我展示的广度。比如，如果和工作的同事谈论家庭的话题，因为和这个人仅是工作关系，所以谈话时只是从工作扩展到家庭。还有，即使是同样的话题，谈到何种程度也表明了自我展示的深度。比如，如果从表面的家庭话题挖掘到深处的厨房琐事或烦恼，那么亲密度也会随之加深。人们是通过自我展示来调节人际关系的深度的。

社交性与自我展示性通常是完全独立的。有些人社交能力很强，他们可以饶有兴趣地与你谈论国际时事、体育新闻、家长里短，可是从来不会表明自己的态度。而你一旦将话题引入略带私密性的问题时，他就会插科打诨，或是一言以蔽之。可见，一个健谈的人，也可能对自身的敏感问题，有相当强的抵触心理。相反，有一些人虽不善言辞，却总希望能向对方袒露心声，反而很快能和别人拉近距离。

人之相识，贵在相知；人之相知，贵在知心。要想与别人成为知心朋友，就必须表露自己的真实感情和真实想法，向别人讲心里话，坦率地表白自己，陈述自己，推销自己。这就是自我展示。

当自己处于明处，对方处于暗处，一定不会感到舒服。自己表露情感，对方却讳莫如深，不和你交心，你一定不会对他产生亲切感和信赖感。当一个人向你表白内心深处的感受，你可以感到对方：首先信任你，其次想和你达到情感的沟通。这就会一下子拉近你们的距离。

在生活中，我们会发现有的人知心朋友比较多，虽然他外表看起来不是很擅长社交。这是为什么呢？如果你仔细观察，会发现这样的人一般都有一个特点，就是为人真诚，渴望情感沟通。他们说的话也许不多，但都是真诚的。他们有困难的时候，总能有人来帮助他，而且很慷慨。

而有的人，虽然很擅长社交，甚至在交际场中如鱼得水，但是他们却少有知心朋友。因为他们习惯于说场面话，做表面工夫，交的朋友又多又快，感情却都不是很深。因为他们虽然说很多话，但是却很少暴露自己的感情。其实人人都不傻，都能直觉地感到对方对自己是出于需要、还是出于情感而来往。

每个人内心深处都有对情感的需要，就好像对食物的需要，是与生俱来的。情感纽带下结成的关系，要比暂时的利益关系更加牢固。

实际上，人和人情感上多少总会有相通之处。如果你愿意向对方适度袒露，总会发现相互的共同之处，总能和对方建立某种感情的联系。对于可以信任的人吐露秘密，有时会一下子赢得对方的心，赢得一生的友谊。

心理学家认为，一个人应该至少让一个重要的他人知道和了解真实的自我。这样的人在心理上是健康的，也是实现自我价值所必需的。

当然，“自我展示”不足虽然不好，过度也是不好的。总是向别人喋喋不休地谈论自己的人，会被他人看做是适应不良的自我中心主义者。心理学家认为，理想的自我展示是对少数亲密的朋友做较多的自我展示，而对一般朋友和其他人做中等程度的暴露。

而且，你也不一定要说你的秘密，在不太了解的人面前，我们可以交流一些生活中的并不私密的情感，既给人亲近之感，又不会让自己处于不安全。

◎换位思考：以别人的角度考虑问题

【美国开国元勋之一杰佛逊有一句名言：“也许我不同意你的观点，但我一定举双手维护你说话的权利。”】

所谓换位思考，就是要把自己设想成别人，以他们的角度考虑问题。

古希伯莱有一个国王叫所罗门，是个令后世敬仰的“有道明君”。

一次，在国王办公时，有一对老夫妇闯进来，老翁讲他想要离婚，所罗门问“为什么”，老翁讲出了若干个理由。所罗门一边听一边点头，最后说，

"是的，你是对的，你们应该离婚。"话音未落，老妇人强烈反对，说绝对不同意离婚。所罗门问她理由，她的"理由"比老翁还要充足。所罗门同样一边听一边点头，最后说，"是的，你是对的，你们不应该离婚。"

这时，一边的大臣见国王如此断案，忍不住站出来反对说，"大王，你这样断案是不对的。"所罗门同样一边听一边点头，说，"不但他们是对的，你也是对的，确实没有如此断案的，尤其是作为一个国王。"

作为西方世界智慧象征的所罗门王，他在断案时，不仅用心地倾听，而且在听的同时把自己想象成对方，所以，他是从另一个角度去思维，这就是所谓换位思考。

智慧在很大程度上源于理解力。一个人习惯于换位思考，才能理解平时所无法理解的东西，对方才愿意与之交流沟通。

那换位思考到底是什么呢？其实就是"移情"，去"理解"别人的想法、感受，从对方的立场来看事情，以别人的心境来思考问题。

约翰有一个年仅16岁却劣迹斑斑的女儿：抽烟、酗酒、乱交男朋友……这一切令约翰夫妇伤透了脑筋。他们不知问题究竟出在了哪儿，感到无从下手。约翰想管教这位16岁的女儿，然而她却总是神出鬼没，有时竟然一连几天不回家。

终于机会来了。一天老约翰在房内亲眼看到楼下的女儿回来了，但是她似乎挑衅般地与送她回来的男孩亲吻！约翰气得暴跳如雷，打算给约瑟芬一点颜色看看。

当这位在父母眼中已一无是处的女孩走进房门时，她看到了父亲因为愤怒而发抖的模样，他几乎是用咆哮着的声音对她吼了起来："你怎么能如此放肆？要知道我和你妈妈那么辛苦把你养大……"但约瑟芬显然并不想买账，她头也不回地往自己的房间走去，随着"嘭"的一声，约翰夫妇被挡在了门外。

伤心的约翰夫人，小心翼翼地对丈夫说："约翰，我们也许并不爱约瑟芬。""什么？不爱她为何还要如此管教她？否则，早放任她游荡了。""是这样的，"约翰夫人说："我们从来未进行换位思考。我们也许都太自私了，我们一味地教训她，从不考虑她的感受，或许她正为这个恼火呢。"经过约翰夫人这么一说，约翰仿佛看到了希望。他赶快到女儿的房间，第一件事是为刚才的态度道歉。

奇迹出现了，约瑟芬第一次痛哭流涕地说："我原来以为你们对我很失望，而且也不打算再教我什么了……"

移情换位让约瑟芬父女重新获得默契与温暖。

许多事都有完美的解决方案，甚至许多矛盾与误解也同样可以化解，而移情换位就是一种和谐的方法。

换位思考不但需要转换思维模式，还需要一点好奇心来探求他人的内心世界。在面对不同的人与事的时候，人们都有着与之相对应的情绪和心理表现。所以，要了解他人的时候，必须充分发挥自己的情商，理解他们承担的每一个角色之间的关系，并且对此做出准确的判断。

沟通大师吉拉德说："当你认为别人的感受和你自己的一样重要时，才会出现融洽的气氛。"我们需要多从他人的角度考虑问题，如果对方觉得自己受到重视和赞赏，就会报以合作的态度。如果我们只强调自己的感受，别人就会和你对抗。

时常有些人抱怨自己不被他人理解，其实，换个角度可能别人也有同样的感受。当我们希望获得他人的理解，想到"他怎么就不能站在我的角度想一想呢"时，我们也可以尝试自己先主动站在对方的角度思考，也许会得到一种意想不到的答案。

卡耐基对这两种方式的效果有过切身体会。他有一个保持了多年的习惯，经常在他家附近的公园内散步。令他痛心的是，每一年树林里都会失火，使一些好端端的树木被大火烧毁。那些火灾几乎全是那些到公园里野餐的孩子引起的。

卡耐基决定尽自己所能改变这种状况。他到公园散步的时候，一看到孩子们在树林里生火，就走过去警告说，如果他们造成火灾，就会被关到牢里去，然后以不容商量的口气命令他们把火扑灭。如果他们不肯合作，他就威胁要叫警察把他们抓起来。卡耐基后来说自己只是在发泄某种不快，根本没有考虑过孩子们的感受。那些孩子即使服从了，也只是被迫服从，他们恨这个强迫他们放弃乐趣的人。等卡耐基一走，他们很快又生起火来。

后来，卡耐基意识到必须换一种方式来和那些孩子沟通。他再次看到孩子们在树林里生火时，就微笑着问他们："孩子们，你们玩得高兴吗？我像你们这么大的时候也喜欢玩火，尤其是在野外生火做饭，真是一件有趣的事。"

卡耐基停下来和他们聊起了野餐的做法，气氛变得融洽起来。卡耐基话锋一转，说道："不过，你们应该知道，在树林里生火是很危险的。当然，我知道你们是很注意的，但是有的人就没这么小心了。他们看到你们生火很有趣，就会学着做，可是离开时却不把火弄灭，结果火种蔓延起来，就把树林烧着了。如果树林被他们烧光了，以后我们就没有这么好玩的地方了。我很高兴看到你们玩得愉快，不过我建议你们现在把火堆旁的枯叶拨开。"

孩子们立刻踢开了火堆旁的枯叶。

"很好。"卡耐基说，"我希望你们在离开之前用泥土把火堆盖住。下一次，如果你们还想野餐，能不能到山丘那边的沙坑里生火？在那里生火，就不会有任何危险了。"

孩子们表示同意后，卡耐基说："谢谢你们，祝你们玩得痛快。"

这一次的效果大不一样，那些孩子很愿意合作，而且毫不勉强。

事实证明，只要我们多考虑别人的感受，多从别人的角度看问题，即便是很尖锐的矛盾也能缓和下来。

真正的换位思考必然是一个"移情"的过程，要从内心深处站到他人的立场上去，要像感受自己一样去感受他人。因此，如果你想得到别人的配合，最好真诚地从他的角度来考虑，因为人类的欲望和需求是大致相同的，如果真的换了你，你就会有他那样的想法和感觉，尽管你也许不会像他那样去做。

◎心理代偿：一条路走不通就走另一条

【一般来说，知识、才能和技巧方面的代偿是建设性的。例如，数理不行的人发展了文学才能，不会唱歌的人发展了舞蹈的技巧，好静不好动的人田径球类不行却下棋下得很好。】

老刘在一个研究所工作，他为人正直，工作勤奋，成了所里的一根台柱子。可是很多年过去了，他却一直也没有如愿评上工程师职称。他感到很不服气，可是又没有办法，于是逐渐变得郁郁寡欢，有时还因为一点小事和人发脾气。

同事老黄是与老刘一起分到研究所的，情况差不多，也是几次没评上工程师。老黄一开始也苦恼，可是时间一长发现解决不了问题，还搞得家里家外很紧张，就改变了心态。他立志要开始发奋，几年来，不仅自费学了英语，又在学习商业管理知识。后来他出去搞了一个民办科技实体，干得红红火火。

这两个人遇到了同样一件事，却一个苦恼、一个快乐；一个积极、一个消极。就是因为老刘孤注一掷，甘心“一棵树上吊死”，不寻找其他的出路。这样唯一的精神寄托一旦失去，人就会变得萎靡不振。

而老黄则不然，采取狡兔三窟的策略，信奉“活人哪能叫尿憋死”的道理，自己积极寻找别的出路，这条不通，走另一条，注意力和精神追求进行转移，反而因祸得福。这就是心理代偿的巨大作用。

当人遇到难以逾越的障碍时，有时会放弃最初的目标，通过达到实现类似目标的办法，谋求要求的满足，这种做法叫做代偿行为。

代偿，生理学上的意义是指人体的一种自我调节机能，当某一器官的功能或结构发生病变时，由原器官的健全部分或其他器官来代替，补偿它的功能。从心理角度分析，代偿可以分为自觉的和盲目的两种。自觉的代偿指知道自己的短处和缺陷所在，可以做到扬长避短。盲目的代偿并不清楚地了解自己的短处与缺陷，往往导致过分代偿，结果某些方面畸形发展，破坏了人格的协调统一，反而加剧心理冲突，造成适应困难，人际关系不良。可见，代偿可以是建设性的，也可以是破坏性的。

心理的代偿往往是对现实中不足的弥补，可以起到转移痛苦，使心理平衡的作用。比如，本来想去打网球，可是下雨了，不能打了，就可以选择室内的乒乓球；本来想进 A 公司没能进去，就转而争取进入条件相当的 B 公司；和 A 的恋爱没有成功，于是把和 A 有相似特征的 B 当成了新的追求目标……

代偿行为有一个特征是：假如 B 与 A 相比非常容易达到，或是价值不如 A，就不容易对 A 形成代偿。只有当 B 与 A 很相似，得到 B 的困难度比 A 相似甚至更大，B 才具有较大的代偿价值。

当然，代偿行为并不是在任何情况下都会产生的。对于最初的目标所渴望的如果非常热烈、迫切，就很难找到能够代偿的东西。所谓“曾经沧海难为水，除却巫山不是云”，那恐怕谁也没有办法了。

而且，在代偿行为中还有一种很特殊的情况，那就是把自己的欲求转移到能获得社会高度评价的对象物中去。这种情况在心理学上叫“升华”。这个名词是弗洛伊德发明的，按弗洛伊德的观点，所有的高层次活动都是“性欲”升华的结果。

某高校里有一位老教授，年轻的时候曾经热恋一位非常优秀的知识女性。但遗憾的是，阴错阳差，那位女士却成了别人的新娘。这对他的打击很大，觉得再也找不到赶得上那位女士的人，就一生未婚。他把所有的精力和热情都投入到工作中，成了一代学界泰斗。

这就是升华的巨大作用。生活中也常见升华的例子，比如：有些人为了发泄攻击欲，练习拳击，结果成了拳击运动员。还有些人特别执著于艺术品的制作，孜孜不倦，最后成为艺术家。

◎异性友谊：男女之间也有纯粹的友情

【不论男女之间的友情怎样变化，这微妙之间所产生的情感元素，是非常珍贵的。而这种历经岁月磨砺的珍贵友情，是有出色的智慧和高贵的情感支撑的；单纯而明净，高雅而淳朴，坚定而执著。】

异性之间存在真正的友谊吗？这个问题困扰着很多人。一些人认为，男女之间不可能建立起像同性朋友之间那样的亲密无间的纯洁友谊关系。

人类的爱有许多种类型，比如血统爱（母子、兄弟、姐妹之间的爱等）、性爱（如爱情）、敬爱（如学生对老师，幼辈对长辈的爱等）、抚爱（如长者对幼者，老师对学生的爱等）、友爱（包括同学、同事、朋友之爱等）。人类各种爱的感觉有时候会发生交叉，如血统爱中可以包含敬爱、抚爱和友爱的成分，而抚爱、友爱和敬爱也可能发展成为性爱。现实中，异性友谊往往发展为爱情，可并不能说明异性之间不可能存在纯洁的友谊。认为异性间的友爱必然要发展成为性爱，或者必然与性爱纠缠不清，是缺乏依据的偏见。

法国作家蒙田说："爱情是一种朝三暮四的变化不定的情感，它狂热冲动，时高时低，忽冷忽热，把我们系于一发之上。而友谊是一种普遍和通用的热情，它平和稳健，冷静沉着，经久不变，它愉快也高雅，丝毫不会让人痛苦。再者，爱情不过是一种疯狂的欲望，越是躲避的东西越要追求。爱情是以快感为目的，一旦占有了，就不再珍惜。相反，友谊越被人向往，就越被人享有，友谊只是在获得以后才会升华、增长和发展，因为它是精神上的，心灵会随之净化。"英国作家罗素认为，男人和女人之间存在真正的友谊。他本人结婚好几次，也离婚好几次，和女人的爱情结束了，可是友谊还长久地维持着。他认为：完美的男性和完美的女性没有多少差别，至少没有我们现在所认为的那样大的差别。除了罗素和彼德·多拉，还有很多名人一生中保持了异性友谊，如萨特和波伏瓦，爱因斯坦和居里夫人，胡适和韦莲司。

心理学家指出，亲密纯真的友谊是人类优美的感情之一，是人们在共同理想、共同学习、共同工作的基础上产生的相互团结和帮助，并激励和鼓舞人们前进的高尚的道德力量。爱情作为异性爱的一种，是包含有性意向的，它不仅需要思想的沟通，而且还有性的吸引，而这种吸引则是一种微妙的心理感受。存在于异性知心朋友间的心灵的沟通虽是爱情产生的一个条件，但仅有这个条件，爱情并不会翩然而至。总之，达到知心程度的纯真的异性友谊是存在的。

大明和小玲是从小玩到大的好朋友，却没有发展成青梅竹马的恋人，而是成了最好的异性知己。他们两个同岁，两家是邻居，也一直是同学。

小玲学习好，而大明天性好玩。小玲经常帮大明辅导功课，因此感情得到更深的发展。到了青春期，两个人都没有往爱情方面想，仍认为对方是最好的异性知己。

后来大明和小玲都找到了各自心爱的人，谈起了恋爱。但"哥们"还是"哥们"，这种亲近的关系并没有变。

保加利亚心理学家基·瓦西列夫曾经说过："男人真正的力量是带一点温柔色彩的刚毅。如果一个男人集中的全是男性的特征，就会因枯燥单调而令人生厌。男人具体存在于不同性别特征的搭配之中，这使他们的性格更加丰富多彩了，更表现出男性的魅力。女人当然也是如此。让我们在日益扩大的异性交往中丰富自己吧！”

研究表明，异性之间不但可以存在友谊，而且这种友谊具有同性友谊所不具有的互补性。性别差异之下异性友谊，既可以是对个性不足的一种互补，也可以是对心理、情感和思维的互励互慰。女性软弱时，男性对你的鼓舞可以使你坚强；男性暴躁时，女性对你的规劝可以使你温柔；女性忧伤时，男性对你的开导可以使你乐观；男性粗疏时，女性的提醒可以使你细致。性别差异本身就是人生的一种多彩，有助于人的冷静化、理性化，使世界滤掉各种盲动和迷惑。

◎心理美容：精神压力可导致内分泌紊乱

【精神压力可导致内分泌系统紊乱，出现持久的心身功能失调，使皮肤干燥松弛、失去光泽，肤色呈病态，这时候就需要进行心理美容了。】

现代美容不仅包括化妆、护理、手术等等改变人外在形体的技术和理论的形体美容，更重要的是，它还包括心理美容，即从心理的角度去开掘人心灵深处的隐私、疏导郁结的心境、激发对生活的信心，从而营造豁达乐观、欢愉向上的心理状态。

具体地说，心理美容就是通过疏导与暗示，使人的心情愉快、精神饱满；促进血液循环，激活面部和全身肌肤细胞的代谢，使肌肤富有光泽和弹性；使脏腑与气血运行顺畅，浑身充满活力。

心理美容具有社会学的意义，即完善自我，发展自我，体现自我。只有完善了自我，具有了高尚的道德情操、渊博的知识贮存、成熟的心理承受力、感人的个性特征、有吸引力的人际交往能力、引起对象产生愉悦、认同、感化的魅力，他才容易被社会接纳，才能够有宽阔的交往空间，才能够获得美好生活与成功事业，即利于个人发展又是自我价值的体现。

心理美容可分为不良情绪消除法和健康心理培养法两类。其中，不良情绪消除法包括情趣除忧法、心灵美境法、洒泪排忧法及倾诉苦衷法；健康心理培养法包括工作培养法、音乐培养法、休闲培养法及笑容培养法等，其中之笑容培养法是人们最乐意接受的、见效最快的方法。

心理美容包括哪些具体作为呢？下面简单介绍几种：

首先，保持愉快情绪。心理学家认为，愉快的情绪能使人处于怡然自得的状态，有益于人体各种激素的正常分泌，有利于调节大脑功能和血液循环，使美丽从内向外扩散出来。

其次，学会幽默。心理学家认为，幽默是人的一种健康机能，更是心理美容的良方。幽默和风趣的言行不仅可以给人带来欢快的情绪，而且能缓解生活中的矛盾和冲突，维持心理平衡，是生活的调味品和润滑剂。

再次，倾诉衷肠。这是一种有效的自我心理调节方法。当人们心头郁积着苦闷和烦恼，尤其是处于“心理梗塞”时，若能及时向亲友、同事、心理医生倾诉，便可以排淤化结，使受挫的心灵得到一定程度的抚慰，感情的伤口得到几分的愈合。

此外，学会宽容。宽容可以消除人与人之间的隔阂，营造良好的人际关系和生活环境。日常生活中，夫妻、邻里、同事之间难免有矛盾和烦恼，处理不好就会形成心理问题，影响生活和工作。特别是在被人曲解和伤害时，有些人本能的反应就是报复。然而，报复虽然可以发泄怒气，减轻心中的负荷，求得一时痛快，但更会激化矛盾，甚至造成可怕的后果。退一步海阔天空，此时，人们最明智的选择就是宽容。宽容了，心境就好了。

最后，想象美容法：每晚在临睡之前，盘腿端坐在床上，深呼吸三次，然后全身放松，自然呼吸。想象自己置身于清澈的湖水旁，头顶明月当空，湖畔绿草如茵；想象自己的皮肤如月亮般皎洁，清澈的湖水滋养着皮肤。如果你面部有雀斑，则可想象雀斑点点消退，皮肤变得光滑、细嫩。每次 15 分钟左右，坚持下去，约二周即可见效。虽然想象美容法听起来有点玄，不过确实是有效的心理美容方法之一，不妨试一试。

◎说话心理学：如何说话可以打动人心

【心理学的奥妙在于“攻心”，直指人的隐秘心灵，心理学可以帮你形成一套自己的说话攻心术。】

同样都是说话，效果却各不相同，怎样才能让自己的语言直指人心呢？那就要“攻心”——以“心”为重，针对我们说话的对象，具体分析他们的心理状态和弱点，以此来决定什么时机点该说什么话，什么时机点不该说什么话，或是该说多少话。

心理学家经常利用语言来破解人们的心灵密码。语言与心灵是可逆的，如果我们懂得心理学的奥秘，破解到说话对象的心灵密码，那么，对立和敌意这种来自情绪化的误会就能迎刃而解。

心理医生老赵，有一次在下雨天开车，在某个路口与一辆自行车相撞，自行车上的人叫了一声摔倒在地上。老赵赶紧下车，他先观察了一下骑自行车的人，是个背着背包的年轻人，自行车也是新的，他判断这个人不会是恶意敲诈的歹徒，于是就上前扶起他，友善地说：

“先不要说谁对谁错，你有没有受伤？”

老赵看得出来，当时那个年轻人情绪很不好，如果下了车就与他争论对错，不仅没有意义，反而更会有理说不清，也会更加激怒对方，所以他第一句话就关心对方有没有受伤。

那个年轻人听到了这句话，突然间不知道要说什么，就怔在原地。

老赵又开口说：“既然人没受伤，那你看这件意外要如何处理？我的意见是叫警察来处理，谁对谁错自有公断，后续问题我也会找保险公司来处理，总之，如果是我错，我会负全责，只是可能要花你一点时间，先等警方做事故现场鉴定，然后再做笔录，再等保险公司的人来谈理赔，可能要花五六个小时……”

果然，话还没说完，年轻人就给了老赵一个微笑，说：“没事的，谢谢你的关心。再见！”说话就蹬上车，骑着车走了。

这个真实的故事足以作为研究人们心理的教材——像这种交通小事故，如果处理不好，情绪爆发起来，必然像洪水猛兽，收不回也挡不住。但是，心理学家告诉人们，情绪是一种微妙的反应，有时只要说对一句话，动之以情，用诚意化解情绪上的敌意，任何事情都会迎刃而解。

怎样才能打动人心，其实，看似简单的语言背后需要蕴涵说话者满满的诚意，如果想要具备这种关心别人的诚意，就不能心生怒气，心理学家也提醒人们，发怒生气虽然是人人皆有的一种情绪，因为在人际交往中难免产生矛盾和摩擦，但是，生气和发怒都无济于问题的解决，甚至发怒引发的攻击性会伤害别人，也伤害自己，如果不想双方面受伤害，给自己的人生制造一些不必要的麻烦，在发生任何事情的时候要懂得第一步先制怒。

第二步再站在对方的角度换位思考，瑞士心理学家卡尔·容格说："事物本身如何并不重要，重要的是如何看待它们。"曾经有心理学家找来两个七岁的孩子进行一项心理测验。大卫是来自一个贫穷人家的孩子，家里有六个兄弟，麦克则是一家境富裕的医生的独子。心理学家叫两个孩子看一幅图画，画面是一个小兔子坐在餐桌旁边哭，兔子妈妈则板着面孔，站在一旁，于是心理学家叫他们把画中的意思说出来。

大卫说："小兔子为什么在哭，是因为它没吃饱，还想要东西吃，但是，家里的东西已经没有了，而兔妈妈也觉得很难过。"麦克却说："它不是没吃饱在哭，而是因为它已经不想再吃东西了，但它妈妈强迫它非吃不可，"

这个实验的意义在于告诉人们处在什么样的环境，就习惯用什么样的角度看事情。而每一件事情从不同的角度来看时，总会有不同的体验。所谓见仁见智，有些事情并不一定是对或错，而是因为眼光不同，看法也就不一样。

学会制怒，学会换位思考，学会以宽广的态度接纳不同的人、事、物，达到能彼此尊重和体谅，在这样良好的自我心态的调节下，你就一定能做到——一出口就打动人心！

◎性格定律：性格往往决定一个人的命运

【心理学家与成功学家有一个共识：一个人的成功85%归于性格，15%归于知识。这说明，性格、意志、情绪等非智力因素在一个人的影响力中起决定作用。】

美国斯坦福大学教授推孟曾经对1000多名智商在140分以上的天才儿童进行过长达几十年的跟踪研究。在研究中，他把这些人中最有成就的150人和成就最低的150人进行了比较。他们在智力上相差甚微，而能否取得成就的原因主要在于性格特征的差别：自信或不自信，自卑或不自卑，坚毅或不能坚持，是否有较强的适应能力和实现目标的动机等。由此可见，性格即命运。

有位美国记者采访晚年的投资银行一代宗师J. P摩根，问："决定你成功的条件是什么？"

老摩根毫不掩饰地说："性格。"

记者又问："资本和资金何者更为重要？"

老摩根一语重的答到："资本比资金重要，但最重要的是性格。"

确实，翻开摩根的奋斗史，无论他成功地在欧洲发行美国公债，慧眼识中无名小卒的建议大搞钢铁托拉斯计划，还是力排众议，甚至冒着生命危险推行全国铁路联合，都由于他倔强和敢于创新的性格，如果排除这一条，恐怕有再多的资本也无法开创投资银行这一伟大开创性的事业。

事业上的成功离不开良好的个性品质，个人生活上的成功更离不开良好的性格。在环环相扣的现代社会中，人与人之间唯有精诚合作才可以安身立命，性格的决定作用便日益彰显。积极的性格——诸如认真、勤奋、乐观、沉着、刚强、果敢、大度、慷慨、坦诚、谦逊和热情——无疑是上佳的黏合剂和酶母，使人更具爱心和进取心，更具魅力和竞争力；消极的性格——诸如懒惰、阴郁、自私、狂妄、狡诈、懦弱、狐疑、狭隘、悭吝和冷酷——则是可怕的隔离带和鸿沟，使人与幸福生活总有一段难以搭界的距离。人要快乐，就必须终生不懈地追求和保有美好的爱情、牢固的亲情、真诚的友情和成功的事业，而这四大要素可说没有一样不仰赖于积极性格的通力成全。

1998 年 5 月，华盛顿大学 350 名学生有幸请来世界巨富沃伦·巴菲特和盖茨演讲，当学生们问到："你们怎么变得比上帝还富有"这一有趣的问题时，巴菲特说："这个问题非常简单，原因不在智商。为什么聪明人会做一些阻碍自己发挥全部工效的事情呢？原因在于习惯、性格和脾气。"

盖茨表示赞同，他说："我认为沃伦关于习惯的话完全正确。"

在此，两位殊途同归的好朋友道出了自己成功的诀窍——个性具有很大的决定作用。

"勿以善小而不为，勿以恶小而为之。"良好性格的养成在于平日一点一滴持之不懈的积累。你要是不想成为命运手上的牵线木偶，而想成为命运的主人，就该及早痛下决心，尽快完善自己的性格，大幅度提升情商指数。从这一观点出发，那些认定负面性格突出才叫个性鲜明的人，那些认定放浪形骸才是快乐之本的人，命运女神迟早会给他们开出数额惊人的罚单。

命运并不是那么神秘莫测的，我们的性格常常就是我们的命运。我们一生的幸福更多地依赖于这种内在的性格而不是外在的境遇。

伟大的人物不仅仅因为他们创造了丰功伟业，更重要的是他们在历史长河中表现出来伟大的性格特点。

同样的机遇摆在面前，性格不同的人，对待机遇的方式就不同，有人抓住了机遇，有人与机遇擦肩而过。只有了解自己的性格，才能重塑性格，把握机遇，改变自己的命运。

◎创造性学习：会学习才能不断提高

【知识与技能的学习，已经越来越难以满足人们的需要，学习的能力才是最应该学习的。只有具备了这种学习能力，才是真正掌握了永远能够学习知识的方法和动力。】

在美国企业界，高级主管人员20世纪以来文化程度的变化是巨大的。1900年仅有28%的人拥有大学学历，68%的人拥有科学学位或工程学位；到了1964年，有大学学历者上升到74.3%，33%的人拥有科学学位；到了20世纪80年代，全美500家最大公司中，竟有半数以上的公司总经理都具有高级学位，其中包括企业管理硕士学位（MBA）、法学学位、金融和商学学位等，而没有受过高等教育的则不到3%。

从上面的数据中我们能够体会到，学习对每一个人而言都成为十分紧迫的事情。有学者进一步指出，学习的能力比知识的学习更加重要。现代人生活工作在信息的海洋中，信息的爆炸性增长，知识的迅速普及，使得学习成了非常艰难的事情。人脑接受和处理信息的速度和质量受到一定条件的制约，超过这个限度，在高速信息流的冲击下，超负荷的接受信息，人的思维就会出现混乱，难以容纳更多的信息，在知识的汪洋大海中感到迷惘。如何在知识的海洋中不迷失方向，学会学习就是把握方向与提供动力的风帆。

学会学习的含义，是指掌握最适合的学习方法，能够进行独立的、创造性、有效的学习的能力。学会学习的关键是掌握方法，离开传授式的教育形式，能够进行独立自主的学习，以获得长期发展所需要的知识。学会学习自然不是仅指学会多少知识，而更重要的是培养学习精神、掌握方法、提高能力，以获得有效学习、处理和利用知识的能力。

21世纪的文盲不是目不识丁的人，而是不会学习的人。现代社会出现的“功能性文盲”的现象，所指的就是那些受过一定的教育，具备基本的读、写、算的能力，却不能识别现代信息符号，不能应用计算机进行信息交流与管理，无法利用现代化生活设施的人。如今即使在英、法、美等发达国家，“功能性文盲”仍然占据总人口的20%左右。以英国为例，每年要拿出约60亿英镑，用于扫除这些“功能性文盲”。归根到底，这种不具备适应现代社会发展变化的现象，是缺乏学习能力的表现。

回首历史，我们可以领悟到，在知识经济条件下，拥有现代知识的人才是当前的关键，要搞现代化的事业，要办现代化的工农业，要进行现代化的经营管理，舍此皆为妄谈。而“现代化”是个动态的词汇，在人的一生中，要想成为有成就的人才，就必须拥有良好的学习能力。

要学会创造性学习的原因之一，是因为知识不等于能力。21世纪对能力界限的新要求迫使人们重新审视自己所学的知识。但不管时代怎样发展，我们都应保持清醒的头脑，必须清晰明了地理解知识与能力的关系。培根明确指出：“各种学问并不把它们本身用途教给我们，如何应用这些学问乃是学问以外的、学问以上的一种智慧。”也就是说，有了知识，并不等于有了与之同等的能力，掌握知识与运用知识之间还有一个转化过程，也就是学以致用的过程。

如果不知应用知识，那么拥有的知识就只是死的知识。死的知识不但没有一点益处，有时还可能有害。

因此，在学习知识时，不但要让自己的头脑成为知识的仓库，还要让它成为知识的熔炉，把所学知识在熔炉中消化、吸收。这就需要学习者发挥他的创造性和主动性。

要想正确地做到学以致用，应加强知识的学习和能力的培养，并把两者的关系调整到最佳位置，使知识与能力能够相得益彰，共同促进，发挥出前所未有的潜力和作用。

要想做到学以致用，不仅要苦读与爱好、兴趣、职业有关的“有字之书”，同时还应该领悟生活中的“无字之书”。

如果你是一名员工，那么工作中的经历则是你最宝贵的学习源泉。正如惠普公司董事长兼首席执行官卡莉·费奥瑞纳女士所说：“我并没有从一开始就打算做CEO，我只是希望尽力做好自己的每一项工作。通过在工作中不断学习，我开始了解越来越多的管理方法。当CEO的机会来到我面前时，我做出了正确的选择。

“在我的成长历程中，进入HP之前和之后的经历，都极为重要。在朗讯，我经历过一家公司从低谷走向成功的全过程，也领会了资本运作（朗讯从AT&T拆分）所能带来的好处，这是非常宝贵的经验。之后在HP，我经历了并购康柏的全过程，成功进行了并购后繁冗、复杂的整合工作。

“我想，我所经历的每一次变动，每一份不同的工作，都是我走向更大的成功过程中不能忽略的要素。”

就这样，通过将她在工作中学到的经验再投入到新的工作中去，卡莉一步一步走上了她个人事业巅峰。学习不分地点，不分时间，但需要有创造性的学习方法，懂得如何在各种环境中学习和进步。

◎“零缺陷”理论：第一次就把事情做对

【工作中经常会遇到这样一些人，他们总是将目光盯在下一次，逃避问题。尽管从表现上看来，他们也很努力、很敬业，但结果却总是无法令人满意。】

著名管理学家克劳士比“零缺陷”理论的精髓之一就是——“第一次就把事情做对”。它不仅是一句激励士气的口号及企业最经济的经营之道，而且还是对员工工作态度的评价和要求，是每一个员工个人的成功之道。他推崇这样一种工作态度，即对错误“不害怕，不接受，不放过”，每一个员工都认真负责，一丝不苟。

第一次就把事情做对，是领导对你的期待，它时时刻刻警醒你要尽最大的可能，在接手每一份工作时，抱着“一次就做对”的信念；第一次就把事情做对，是对“质量”品质的要求，只有“第一次就做对”，才能尽可能减少废品，保证质量；第一次就把事情做对，需要你有扎实的职业技能基础，需要你对每一个“第一次”从事的工作都有充分的准备。

在行为准则的贯彻执行上“第一次就把事情做好”，是每一个人都应该必须引起足够重视的理念。如果这件事情是有意义的，现在又具备了把它做好的条件，为什么不现在就把它做好呢？每个人只有把事情一步一步地做对了，才可能达到第一次就把事情做好的境界。

“第一次就把事情做对”是一种精益求精的工作态度。从丰田公司的全面质量管理和准时化生产中来看，人们会惊奇地发现，原来，第一次就把事情做对不仅是可能的，而且是一定要做到的。想想看，整条流水线上，每一个零配件生产出来之后马上就被送去组装，因为没有库存，任何一个环节出了质量问题，都会导致全线停产，所以必须第一次就把事情做对。

美国市政厅的一份研究报告披露说，在华盛顿因工作马虎造成的损失，每天至少有 100 万美元。该城市的一位商人曾抱怨说，他每天必须派遣大量的检查员，去各分公司检查，尽可能地制止各种马虎行为。在许多人眼里有些事情简直是微不足道，但积少成多，积小成大，一些不值一提的小事会影响他们做事的工作效率，当然也会影响到他们工作上的晋升和事业上的发展。

“第一次就把事情做对”，这几乎是每个企业对员工最基本的要求。但在工作中，有时即使是最简单的工作，还是有人一再出错。比如，一家大型广告公司的员工就犯过这样一个错误，在为客户制作的宣传广告中，将客户的联系电话中的一个数字弄错了。当他们把制作的宣传单交给客户时，客户由于时间紧，第二天就要在产品新闻发布会上使用它，因此没有详细审核就接收了。直到新闻发布会结束后，在整理剩下的宣传单时，才发现关键的联系电话有错误，而这样的宣传单已发放了 5000 多份。

客户一怒之下，向广告公司要求巨额赔偿。由于错在己方，而且客户召开新闻发布会的费用的确巨大。无奈之下，广告公司只好按照客户的要求进行了赔偿。但事情并没有就此结束，这件事情传开后，广告公司便在客户中失去了信誉，渐渐没有生意可做了，因为没有人再敢把自己的业务交给他们去做，害怕再出差错给自己造成麻烦和损失。

一次小小的失误，就把一家本来极有前途的广告公司打垮了。我们不妨设想一下，假如广告公司的员工在工作中能细心点，能一次就把事情做对，那么，这样的现象是完全可以避免的。

也许有人心里在想："第一次没做对不要紧的嘛，我可以做第二次，做第三次。"是的，第一次没做对时可以重新做第二次，甚至是第三次，但是这样做既浪费时间又会浪费精力，假如没有及时发现错误，就会像上文中的广告公司那样，给自己和他人都造成了损失。第一次没把事情做对，忙着改错，改错中又很容易忙出新的错误，恶性循环的死结越缠越紧。这些错误往往不仅让自己忙，还会放大到让很多人跟着你忙，造成整个团队工作效能的低下。

所以，盲目的忙乱毫无价值，必须终止。再忙，我们也要在必要的时候停下来思考一下，用脑子使巧劲解决问题，而不盲目地拼体力交差，第一次就把事情做好，把该做的工作做到位，这正是解决"忙症"的要诀。

其实现实中是很少有人把"第一次就把事情做对"作为自己的日常习惯的。虽然很多人都知道第一次未把事情做对会是什么样的后果——更多的时间、更多的精力、更高的成本。大部分人都拥有良好的动机，结果却往往差强人意。因为在工作中，所看到的经常只是问题的表面，没有真正了解问题所在，更没能深入理解事物的本质。

我们工作的目的是为了忙着创造价值，而不是忙着制造错误或改正错误。只要在工作完工之前想一想出错后带给自己和公司的麻烦，想一想出错后造成的损失，就应该能够理解"第一次就把事情完全做对"这句话的分量。

◎激情效应：缺乏热忱的人别想赢得胜利

【在心理学上，热情会改变别人对你的态度。在成功学上，热情是驱使奋斗者永远向上的动力。凭借着热情产生的巨大能量，人生会变得更加绚丽多彩。】

美国通用食品公司总裁弗朗克说："你可以买到一个人的时间，也可以买到一个人到指定的工作岗位，还可以买到按时计算的技术操作，但你买不到热情，而你又不得不去争取这些。"

热情是一种难能可贵的品质。正如拿破仑·希尔所说："要想获得这个世界上最大的奖赏，你必须像最伟大的开拓者一样，将所拥有的将梦想转化为为实现梦想而献身的热情，以此来发展和销售自己的才能。"

历史上许多巨变和奇迹，不论是社会、经济、哲学或是艺术，都因为参与者100%的热情才得以进行。拿破仑发动一场战役只需要两周的准备时间，换成别人则需要一年，之所以会有这么大的差别，正是因为他对在战场取胜拥有无与伦比的热情。

伟大人物对使命的热情可以谱写历史，普通人对工作的热情则可以改变自己的人生。

一个晴朗的下午，美国作家威·莱·菲尔普斯去逛纽约的第五大道，突然想起来自己的袜子划破了，需要买双新的短袜。至于买一双什么样的，作家觉得那是无关紧要的。他看到第一家袜子店，就走了进去。一个年纪不到17岁的少年店员，迎面向他走来询问到："先生，您要什么？"

"我想买双短袜。"作家看到这位少年眼睛闪着光芒，话语里含着激情。"您是否知道您来到的是世界上最好的袜店？"作家一愣，发觉自己从来就没有思考过这个问题，因为他仅仅需求一双短袜，走进这家商店纯粹就是一种偶然。

很快少年麻利地从货架上拖下几只包装不同的盒子，并快速地把里面的袜子一一打开展现在作家的面前，让他鉴赏。“等等，小伙子，我只要买一双！”作家有意提醒他。“这我知道，”少年说，“不过，我想让您看看这些袜子有多美，多漂亮，真是好看极了！”

少年的脸上洋溢着庄严和神圣的狂喜，像是在向作家启示他所信奉的宗教玄理。这立刻激起了作家对这个少年的兴趣，把买袜子的事情抛于脑后。作家略微犹豫一下，然后对那个少年说：“我的朋友，如果你能一直保持这样的热情，如果这份热情不只是因为你感到惊奇，或因为得到一个新的工作——如果你能天天如此，把这种热心和激情保持下去，不到十年，你会成为美国短袜大王。”

没有热忱的人，就好像没有发条的手表一样缺乏动力。一位神学教授说：“成功、效率和能力的一项绝对必要条件就是热忱。”热忱这个词源于希腊文，是“神在你心中”的意思，一个缺乏热忱的人别想赢得任何胜利。

为了使你对目标产生热忱，你应该每天都将思想集中在这个目标上，如此日复一日，你就会对目标产生高度的热忱，并愿意为它奉献。有位名人说：“情绪未必会受理性的控制，但是必然会受到行动的控制。”积极心态和积极的行动可升高热忱的程度，你必须为你的热忱制定一个值得追求的目标；一旦你将你的热忱导向成功的方向，它便会使你朝着目标前进。

真正的热忱是发自内心的，发掘热忱就好像是从井中取水一样，你必须操作抽水机才能使水流出来，接着水便不断地自动流出。你可以对于你所知道或所做的任何事情都付出热忱，它是积极心态的一种象征，会自然地从思想、感情和情绪中发展出来，但更重要的是：你可以随心所欲地从内心唤起热忱。

当这热忱被释放出来支持明确目标，并不断用信心补充它的能量时，它便会形成一股不可抗拒的力量，并足以克服一切贫穷和不如意，你可以将这股力量传给任何需要它的人。这恐怕是你能够动用热忱所做的伟大工作了，激发他人的想象力，激励他们的创造力，激发他人的影响力，帮助他们和无穷智慧发生联系。

凭借热情，我们可以释放出潜在的巨大能量，发展出一种坚强的个性；凭借热情，我们可以把枯燥乏味的工作变得生动有趣，使自己充满活力，培养自己对事业的狂热追求；凭借热情，我们可以感染周围的同事，让他们理解你、支持你，拥有良好的人际关系；凭借热情，我们更可以获得老板的提拔和重用，赢得宝贵的成长和发展的机会。

拿出100%的热情来对待1%的事情，而不去计较事情是多么地“微不足道”，你就会懂得，原来每天平凡的生活竟然是如此地充实和美好。

第二章

认识真正的自己

◎自我知觉：如何认识真正的自己

【自我知觉（self-perception，即自我认识）是一种重要的社会知识，一个人能正确地认识自己是有效地从事社会活动的前提，也是社会化成熟的标志。】

几乎所有心病的根源，都可以溯源到这三个主要问题上：我是谁？我从哪里来？我将往何处去？

“我是谁”，包含着对自己的外表、体质、举止、性格特点、气质类型、能力、兴趣、所承担的社会角色等方面的认识；

“我从哪里来”，涉及籍贯、家庭状况、学历、工作经历、阅历、现有知识水准、能力、社会地位、社会资源等；

“我将往何处去”，则指向一个人对自己未来人生的设计，比如在经济、情感、社会成就等方面想要达到什么样的目标，以及实现的具体方法。

这些问题概括来说，都属于自我知觉的范畴。

自我知觉，其实就是人们常说的自我认识，是指人们对自己的需要、动机、态度、情感等心理状态以及人格特点的感知和判断。它可以是有关自我的一套观念，也可以只是有关自身认识的一些直觉，但不论是观念还是直觉，都会对我们的行为产生影响。准确的自我知觉，有助于个体的社会调适和心理、行为素质的良好发展。

几乎所有的事都与自我知觉有关。

粗心的人一般不会选择会计为自己的终生职业。但在我们身边，由于不了解自己的性格、天赋、气质，盲目求职的人还少吗？

规划人生同样牵涉到自我知觉。我为什么而工作？我的经济条件允许我买什么样的房子？我对生活有什么要求？我准备为理想承担什么样的代价……这些问题不想清楚，往往活成一团乱麻。

与人相处也离不开自我知觉。亲友、同学、同事、师生、上下级，每个人在不同的人面前有不同的身份。要求一般同事像朋友一样理解自己，要求老师或上级为自己办私事，绝大多数情况下都会碰钉子。不懂得按照基本的社会角色规范行事，就可能给自己制造麻烦。

一个人缺乏自我知觉，做事是不可能成功的！

有一个年轻人，大学毕业后成为一名令人羡慕的公务员，但他还是很自卑，因为他认为自己是从偏僻的小山村里出来的，家里穷，也不认识什么后台，跟身边的同事、朋友相比是“先天不良”。由于自卑，年近三十都没有恋爱过，总担心女孩子瞧不起他，也觉得自己配不上那些时尚、骄傲的女孩子。其实，他身边的人都觉得他很优秀，也有女孩对他另眼相看，他自己却没有意识到。因为他对自己的认识还是停留在那个“贫穷的山娃子”上，他总是对自己进行负面评价，结果不仅造成了心理上的困惑，更影响到了正常的生活、感情。这些都源于他没有一个客观、正确的“自我认识”。

假设这位年轻人，因为各种原因，失去了职务，不得不靠做苦力为生。如果他只看到自己“寒门学子”的一面，天天抱怨社会不公，感叹自己大材小用，怎么可能做好事？而这种只会怨天尤人，不能脚踏实地工作的现状，又怎么可能走出困境？

相反，那些知道自己是谁，从哪里来，将往何处去的人，不论因何种原因，沦落到何种地步，最终都会以脚踏实地的顽强努力，为自己赢取光明的未来。

认识自己并不是一件容易的事。在日常生活中，人既不可能每时每刻去反省自己，也不可能总把自己放在局外人的地位来观察自己。正因为如此，个人便借助外界信息来认识自己。由于外部世界的复杂多变，个人在认识自我时很容易受到外界信息的暗示，而不能正确地认知自己。

人们常犯的一个错误是，很容易相信一个笼统的、一般性的人格描述特别适合他。即使这种描述十分空洞，他仍然认为反映了自己的人格面貌。

有心理学家曾用一段笼统的、几乎适用于任何人的话让大学生判断是否适合自己，结果，绝大多数学生认为这段话把自己概括得非常准确。你也来看看这段话吧——

你很需要别人喜欢并尊重你。你有自我批判的倾向。你有许多可以成为你优势的能力没有发挥出来，同时你也有一些缺点，不过你一般可以克服它们。你与异性交往有些困难，尽管外表上显得很从容，其实你内心焦急不安。你有时怀疑自己所做的决定或所做的事是否正确。你喜欢生活有些变化，厌恶被人限制。你以自己能独立思考而自豪，别人的建议如果没有充分的证据你不会接受。你认为在别人面前过于坦率地表露自己是不明智的。你有时外向、亲切、好交际，而有时则内向、谨慎、沉默。你的有些抱负往往很不现实。

这其实是一顶套在任何人头上都合适的帽子，而太多的人爱把这顶帽子往自己头上戴。

这种对自己的错误认知在生活中十分普遍。拿算命来说，很多人请教过算命先生后都认为算命先生说得“很准”。其实，那些求助算命的人本身就有易受暗示的特点。当人的情绪处于低落、失意的时候，对生活失去控制感，于是，安全感也受到影响。一个缺乏安全感的人，心理的依赖性也大大增强，受暗示性就比平时更强了。加上算命先生善于揣摩人的内心感受，稍微能够理解求助者的感受，求助者立刻会感到一种精神安慰。算命先生接下来再说一段一般的、无关痛痒的话便会使求助者深信不疑。

那么人应该怎样真正认识自己呢？这就需要人经常仔细地反省自己，不受外界环境的左右。曾子说：“吾日三省吾身。”就是靠经常性的自我反省和思考，来了解自己的本性及其变化。别人的意见不是不能听，恰恰有时旁观者清，当局者迷，但是在听完别人的意见后，一定要进行自己的分析，也就是说，你永远不能把自己的脑子交给别人，永远要保持自己的清醒的独立的判断。

◎乔韩窗口理论：认识自己，更好地做自己

【在你的觉醒中你有新生和古代的奇迹，你和新花一样的年轻和山岳一样的古老。——泰戈尔】

美国心理学家乔（Jone）和韩瑞（Hary）提出关于自我认识的窗口理论，被称为乔韩窗口理论。他们认为人对自己的认识是一个不断探索的过程。因为每个人的自我都有四部分：公开的自我、盲目的自我、秘密的自我和未知的自我。通过与他人分享秘密的自我、通过他人的反馈减少盲目的自我，人对自己的了解就会更多更客观。

那么如何认识自己呢？认识自我的渠道主要有三种：

1. 从自己与他人的关系认识自己

与他人的交往，是个人获得自我认识的重要来源，他人是反映自我的镜子。从幼年到成年，我们从简单的家庭关系扩展到外面的友爱关系，进入社会又体会到复杂的人际关系。聪明而善于思考的人能从这些关系中用心向别人学习，获得足够的经验，然后按照自己的需要去规划自己的前途。但是，在与他人的关系中认识自己也要注意一些问题：

第一，跟别人比较的是我们做事的条件，还是我们做事的结果？比如有些人在公司上班，认为自己的家庭条件和经济基础不如别人，就开始把自己置于次等地位，进而影响工作心态和情绪。其实我们应该比较的是在工作中各自所取得的成绩，而非在日常生活中我们所具备的条件。

第二，跟他人比较的标准是可变的还是不可变的？经常有人认为自己不如他人，他们关注的常常只是身材相貌、家庭背景等不能改变的条件，对于大多数人来说这些条件是很难改变的，是没有实际比较意义的。

第三，和什么样的人相比较？是与自己条件相类似的人，还是个人心目中的偶像或不如自己的人？所以，确立合理的比较对象对自我的认识尤为重要。

2. 从“我”与事的关系认识自我

从“我”与事的关系认识自己，即从做事的经验中了解自己。我们可以通过自己所做过的事，所取得的成果、成就看到自己身上的缺点和优点。对那些聪明又善用智慧的人来说，成功、失败的经验都可以促使他们再成功，因为他们了解自己，有坚强的品格特征，又善于学习，因而可以避免重蹈失败的覆辙；而对于某些比较脆弱的人，因为只看到失败反映出的负面因素，而更容易失败。这也是常见的现象。因为他们不能从失败中学到教训，改变策略追求成功，而且挫败后形成害怕失败的心理，不敢面对现实去应付困境或挑战，甚至失去许多取得成功的机会；而对于一些自大的人而言，成功反而可能成为失败之源。他们可能因为成功便骄傲自大，以后做事便自不量力，往往会遭受更多的失败，

3. 从“我”与自己的关系认识自我

从“我”与自己的关系中认识自我看似容易，其实做到这一点是非常困难的。我们可以从以下几个角度去试着认识自己：

第一，自己眼中的我。个人眼中观察到的客观的我，包括身体、容貌、性别、年龄、职业、性格、气质、能力等。

第二，别人眼中的我。在与别人交往时，从别人对你的态度、情感反映而感觉到的我。不同关系的人，不同类型的人对自己的反应和评价是不同的，它是个人从多数人对自己的反映中归纳出的认识。

第三，自己心中的我，也指自己对自己的期待，即理想中的我。

我们可以通过自己眼中的我、别人眼中的我、自己心中的我这三个我的比较分析来全面认识自己，进而完善自己。

请关注你的内心，经常问问自己：我正在做的事是我真正想做的吗？我正为之奋斗的是我真正想要的吗？我正在过的生活是我真想过的吗？

只有认识自己才能更好地做自己。做自己，做自己喜欢的、擅长的事情，就做能使我们的生命力得到充分体现的事情，做能让我们产生美好体验的事情——而不仅仅是为了获得世俗意义上的成功，更是为了让自己感觉充实、幸福，感到生命充满意义！

◎性格：你是如何对待生活的

【性格是人们比较熟悉的一种心理现象，但有时对它的理解并不十分准确。例如我们常说“某人性格活泼好动，某人好静；某人性子急，某人性子太慢。”其实，这里所指的现象并不是一个人的性格特征，而是指他的气质特点。】

什么是性格呢？

性格是人对现实的态度和行为方式中比较稳定而具有核心意义的个性心理特征。

拿一个男人来说，他对信仰忠诚、热爱，对学习工作认真踏实，对志同道合的朋友经常表现出和蔼可亲，对自己始终谨慎。像这种对事业、对学习、对朋友和对自己所表现出来的稳定的态度和相应的行为方式，如果经常贯穿在他的行为的全部过程中，这些态度和行为方式就构成了这个男人的性格特征。至于那些偶尔表现出来对某种事物的态度和一时一事的举动，就不能构成他的行为特征。仍以此人为例，他本是一个勇敢的人，但在某些情况下也可能出现一丝犹豫和震惊，但不能因此就说他是个性懦弱者。

反过来说，一个总是畏首畏尾的人，在激怒的情况下，也可能做出冒失的举动，我们也不能因此就说他是个勇敢的人。

性格在其个性心理特征，如兴趣、能力、气质等，是相互影响的，而性格在其中起着核心作用。性格左右着兴趣的发展方向，也制约着能力的发展方向，也制约着能力的发展水准。

性格不是天生的，而是后天获得的。它是在家庭、学校及社会教育的影响下，通过自身的实践逐渐发展起来。性格一旦形成，就比较稳定，但不是一成不变的。实际上，一个人的性格总是在社会经验中通过自我调整而发展改造的。因此，性格具有可塑性。

世界上关于划分性格类型的理论有很多种，MBTI 性格类型理论被认为是目前国际上最权威、最普遍使用的理论。中国 MBTI 性格类型系统分为五个维度，每个维度有两个方向，共计十个方面，即共有十种性格特点，具体如下：

我们与外界相互作用的程度以及自己的能量被引向何处

(E) 外倾——内倾 (I)

我们自然注意到的信息类型　(S) 触觉——直觉 (N)

我们做决定和得出结论的方法　(T) 思维——情感 (F)

我们喜欢以一种较固定的方式生活（或做决定），还是以一种更自然的方式生活（或获取信息）　(J) 判断——知觉 (P)

我们与其他人之间的相互作用方式 (A) 主导——被动 (B)

每个人的性格都在五种维度相应分界点的这边或那边，我们称之为“偏好”。例如：如果你落在外倾的那边，称为“你具有外倾的偏好”；如果你落在内倾的那边，称为“你具有内倾的偏好”。

在现实生活中，每个维度的两个方面你都会用到，只是其中的一个方面你用得更自然、更容易、更快、更舒适，就好像每个人都会用到左手和右手，习惯用左手的人是左撇子，习惯用右手的人是右撇子。同样，你的性格类型就是你用得更自然、更容易、更快、更舒适的那种。

五个维度各有两个方面，一共组成 2×2×2×2×2=32 种性格类型，如下图表示：

ISTJA	ISFJA	INFJA	INTJA	ISTJB	ISFJB	INFJB	INTJB
ISTPA	ISFPA	INFPA	INTPA	ISTPB	ISFPB	INFPB	INTPB
ESTPA	ESFPA	ENFPA	ENTPA	ESTPB	ESFPB	ENFPB	ENTPB
ESTJA	ESFJA	ENTJA	ENTJA	ESTJB	ESFJB	ENFJB	ENFJB

◎遗传与环境：你为什么是这样的人

【一般认为，遗传与环境因素对心理发展的作用并不是孤立的，而是相互依存和渗透的。不能单纯地以其一来做决定。环境对于某种心理特性或行为的发生与发展所起的作用，往往有赖于这种特性或行为的遗传基础。同样，遗传作用的大小也依赖于环境变量。】

“我是怎样的一个人？我为什么是这样的一个人？”在回答这个问题时，必然触及心理学中最根本性的争议：人性是先天的还是后天的？所有人都承认身高、发色、体型及眼睛的颜色等体态特征具有遗传性，且越来越多的人开始认识到癌症、心脏病和高血压等许多疾病的发病倾向也有很明显的遗传成分，但很少有人会想到，在人的心理品质中基因也起着很重要的作用。

近年来，在如何看待遗传（先天）与环境（后天）的关系问题上，西方心理学家的意见正发生着偏重遗传的转变，布沙尔等关于双生子的研究证实了这一点。下面的图表显示了分养与合养的同卵双生子在某些特征上的相似性，相似程度在表中用相关系数 r 来表示。相关系数越大，其相似程度越高。在此，有这样一个逻辑假设：若个体的差异是由环境引起的，则在相同环境下成长起来的合养同卵双生子与分养同卵双生子相比，其个体特征应更相似。但是，实际结果并非如此。将分养同卵双生子间每种特征的相关系数与合养同卵双生子的相关系数相除，所得数值列在表的最后一列，这列数值表示两类双胞胎在每种特征相似性上的差异。如果两个相关系数相同，则相除以后的结果是 1.00；如果它们完全不同，则相除以后的结果会接近 0.00。结果发现，两者在每种特征上的相关系数惊人地相似，即其比值大多接近于 1.00，几乎没有低于 0.80 的，个别的甚至大于 1.00。请参见下列图表：

分养与合养同卵双生子在某些特征上的相似性比较

特征	r分养	r合养	r分养/r合养
生理			
脑电波活动	0.80	0.81	0.987
血压	0.64	0.70	0.914
心率	0.49	0.54	0.907
人格			
多维人格问卷（MPQ）	0.50	0.49	1.020
加利福尼亚人格问卷	0.48	0.49	0.979
智力			
韦氏成人智力量表	0.69	0.88	0.784
瑞文智力测验	0.78	0.76	1.030
社会态度			
宗教信仰	0.49	0.51	0.961
无宗教信仰社会态度	0.34	0.28	1.210
心理兴趣			
斯特朗—坎贝尔兴趣问卷	0.39	0.48	0.813
明尼苏达职业兴趣量表	0.40	0.49	0.816

这些结果表明，对于相当数量的人类特征而言，大多数差异似乎是由遗传因素或基因引起的。表中的数据从两个重要方面证明了这一结果。其一，具有完全相同的遗传特质的人（同卵双生子），即便分开抚养且生活条件大相径庭，他们长大成人以后不仅在外表上极为相似，而且其基本心理和人格也惊人的一致。其二，在相同条件下养育的同卵双生子，环境对他们的影响似乎很小。布沙尔等将他们的发现表述如下："到目前为止，在调查过的每一种行为特征，从反应时到宗教信仰，个体差异中的重要部分都与遗传有关。这一事实今后不应再成为争论的焦点，现在是该考虑它的意义的时候了。"

此后，许多研究者以布沙尔等所得的双生子数据资料为基础，完成了大量的相关研究。这些研究结果表明，基因对许多心理特征和行为的影响确实是很大的，超过了之前的预料。例如，有研究发现，基因不仅在很大程度上决定着人们对职业的选择，甚至当各种职业所要求的生理条件保持恒定时，在人们的工作满意度和职业道德方面大约仍有30%的变化源于遗传因素。布沙尔的另一项研究把研究内容更直接地指向一些影响人一生的、稳定的人格特质。结果表明，人们在外倾—内倾、神经质和自觉性等特性上的变异可以更多地（65%）以遗传差异而非环境因素来解释。当然，对布沙尔等的研究的批评意见也体现在多个方面。有的声称，这些研究者并没有尽可能完整地公布他们的研究数据，因此，不能独立地对他们的研究结果进行评价。还有，有很多研究报告表明布沙尔等没能考虑到的一些环境因素对双胞胎确实有重大影响。最后，随着 DNA 分析技术的准确性的提高，那些对布沙尔等的研究结果质疑的研究者认为，应该使用 DNA 检验技术来验证双胞胎研究结果的有效性。布沙尔在评价了大量有关“先天—后天”的研究例证后总结道：从整体上看，人格中 40% 的变异和智力中 50% 的变异都以遗传为基础。

总之，在遗传与环境如何影响个体发展这个根本性的问题上，我国心理学家们一贯坚持这样的立场：遗传对人的心理与行为的影响是不可否认的，但也不能过分夸大遗传的作用；遗传只能提供心理与行为表现的自然前提和可能性，而环境和教育才规定其现实性。

◎人格的构成：如何提高自己的情商？

【人格结构中的三个层次相互交织，形成一个有机的整体。它们各行其责，分别代表着人格的某一方面：“本我”反映人的生物本能，按快乐原则行事，是“原始的人”；“自我”寻求在环境条件允许的条件下让本能冲动能够得到满足，是人格的执行者，按现实原则行事，是“现实的人”；“超我”追求完美，代表了人的社会性，是“道德的人”。】

没有人喜欢听别人说自己“人格不健全”！

如果你听到“人格有缺陷！”“你有人格障碍！”——诸如此类别人对你的评论，你恐怕会不假思索、本能地反击过去“你的人格才不健全呢！”“你的人格才有问题呢！”很显然，他人说你人格有缺陷并不是什么好事；而当你听到他人赞扬你有“人格魅力”时，则常常会欣然接受，高兴不已。

那么，到底什么是人格呢?

从心理学的角度来说，人格是一个人的独特思维、情感和行为模式。每个人都是由独特的才智、价值观、期望、感情、仇恨以及习惯构成，这就使得我们形成了一个与众不同的自己。人格不仅具有独特性，同时也具有稳定性，这也决定了你以前是什么样，现在和将来都是什么样。

奥地利心理学家弗洛伊德将人格分为“本我”、“超我”和“自我”三部分。

“本我”是人格结构中最原始部分，从出生日起算即已存在。构成“本我”的成分是人类的基本需求，如饥、渴、性三者均属之。“本我”中之需求产生时，个体要求立即满足，故而从支配人性的原则言，支配本我的是唯乐原则。例如婴儿每感饥饿时即要求立刻喂奶，决不考虑母亲有无困难。

“超我”是人格结构中居于管制地位的最高部分，是由于个体在生活中，接受社会文化道德规范的教养而逐渐形成的。“超我”有两个重要部分：一为自我理想，是要求自己行为符合自己理想的标准；二为良心，是规定自己行为免于犯错的限制。因此，“超我”是人格结构中的道德部分，从支配人性的原则看，支配“超我”的是完美原则。

“自我”是个体出生后，在现实环境中由“本我”中分化发展而产生，由“本我”而来的各种需求，如不能在现实中立即获得满足，他就必须迁就现实的限制，并学习到如何在现实中获得需求的满足。从支配人性的原则看，支配自我的是现实原则。此外，“自我”介于“本我”与“超我”之间，对“本我”的冲动与“超我”的管制具有缓冲与调节的功能。

比如，抑制自己的怒火；虽然生气，但知道什么话能说，什么不能说。这就是“自我”的控制和压制。那些对自己要求严格，容不得丝毫错误的人，往往“超我”过于强大，经常对过去的事情懊悔、自责，感到抑郁；而那些随心所欲，无所顾忌的人往往“本我”过于强大，“自我”在现实面前无能为力，动不动就摔东西、发怒。

有同事甲、乙两人，学历相当，年龄相仿，同一年进了公司。几年过去了，甲当上了部门主管，事业蒸蒸日上；而乙专心于技术，虽然工作踏实，至今默默无闻。这位乙同志，偶尔时候会情绪不稳定，因为，当他的

"超我"变强的时候,"超我"就会说:"你应该和甲一样出色,为什么他能够出人头地,你却生活清贫,你需要不停地努力,赶上他,超越他才行!"这时,他就会有一种惭愧的情绪体验,甚至自卑、自责。

这就是他的"超我"在压制"本我",此时就需要他的"自我"将其拉回现实,告诉他:"你不用跟别人比,自己过自己喜欢的生活,做最好的自己就可以了。"当他的"自我"协调好"本我"和"超我"的关系之后,他才会过得轻松,自由,快乐,充实。

一个真正健康的人格,自我、本我、超我这三个组成部分必须是均衡、协调的。我们要使自己有一个完善、健康的人格,就应该学会平衡和协调自我、本我和超我这三者的关系。一旦三者失调乃至破坏,就很容易出现心理问题,危及人格的发展。

一般来说,完美主义者往往"超我"过于强大;而那些狂躁症患者则一般都是"本我"过于强大。

在平衡"本我"、"超我"和"自我"这三者之间关系的时候,我们应该注意以下三点:

1. 懂得控制自己的心理和情绪,不要过度放纵自己、满足欲望

人是很容易自我娇惯、自我放纵的高级动物,特别是对于一些贪图享乐的年轻人来说,饭菜总是愈可口愈好,衣着总是愈华丽愈好,住房总是愈宽敞舒适愈好,钱包总是愈鼓愈好,别人对自己愈崇拜愈好……由于这些动机的驱使,他们想方设法通过各种手段去"追求"自己想得到的一切。

俗话说"人心不足蛇吞象",人的欲望是永无止境的,无所禁忌地满足自己,并不是一件好事,有时候会带来严重的后果。放纵自己就是堕落,是对自己不负责任的态度。实际上,自己给予自己的自由越多,自己所受的束缚也就越多。年轻人不要一味地追求享受和自我满足,有时候,困顿也是一种很好的人生经历。

2. 懂得放松自己,不要给自己施加过高的道德准则

同样是为了达到某种目的,与那些过于放纵自己的年轻人相比,还有一部分年轻人总是给自己制定严格的行事标准,一旦自己没有达到自己的期望值,就形成强大的压力,产生沮丧心理,影响工作和生活。

我们不是圣人,难免有能力不够或是犯错的时候,特别是对刚步入社会不久的年轻人来说，无论是在学识、经验还是其他方面都是缺乏的，因此，很多目标并不是一朝一夕能达成的，凡事只要做到最好的自己就行了。

现代社会给我们的压力已经很大了，我们在为自己助威的同时，也要学会为自己减压，让自己轻轻松松地生活和工作。

3. 提高自己的情商，保持一颗平常心

所谓情商，是测定和描述人的“情绪情感”的一种指标。具体包括情绪的自控性、人际关系的处理能力、挫折的承受力、自我的了解程度以及对他人的理解与宽容。情商低的人不会处世，人际关系紧张，容易急躁或是缺乏理智；而情商较高的人，通常有较健康的情绪，有良好的人际关系，遇事懂得调节自己的心理，容易获得心灵上的放松。

提高自己的情商是形成健康人格的一部分。高情商不是先天生成，而是在后天不断实践所得。这就要求我们保有一份平和的心态，喜怒哀乐，从容处之。

◎自我实现：每个人都需要发挥自己的潜力

【每个人都需要发挥自己的潜力，表现自己的才能；只有当人的潜力充分发挥并表现出来时，我们才会感到最大的满足。】

我们常在电视里看到国外汽车拉力赛的场面。几乎在每场比赛的过程中，都有“人仰车翻”的镜头，也都有车手死伤的情况，但是车赛却年复一年，久盛不衰。还有，西班牙的斗牛运动举世皆知，那更是对死亡的直接挑战，也正因此，具有最强的刺激性，吸引了很多人。

面对那些强刺激而又十分危险的运动，你也许不以为然地发出感叹：何必这样玩命呢？值得吗？

这真是叫旁观者难以回答的问题。可是，我们可以反问一下，为什么有人对工作那么痴迷呢？或许你也是其中之一——每天早早起床，在一杯黑咖啡中开始工作，一天至少工作12个小时，累得要命，到了周末却不知道干什么，以至于还想往办公室跑……

或许，心理学家马斯洛的“需要层次”理论，能给我们揭示这种特殊嗜好背后的心理原因。

马斯洛认为，自我实现是人的最高层次的需要。所谓自我实现的需要，是指正常的人都需要发挥自己的潜力，表现自己的才能。只有潜力、才能充分发挥出来，人才会感到最大的满足。

马斯洛说：“每个人都必须成为自己所希望的那种人。”“能力要求被运用，只有发挥出来，它才会停止吵闹。”“自我实现的需要就是使他的潜在能力得以实现的趋势。”这些话的确揭示了人类深层的本性。

人的自我实现的需要在我们日常生活中处处都可以看到。黑格尔举过一个例子：一个小孩用石片在水面上扔出了一连串的水圈，他从一串串的水圈中看到了自己的力量而感到满足和高兴。

有人曾经问过不少钓鱼爱好者：钓鱼中什么时候最高兴、最快乐？他们一致回答：那是在鱼上了钩把鱼提上水面的时候。按我们的想象，大概钓鱼是为了吃鱼，为什么最高兴、最快乐的时候不是在吃鱼的时候，而是在把鱼钓上来的时候呢？这恐怕是因为把鱼钓上来，让钓鱼人看到了自己的潜力、才能，从而满足了自我实现的需要。而吃鱼的目的倒在其次，吃鱼也可以到市场上去买呀！

人们的本性就是注定要向前发展。如果停滞不前，人会无法忍受。有的人生活表面似乎平静，没什么变化，其实只是他的变化我们看不出来罢了，或者他的变化比一般人要小。但人的本性几乎没有什么不同。

世界上许多喜欢冒险的人，就是因为对平常的生活感到太习惯了，没有新奇感，没有刺激感，使他们无法振作起来。就是为了追求那种刺激性，人们选择了许多向自己挑战、表面上看似乎与自己过不去的活动。

比如，像比尔·盖茨等大富豪，挣的钱已经够他们几辈子花的了，为什么还要辛辛苦苦、殚精竭虑地工作，在市场竞争中奋力拼杀呢？

说到底，他们无非就是要在自己的活动中实现自己想要实现的价值。这种心理追求是看不见摸不着的，但是支配着许多人的行为，甚至赋予他们激情和韧性。

黄花岗七十二烈士之一的林觉民，当年牺牲时年仅24岁，他的遗书《与妻书》感动了数代中国人。其实，林觉民本来就出身于富裕的家庭，吃穿不愁，如果他像一般的男子那样安于世俗乐趣，也许会同妻子儿女一起，过着优渥的日子。可是他没有，他舍下了万分不舍的妻子和尚未出生的孩子，选择了一条和他的出身似乎很不相符的异常艰难、危险的革命道路。这是为什么呢？这大概也是一种内心深处自我实现的需求支配了他，就是不以小我的幸福为幸福，而是渴望救国救民，渴望做出一番事业的雄心和壮志。

向自己挑战，是不甘于现状的一种表现，是要发掘和贡献出新的东西。一位哲人说："评价一个人的成就，不仅要看其比前人提供了多少东西，而且还要看他比前人提供了多少新东西。"比前人提供新东西，有所作为，这正是人们所追求的。奥林匹克体育运动的格言是：更高、更快、更强。更高、更快、更强，就是要提供新的东西。体育比赛为什么吸引人，关键在于它永远向极限挑战，永不满足于已有的成绩。

◎心理暗示：遇到挑战要说"我能行"

【"说你行，你就行，不行也行；说你不行，你就不行，行也不行。"——从心理学角度而言，这种说法是有一定道理的。从某种程度上来讲，当一个人有了天才的感觉，他很有可能就会成为天才；当一个人有了英雄的感觉，他也很有可能就会成为英雄。】

心理暗示是人们日常生活中，最常见的心理现象。它是指在无对抗的条件下，通过语言、行动、表情或某种特殊符号，人或环境以非常自然的方式向个体发出信息，个体无意中接受这种信息，从而做出相应的反应的一种心理现象。

1968年，哈佛大学心理学教授罗森塔尔与助手来到了一所乡村小学，从一到六年级中各选择3个班级，声称要对这18个班级的学生们进行一项"未来发展趋势测验"。罗森塔尔为这些学生做了一些有关语言能力与推理能力的测验以后，就用赞赏的口吻把一份"最有发展前途者"的名单交给了校长与有关老师，并且叮嘱他们一定要保密，避免影响实验的正确性。

罗森塔尔教授在8个月之后又来到了这所小学，对那些参与过测验的学生进行了复试，结果奇迹出现了：名单上的学生成绩都有比较大的进步，而且性格活泼开朗，自信心比较强，更加乐于和他人交往，各个方面都表现得非常优秀。此时，罗森塔尔才说出了真话：名单上的这些学生并不是通过测验挑选出来的，而是随机挑选的，这只不过是罗森塔尔撒的一个“权威性的谎言”而已。不过，谎言怎么会变成真的了呢？

心理学家巴甫洛夫认为：暗示是人类最简单、最典型的条件反射。从心理机制上讲，它是一种被主观意愿肯定的假设，不一定有根据，但由于主观上已肯定了它的存在，心理上便竭力趋向于这项内容。

在这个事例中，罗森塔尔的“谎言”对老师起了暗示性作用，使其相信那些名单上的学生将来有发展前途，于是寄予了很大的期望。此种期望通过老师们的情感、语言以及行为传递给学生，虽然他们可能并没有注意到这些。

我们在生活中无时不在接收着外界的暗示。比如，电视广告对购物心理的暗示作用。在无意识中，广告信息会进入人们的潜意识。这些信息反复重播，在人的潜意识中积累下来。当人们购物时，人的意识就受到潜意识中这些广告信息的影响，左右你的购买倾向。

暗示不需要讲道理，只靠直接的提示。比如美国有一种戒烟电话，当一个人烟瘾上来难以抑制时，就可以拨打它，然后就会听到难听的气喘声和咳嗽声。这就是在暗示你，如果不戒烟，下场也会是这样！这种暗示，往往比大堆的说教还要有效，也许是因为它给人的感觉很直接吧。

在这里，我们要提到另外一个心理名词——积极关注。积极关注原本是心理治疗上的一个概念，是一种共情的态度，是指心理咨询师、治疗师以积极的态度看待求助者，注意强调他们的长处，有选择地突出求助者及其行为中的积极方面，利用其自身的积极因素，达到治疗目标。其实，不仅是在心理治疗上，在我们日常与自己的对话中，我们时刻都需要给予自己积极关注——说说自己的好话！

不论你处于什么样的境地，不管你对自己的评价是什么……每个人身上总会有这样那样的长处，你的缺点固然不可忽视，但你的优点更需要强调出来。每个人身上都有潜力存在，都存在着一种积极向上的成长动力，通过自己的努力、外界的帮助，每个人都可以比现在更好。

对于积极的心理暗示，我们不必一定要等待别人给予我们，我们自己就可以给予自己。例如，遇到挑战时，你可以这样对自己说——“我能行!”“天道酬勤!”“我是最好的!”……诸如此类，就能调动起很大的能量。许多成功学家提到，人要有积极的心态，要善于自我激励就是这个意思。

在生活中，有许多利用积极心理暗示的例子。比如一名运动员的成绩已经非常接近世界纪录了，这时，他的教练在旁边轻轻暗示道：“你能行，你一定能得第一!”这一暗示，激发了他全部的潜能，使他发挥到最好，在比赛中真的得了第一。

在管理过程中，也存在这个定律。古人说“用人不疑”。任用别人，就应该相信别人的能力，给别人传达一种积极的期望。要想使你的员工发展更好，作为一个好的管理者就应该给他传递积极的期望。如果一个管理者认为自己的下属都是饭桶，一无是处，并经常批评指责自己的下属，那么他的下属也可能真的变得一无是处，成为公司的负债资本。

这个定律对夫妻之间的融洽相处也有影响。

我们在结婚前想象自己的另一半应该是什么样什么样，但是结了婚才发现对方还是个“毛坯”，离我们理想中的还有相当的距离。那怎么办?就该由我们把对方改造成“成品”，成为适合婚姻的成熟的丈夫或妻子。

为达到这个目的，最好的方法不是批评和指责，而是暗示，就是用自己的期望去左右对方。你要鼓励对方做你希望他（她）做的事，当他（她）做到了，你就说他（她）做得太好了，真是个好老公（老婆）。天长日久，他（她）就被你改造过来了。总之，你不能要求对方一开始就什么都懂，毕竟大家都是在婚姻这个学校里不断学习，而不断进步和成熟起来的。最重要的就是把自己的期望让对方知道，并让对方感到你相信他（她）可以做到。

◎角色定位：社会是舞台，每个人都是演员

【人生如戏，戏如人生。其实，每个人都是一个演员，在社会的大舞台上，各自扮演着不同的角色，做着每个角色应该做的事情。】

“角色”一词最先是戏剧中的一个专有名词，指戏剧舞台上剧中人物及其行为模式。英国戏剧家莎士比亚说：“全世界是一个舞台，所有的男人和女人都是演员，他们各有自己的入口与出口，一个人在一生中扮演许多角色。”

社会学家们在分析社会互动的过程中发现，社会舞台与戏剧舞台具有某些相似之处，于是把戏剧中的“角色”概念借用到社会心理学和社会学中来，产生了“社会角色”概念。社会角色是个体与其社会地位、身份相一致的行为方式及相应的心理状态。它是对特定地位的个体行为的期待，是社会群体得以形成的基础。

美国著名心理学家戴维·迈尔斯曾提到：性别的社会化给了男孩子和女孩子不同的角色。社会赋予女孩子“根”，赋予男孩子“翅膀”。的确如此，尽管不同国家间的文化差异有时会很大，但是在任何一种文化中，女性都承担了更多的家务和养育后代的工作，而男性则更多地在外面的世界中闯荡。对于我们来说，上面所说的这些已经是生活中司空见惯的事情了，事实上，这是我们的社会为男性和女性规定的性别角色。

在现实生活中，与其说人们是作为个体生活在社会中，不如说我们是一个角色的动物。每天，我们都在按照社会文化所规定的角色行事。

在年迈的父母面前，我们是子女，平时受他们呵护，必要时也要照顾他们；

步入社会，我们是成年人，是整个社会的中坚力量；

面对上级，我们扮演着员工的角色，需要做的事情是努力工作，实现

自己的价值；

在下属的眼里，我们是管理者，是主心骨，享受更多的权利，也承担更多的义务；

当我们结婚了，我们扮演着爱人的角色，享受爱情，也呵护爱人与心爱的小家庭；

当我们有了孩子，作为父母，我们最重要的任务是培育好下一代……

每一个角色都赋予了我们特定的责任和内涵。

一个人如果对自己的角色认识不清，就会导致角色失调，必然对他的生活产生很大的影响。并不是每个人每个时候都能清楚并扮演好自己的社会角色的。人们在角色扮演过程中常常会产生矛盾、障碍、甚至遭遇失败，这就是角色失调。心理学上将角色失调，分为角色冲突、角色不清、角色中断以及角色失败。

在职场这个大舞台中，每个身处其中的人都扮演着一种角色，这个角色规定了你的职责范围和权限，限定了你的定位。因此，要想让自己扮演的角色出彩儿，就必须认清自己的角色，将自己的心理定位在和自己的角色相符的尺度上。这样，才能融入自己角色的心里，才能真正用心演好这个角色。

例如，面对上级，一定要有下级的心理定位，不能因为一时的得意而超越这种心理定位，尽量做到出力而不越位，避免“功高盖主”的现象发生。否则，一旦有了超越角色的心理作祟，你必将受到规则的惩罚。

很多年轻人，由于缺乏对社会的认知，缺乏对自身角色的认识，不能很好地理解人生角色的内涵，不能顺利地进行角色转换，必然对他们的生活产生消极的影响。只有对社会角色认识得越清晰，越全面，年轻人才能越快速、越顺利地实现角色的转换。当然，只有我们的角色越符合社会的期望，才能越好地立足于这个社会。

◎第六感觉：让直觉来帮助自己

【当你处于两难之中，无法用知性和理智解决问题时，不妨考虑一下引发自己的直觉，让直觉来帮助自己是一个不错的选择。】

下班了走在大街上，突然心中一动，转过头去，旁边有人也同样转过来看着你，隔着熙熙攘攘的人群，你骤然遇见了多年未见的老同学……

电话铃响。你心想，这一定是某客户的电话——尽管也许好久没联络了。但你在接电话的一刹那突然想到了他。答案对了，你惊奇万分。

在推门的瞬间。你猛然觉得一阵异样，有危险！你小心翼翼地进入房间——你进了厨房，一看，冷锅冷灶……然后你发现一张纸条，果不其然，老婆因为你总是加班晚归而终于离家出走了。

……

许多人都有这样的第六感或直觉。有人走进房间，能自觉感受到哪些地方有问题，有差异，并且从细小的地方，感受到一些东西，得到一个整体的印象，尽管很难用语言表达出来。或是，准备做什么事情的时候，会预料到有什么事情发生，而在进行的时候，真的发生了！

这种感觉超出了一般的视觉、听觉、触觉等的范围，似乎是神秘的、无法解释的。其实，在这些事情的背后，都有大脑无形的运作。我们得到的直觉，更多的是大脑从生活中进行推演的结果，这个过程是大脑感知区域进行的，而不是认知区域，所以我们并不能理解为什么是这样，但是我们就会觉得是这样。

17世纪的哲学家兼数学家帕斯卡关于“第六感觉”说过这样一句话：“心灵活动有其自身的原因，而理性却无从知晓。”经过三个世纪，这一观点得到了证实，并且得到了进一步的确认。要知道，在我们的思维中，自动的那部分要比主动的多很多，这些自动的思维是我们无法把握的。而这些自动思维的外显，在生活中就构成了直觉，而生活又为直觉提供了“土壤”。

所以，当我们面对一些危险事情的时候，大脑会就从那些已经得到的

"生活"中给我们一些警告。比如，当我们害怕一个人的时候，身体就会在大脑的支配下，出现一系列不舒适的信号：起鸡皮疙瘩、胸口发冷、恶心、手心出汗等。相反，如果我们面对一个人感到安全的时候，身体就表现得比较舒适，比如肩膀放松，胸口感到温暖，整个身心都会比较轻松。

根据已知的科学资料，人脑被开发的功能只是极小的部分。曾经有科学家估计，伟大的发明家爱迪生所用的脑部机能也未超过10%。假设事实真的如此，那么大脑剩下的90%的功能是什么？科学家现在还无从回答，因此谁也没办法确定你的大脑有没有预警功能。在这种情况下，相信你自己的感觉吧！

不过，千万不要以为直觉可以解决一切问题。毕竟所有的直觉都不是偶然获得的，是我们长期积累的结果。这就是为什么象棋大师一眼就可以看到什么是关键的棋子，而新手却要经过很长时间的磨炼，才会有这样的直觉。

◎ 梦的意义：梦是潜意识的来信

【梦是一种非常复杂的心理活动，人们可以通过记录梦、种植梦和自我释梦，洞察自己的内心世界，了解自己真正的需要，从而使自己的性格不断完善，心理更加健康。】

夜晚，即使是在入睡后，我们的大脑也仍在活动，做梦就是其中的一种。

外贸公司的小萍最近噩梦连连，经常一闭眼睛就回到中学时候的考场上，大张的试卷写着不知所云的题目，她一点都看不懂，什么都不会，以致在极端的焦躁和绝望中惊醒，出了一身的冷汗——而事实上，自从十年前大学毕业，小萍就再也没有参加过那样的考试了。

梦是潜意识的来信。人的一生大约会做10万个梦，平均每个晚上要做三个半梦。梦中离奇怪诞的情节，仿佛一串串心理密码。人人都渴望能解读这一封封神秘的来信，走进自己迷宫般的内心世界。

精神分析的创始人弗洛伊德称，如果知晓了某人的梦，就可以知道他心底深处的矛盾与欲望，梦把无意识中被压抑的纠葛和欲望反映到了意识之中。

梦不是偶然的，而是被压抑的愿望，通过伪装得以满足。潜意识好比“情感的垃圾箱”，人的许多不被道德意识所允许的本能或非理性欲望及相关经验通过压抑被赶到了潜意识里。在梦中，压住“情感垃圾箱”的意识力量减弱了很多，潜意识便活跃起来，但是处于半休息状态的“意识警察”仍在潜意识的出口把门，潜意识中的种种欲望、冲突、情感以及见不得人的东西，都要乔装改扮后才能通过“意识警察”的把关，浮现到意识层面，因此，我们所梦见的，也许是看起来风马牛不相及的东西，其实却蕴含着隐藏的意义。

如果一个梦境反复地出现在你的梦里，你就需要特别注意了。上文提到的小萍，终于在周末抽空见了一位略懂心理学的朋友，那位朋友尝试着为她的梦境做出解释，“既然你最近没有考试，却还会做这种梦，那一般暗示着你在现实生活中面临一些生理上的压力，为了缓解这种压力和不安，你的潜意识会在你的记忆中找出压力性质相近的情绪来代替，所以，考试是假的，这种情绪和压力却是真的。”小萍点点头，确实，这段时间她一直在为公司的年终考核担忧，本以为自己将这种压力掩饰得很好，却没有想到它会通过梦境释放出来。

同小萍一样，大多数人念念不忘的梦魇，都是儿时的经历或不愉快的体验，愉快的梦境往往稍纵即逝，不易记得。梦中出场的人物大多是现实人物的变体，例如，分手的恋人成了老板、法官长着客户的脸等。在分析梦中的人和事物时必须注意一点，即为了压抑不快，梦经常将其转化为其他的事物表现出来。

对于心理疾病患者来说，梦的内容反映了他们精神上痛苦的根源，在心理治疗中深受重视。例如，梦到隧道象征着“想要逃避不安和恐惧，想要回到子宫，表现出对母亲的依赖心理”。此外，坠落的梦象征着“对于道德堕落的恐惧，害怕失去现有的地位或职位”，找寻的梦象征着“担心失去重要的人或东西”。

虽然有些梦会让人觉得很不愉快，但做梦是必要的。做梦能保证机体正常活力。阻断人做梦的实验表明，如果睡眠者做梦时被反复唤醒，不让其梦境继续，会导致人体一系列生理异常，如血压、脉搏、体温以及皮肤的电反应能力均有增高的趋势，植物神经系统机能有所减弱，同时还会引起一系列不良心理反应，如焦虑不安、紧张、易怒、感知幻觉、记忆障碍、定向障碍等。

做梦还能协调人体心理世界平衡。由于人在梦中以右侧大脑半球活动占优势，而觉醒后则以左侧大脑半球占优势，在机体24小时昼夜活动过程中，使醒与梦交替出现，可以达到神经调节和精神活动的动态平衡。因此，梦是协调人体心理世界平衡的一种方式，特别是对人的注意力、情绪和认识活动有较明显的作用。

无梦往往是大脑受损或有病的征兆。梦是大脑调节中心平衡机体各种功能的结果，梦是大脑健康发育和维持正常思维的需要。倘若大脑调节中心受损，就形成不了梦，或仅出现一些残缺不全的梦境片断，如果长期无梦睡眠，那就更应注意了。

附一：梦是压力的指示棒

以下是几个常见的预示压力和焦虑的梦境：

梦境1：在空中飞翔

解析：梦到在空中，多少暗示你想挣脱些束缚，或是你有焦虑想缓解。如果你一直做这种梦，就要小心你的心理压力了，因为这暗示你有很强的逃避现实的倾向。

建议：你适当放缓生活的节奏，别太累着了自己。

梦境2：被人追杀

在你的潜意识中很渴望利用某些形式来抒发你的恐慌和不安。而为什么会有这些恐慌和不安，就要从你的记忆中去寻找了。

建议：找出生活中的不安和恐慌的来源，努力解决它。

梦境3：梦到自己沉入水中

人一旦离开母体，就有一种重回母体休息的渴望。因此当你梦到沉入水中时，这水就象征母体的羊水，你可能在现实中有太多压力，所以才有想回到母体的渴望。

梦境4：自杀

梦到自杀的人可能是在现实世界中承受很大的压力，想自杀又没有勇气，所以在梦中自杀以减轻压力。或是你在现实中常不如意，没有人关心，所以想以自杀的方式引起关注。

梦境 5：牙齿自己掉下来

牙齿自己掉下来没有痛的感觉，这种梦可能暗示你身体的某部分功能丧失或有障碍，这种障碍是天生的，或是自然性的障碍，而且是不让你发觉的。这个梦多少可以透露一些潜意识中的情报给你，让你尽快求助于医师或心理咨询师。

附二：某些梦可能预示生理疾患

长期噩梦连连，也可能是身体虚弱或患有某些疾病的预兆。如果你梦中经常出现以下的梦境，有必要去医院检查一下身体。

1. 梦到有人或怪物敲打你的头，或是向你的五官灌流质等。你可能患脑部肿瘤和神经系统疾病。

2. 梦中听到怪响。听觉中枢可能存在某些病变或是其附近的血管发生硬化。

3. 梦到气管被卡住、呼吸不顺畅、窒息。呼吸系统可能存在病变。

4. 梦中被追逐，心中恐惧，叫不出，跑不动，惊醒后心有余悸、出汗、心跳加快。可能是心脏冠状动脉供血不足。

5. 梦中走路不稳，身体扭曲、肢体沉重，并伴随窒息感，且会突然惊醒。可能是心绞痛的前兆。

6. 梦到从高处坠落，但始终是还没落到地面就已惊醒。可能是心脏病的先兆。

7. 梦到水的场景，例如洪水、沼泽、溺水等。肝胆系统和肾脏可能有病变。

8. 梦中被殴打，醒后感觉梦中被打部位疼痛。预示对应的脏腑可能有病变。

附三：关于梦的趣味测试

1. 你是否在一段时间内梦到同一个梦境？A. 是；B. 否

2. 梦境里有颜色吗？A. 是；B. 否

3. 你经常会在噩梦中醒来吗？A. 是；B. 否

4. 你梦到的情况是否似曾相识？在现实生活中是否有类似情景？A. 是；B. 否

5. 你有梦中梦吗？A. 是；B. 否

6. 梦到过自己丢工作或者亲人去世或者考试找不到考场之类的吗？A. 是；B. 否

7. 是否经常梦到自己哪儿生病？A. 是；B. 否

8. 有否梦到已故的人托梦给你或者即将离世的人已经死去？A. 是；B. 否

9. 是否经常梦到被追杀而又两腿像灌了铅一样沉重？A. 是；B. 否

10. 有否经常梦到自己很狼狈、尴尬？比如没穿衣服的 时候有人进来，而自己又一时慌乱，找不到衣服穿等等。A. 是；B. 否

11. 你有没有在梦中飞翔或者被追逐的经历？A. 是；B. 否

12. 是否梦见和一群人去野外郊游？A. 是；B. 否

13. 是否经常梦见自己掉牙齿了？A. 是；B. 否

14. 曾有梦游，或熟睡后会无意识做了一些事情，但醒来却完全不知的经历？A. 是；B. 否

15. 大部分时间都还是一觉到天亮，整个晚上都没有做梦？A. 是；B. 否

16. 有时知道自己似乎做了整晚的梦，不过醒来时梦的内容大部分都忘记了？A. 是；B. 否

测试标准：

1. 1、3、4、6、7、10、11 选 A 的属于 A 型；

2. 2、5、8、9 选 A 的属于 B 型；

3. 12、13 选 A 的属于 C 型；

4. 14、15、16 选 A 的属于 D 型；

类型解读：

A 型梦：患得患失型

思维缜密，想法独特，努力向上。过于斤斤计较，这样的人一般压力较大，且苦于排解。因此要放松思想。

B 型梦：过分自信

过分自信的人不愿意认输，但容易给自己造成实际负担太重的不良反应，这种梦的潜意识隐藏得比较深，需要经常反省自我能力才能达到身心

健康。

C 型梦：正面烦恼

在你的意识与潜意识间仍存有一些障碍，有些时候你并不是那么愿意面对存在于内心深处的烦恼。

D 型梦：乐天派

这种人对潜意识不太敏感，应捕捉梦境中细微信息，锻炼与潜意识沟通的能力。

◎思维惯性：不敢突破就会失去机会

【自然界里最后能生存下来的物种，并不是那些最强壮的物种，也不是那些最聪明的物种，而是那些最能适应环境变化的物种。】

英国一家报纸举办一项高额奖金的有奖征答活动。

题目是：在一个充气不足的热气球上，载着三位关系人类兴亡的科学家，热气球即将坠毁，必须丢出一个人减轻载重。三个人中，一位是环保专家，他的研究可拯救无数生命因环境污染而身陷死亡的噩运；一位是原子专家，他有能力防止全球性的原子战争，使地球免遭毁灭；另一位是粮食专家，他能够使不毛之地长出谷物，让数以亿计的人们脱离饥饿。

奖金丰厚，应答信件众说不一。巨额奖金的得主却是一个小男孩，小男孩的答案是——把最胖的科学家丢出去。

复杂的不是问题，而是看问题的眼睛。人们在考虑问题的同时，把自己生平所有积累的经验和知识加了进去，殊不知，这不只是一个人的思维惯性，而且是人的包袱。

人是惯性的动物，抗拒改变是自然反应，也是必然的过程。不是每一个人都能立即全心全意地接受改变，接受新事物意味着放弃旧东西，意味着改变旧有生活模式。人类天生是拒绝改变的，所以抗拒改变出于人的本能。我们今天用惯了电话，没有电话已经无法正常地工作和生活，要知道贝尔刚发明电话时，人们嘲笑说，人是不可能对着一个装满电线的匣子说话的。

如果你只想保持眼前舒适顺畅的生活而毫不思变，很可能是因为习惯了，或害怕失败，反对任何新的尝试。“大家都是这样做的”、“我做这一行以来，从没听说过这种事……”一旦自我设限，只会墨守既有规则时，有趣的新组合以及打破规则的创新就永无出头的机会。这样一来，抗拒改变的心态会牵绊你前进的脚步。

作为组织中的管理者，一旦受思维惯性的束缚，便容易产生组织惯性。组织惯性实质上是人的思维、行为惯性的集中表现，又称为行为定势。它对企业组织的破坏是潜在而危险的。在管理界一直流传着这样一个故事：

一位年轻有为的炮兵军官上任不久后，到下属的部队检查炮兵操练的情况。他在几个部队发现相同的情况：在一个操练单位中，总有一位士兵始终站在大炮的炮管下面，纹丝不动。军官百思不得其解，追问起来，得到的回答是：这是操练条例的要求。军官觉得非常奇怪，回去反复查阅军事文献，终于弄清了这个问题。事情原委是这样的：在非机械化时代，大炮是由马车运载到前线的，站在炮管下面的士兵的任务是负责拉住马的缰绳，以便在大炮发射后调整由于后坐力产生的距离偏差，减少再次瞄准所需的时间。现在大炮的机械化和自动化程度已经很高，已经不再需要这样的角色，但操练条例没有及时调整，因此出现了不拉马的士兵。长期以来，炮兵的操练条例始终固守着非机械化时代的规则。军官的发现使他获得了国防部的嘉奖。

在我们日常生活中，“不拉马的士兵”到处都是。例如，一个企业在确定了经营管理模式之后，大家总是遵循一个固定的工作流程，并逐渐习惯地运用这套程序解决各种问题。由于习惯所致，在实践中，管理者与员工很少会思考这些方法是否仍然有效、合理。如果企业任由组织惯性发展下去，必然会出现效率低下、沟通不畅等状况。这就是组织惯性的恶果。

许多曾经辉煌的企业、组织，甚至是个体，之所以成为明日黄花，走出了人们的视线，并非是它们面对环境无能为力，而是它们不能随着时代的发展变化而迅速地做出调整，总是困囿于昨日经验阴影中，一味恪守过往的规则流程，不能敏锐把握未来发展方向，不敢突破、不会创新，以至被组织惯性束缚着，在昨日的教训上平白失掉了明天的机会，也丧失了自我成长的空间

◎病由心生：心病会让身病生

【要防止心身疾病的发生和提高心身健康水平，不仅要优化我们的自然环境和增强个人体质，还要优化我们的社会环境，培养良好的世界观。】

医学名著《医典》的作者，古代阿拉伯著名医生阿维森纳，曾有一次被召去给年轻的王子治病。

王子一天天消瘦下去，夜不成寐，食不甘味，对周围的一切都漠不关心。但是很多医生却查不出他得的什么病。阿维森纳经过仔细观察和揣摩，猜测王子是堕入情网了。

阿维森纳在《医典》中记载了这件事：爱情是一种像着了魔似的病症，类似忧郁病……判明恋人是治疗方法之一。做法是：一边号脉，一边反复叫出一些人的名字。如果脉搏变化很大，仿佛若断若续，那就反复试验几次，你就会得知恋人的名字。然后再以同样的方法，说出街道、房屋、职业、工种、家庭和城市，把每样东西同恋人的名字结合起来进行号脉；如果当你再次提到其中的某一项时脉搏发生变化，你就从中搜集关于恋人、名字、穿戴和职业的材料，并能了解到她是谁。

他用这种方法，找到了王子的恋人。然后，撮合了他们，王子的病就神奇地痊愈了。

这个故事揭示了身与心的一种神秘关系，就是心理状况会对身体的健康发生影响。

我们大概都体会过，身体上生病会导致心情不愉快甚至痛苦，比如“牙疼不算病，疼起来真要命”。那么，反过来，如果心情不愉快，遇到了不顺心的事，心情郁闷或烦躁，会不会影响到身体的健康，导致身体生病呢？恐怕这样的情况我们都经历过。

最简单的，比如我们嘴上起个泡，往往是心里上火、烦躁导致。还有皮肤病，也往往和心情有关。有许多疾病都和心情有关。我们自己也会有所体会，就是心情不好的时候，身体也容易出毛病。比如遇上巨大灾难，人会大病一场，自己很清楚这是由心情导致。

心情导致身体生病，早已被古人所认识。

我国中医早已发现心理对健康的影响，如中医经典中早就指出：在过度的情况下，喜伤心、怒伤肝、悲伤肺、思伤脾、恐伤肾。这些观点已被现代医学所证实。

中国俗话说的，“心病还需心药医”，就是看到了问题的本质，从根上施治才能见效。

那么为什么心情会影响到健康呢?

人体中，生理、生化过程是物质活动，心理活动是非物质活动，它们总互相伴随着，不可分割地联系着、相互影响制约，在我们的身体中形成一个统一的整体。身体疾患可以影响人们的正常心理活动，而强烈或持久的心理刺激也往往导致身体健康水平的下降，甚至发生心理疾病或心身疾病。

所谓心理疾病，就是指心理因素和社会因素引起的疾病，如各种神经症、焦虑症、恐惧症、强迫症、疑病症等；所谓心身疾病，是由心理因素引起的身体疾病，如原发性高血压、冠心病、胃溃疡、哮喘等。

我们身边经常可以看到心情影响健康的例子。比如有的员工一到重要考核之前就闹腹泻，下班时间没问题，一进公司大门就跑厕所，一连几天不断，直到考核结束。这就是高度的考核焦虑引起的体征反应。

生活中的许多疾病，都是来自于外界环境对个体不利的生活事件、压力和不良刺激，如过分紧张的工作、不顺心的事情、污染、噪音、拥挤等等。

为了避免身心疾病，我们就应该尽量保持积极乐观的心态。其实心态对人的健康和寿命是有很大影响的。许多长寿老人，不一定是参加多少锻炼，而是总能保持乐观、平稳的心态。

心理学家欣克尔博士曾对一群工人进行研究，他发现在这批工人中，那些有明确生活目标，对婚姻、家庭和工作都感到满意的人，身体比较健康。相反，那些没有正确的生活态度、婚姻失败、家庭不幸福、对工作灰心失望的人，则比较容易得病。

◎自我宽恕：发现自己的错误是一种可贵的品质

【生活中的一个很普遍的现象就是：大多数人都不认为自己是坏人。即使自己有邪恶的行为，他们也会为自己找到借口，或者下意识地把责任推给别人。这就是“自我宽恕定律”。】

如果问你一个问题：你觉得自己是好人么？

恐怕没有人说“不是”。

经常有杀人犯被抓获后拒绝认罪，反而觉得是社会待自己不公造成的——他出身贫苦，觉得现实对他很不公正，他是为寻求“公正”而去从事暴力行动的，甚至在他的黑社会团伙里，他是“大哥”，俨然以“英雄”自居，没有半点罪恶感。

人类天生就有追求事物发展精确性的需求，我们喜欢问“为什么”，喜欢“追因求果”……在心理学中，关于这个问题有一个专业名词，叫做“归因”，也就是我们常说的“找出问题的原因”。听上去仿佛很简单，但实际上，归因的过程是很复杂的，涉及一系列的心理活动。心理学家发现，对于同样一件事，不同的立场会依据不同的归因。

归因一般分为内部归因和外部归因。内部归因，指存在于个体内部的原因，如人格、品质、动机、态度、情绪、心境以及努力程度等个人特征；外部归因，是指行为或事件发生的外部条件，包括背景、机遇、他人影响、工作任务难度。

试想一下，在某一个工作异常繁忙的上午，当你发现一份失踪的资料是造成流程中断的原因，你通常会有什么样的反应？恐怕大部分的人都无法抑制心中的愤怒，都会倾向于认为，保管资料的秘书有问题，因为她的某种不恰当的行为，使得大家忍受着可能违约而被扣奖金的焦虑，这个人会在瞬间被我们定义成一个马虎的、无能的、没有职业操守的家伙。

实践显示，当我们对别人的问题进行归因时，外部的因素很容易被我们忽略。如上文提到的负责保管文件的秘书，很有可能她是遇到了特殊情况，不得已才造成了失误。

有意思的是，当同样的事情发生在我们自己身上时，情况可能就恰恰相反了。遇到降薪的人大多会认为公司“过河拆桥”，经济不景气的时候总是拿员工开刀，而很少立刻从自己身上找原因。这是因为当人的自尊受到威胁时，我们会本能地采取自利归因的方式，也就是把降薪的原因归结为外部因素（比如经济不景气），因为承认自己的能力逊于其他的同事，对我们的自尊是一种打击。但是，假如得到的消息是加薪，那我们又会本能地将加薪的原因归结为是自己的能力比别人强。

类似的是，偷窃工厂原材料的工人说：“我偷的是公家的，又不损害个人!”一个抢了富翁的抢劫犯说：“他有的是钱，就一定是正道来的吗，不抢他抢谁?”对员工吝啬的企业家，也认为“家业是我创的，资金是我投的，这年头工作难找，我不让你们失业就不错了。”

打人的说：“谁让你骂我!”骂人的叫：“谁叫你踩了我的脚还不道歉!”

夫妻之间吵架，也经常是公说公有理，婆说婆有理，都觉得自己付出的多，对方太自私。

几乎所有人都觉得自己是“事出有因”、“错得有理”，将所有的责任都推给外因（即外部环境或是别人影响），从来将自己撇个干净，这就是极为普遍的自我宽恕定律在作祟。

这是因为人性有个根深蒂固的特点，就是发现别人的错误容易，却不容易看到自己的问题。

我们自己的自私、嫉妒等品质，一般是认识不到；如果别人对我们这样，我们却反应强烈。

当和别人发生冲突，我们很难站在客观的立场上审视谁是谁非，而只是站在自己的立场上，认为和自己有矛盾的人就是坏人，其实人家可能也正是这样看你的。而我们自己恐怕很难想象自己在别人眼中竟是“坏人”吧!

汉武帝是个对中国历史作出过重大贡献的帝王。然而，在他统治期间，由于发动了一场长达30多年的对外战争，给人民造成沉重的经济负担，牺牲了无数生命，造成各类矛盾的激化。

这时，桑弘羊上书，请求在西北边陲轮台扩大屯田5000多顷，以就地解决军粮，扩大战争。武帝深刻地反省自己后，下了一道历史上著名的“轮台罪己诏”，检讨了自己的过失，并宣布从此在政策上改弦更张，停止战争，注意休养生息。

作为一个专制帝王，能够面对现实，扪心自责，这是比较难得的。

其实基督教和佛教都倡导忏悔，就是主张人们去发现自己的过程，并进行悔改。这种赎罪精神，是很有积极意义的。荀子说：“吾日三省吾身”，就是号召我们经常反省自己，发现自己的问题并改正之。

◎记忆规律：怎样记忆能达到最好的效果

【恐怕我们每个人都有过忘事的时候。比如你在某场合见到一个人，你明明认识他，可就是想不起他的名字，人家招呼你，你只能说：“哎呀，是你呀！”——人家不发现还好，一旦被发现，岂不尴尬。】

可以进行一个测试记忆力的实验。一分钟内尽可能记住给出的20个单词，包括不相关的一些词，如“小学生”、“伞”、“可乐”等。回答时顺序可以打乱。

结果是怎样的呢？

有没有人会说“一个爱喝可乐的小学生举着一把伞……”呢？

像这样的，将若干个看似毫无关系的单词排列在一起时，我们自然而然地将其中的几个归为一组的，这种无意识行为就叫做记忆的系统化。

在生活中，记忆力是很重要的一种能力，它不仅可以让我们避免社交中的尴尬，更重要的是，可以帮助我们掌握许多有用的知识。其实，一切复杂的高级心理活动的发展都必须以记忆为基础，就像一位科学家说的：“一切知识归根结底都是记忆。”

就内容来说，记忆可以分为以下几种：感知形象的记忆，语词概念的记忆，情绪的记忆和运动的记忆。比如旅游黄山，可以想起云海和迎客松，这是形象的记忆；对于抽象概念的记忆是概念的记忆；第一次听到一首好听的歌曲，记住了那种情绪所以记住了歌曲，是情绪的记忆；多年前

学会打字、游泳，现在还都会，是运动的记忆。那么怎样记忆能达到最好的效果呢？记忆不一定是下工夫越大，效果越好，而是有方法可循的。一般来说，死记硬背的效果反而不好。

有这样一个人，他想要充实自己，想把掌握整部百科全书。于是他从头开始学，可是从“A”学到100多个单词的时候，就再也学不下去了。这让他很苦恼，不知问题出在哪里。实际上，即使他继续这样学下去，也不会有多大效果，因为他违背了记忆的规律。

教育的基础是所获知识的体系。心理学家认为，一个人想要最好地理解和记忆所学的知识，最好是把知识放到一个体系之中。有了相互的关联，相互的比较，知识才容易记忆。此外，参与收集信息的感官越多，信息就越丰富，所学的知识也就越扎实。多种感觉器官一齐上阵参与记忆，要比一种感觉器官孤军作战单独记忆的效果好。

宋代的大学者朱熹曾说过：“读书有三到，谓心到、眼到、口到。心不在此，则眼看不仔细，心眼既不专一，却只慢朗诵读，绝不能记，记亦不能久也。三到之中，心到最急，心既到矣，眼、口岂不到乎?”朱熹的这个理论在我国的学术史上是很有名的，被后代的许多文人奉为学习的有效方法之一。

朱熹谈的“三到”，包括了两种感官的协同作用——视觉和听觉。心理学研究证明朱熹的理论是正确的。

美国心理学家格斯塔做过这样一个实验。他把智商相近的10个学生均分为两组：第一组在屋里只有5张椅子和5本《圣经》；第二组在室内除5本《圣经》之外，还有几本宗教故事画集，并播放宗教音乐。然后要求两组被试者都背诵《圣经》，结果他发现第二组被试者成绩远远优于第一组。

如今的电化教学（视听教学）的优越之处也在于此，就是可以使声音与画面相结合，生动形象与情绪感染相结合，而获得更好的学习效果。

心理学还发现，人从不同感觉器官得到的知识记忆效果是不同的。一般的，人从听觉获得的知识，能够记住15%，从视觉获得的知识，能够记住25%。但是如果把听觉和视觉结合起来，就能记住二者所获得的知识的65%。也就是说，把感官协同起来一起发挥作用，要比它们单独运用的结果的和还要好。

有些人，知道得并不少，可是他们的全部知识在记忆里，却是一些死东西，当需要忆起某种东西时，却总是忘记了，而不需要的东西却“浮上心头”。还有些人，知识虽然可能少一些，但全部得以应用，并且在记忆里随时能够再现所需要的东西。这两种人的区别就在于，是否了解记忆的规律，是否在脑子里形成一个合理的知识体系。

需要注意的是，我们在记忆的一开始，就要学习建立知识体系，在脑子里把知识和用这些知识的场合之间联系起来。

或者说，材料在识记过程中应当不断地加以系统化。在这里，从事物中找出相同之处和不同之处的能力是很重要的。苏沃洛夫建议道：“记忆是智慧的仓库，但是在这个仓库里有许多隔断，因而应当尽快地把一切都放得井井有条。”拿破仑就是这方面的高手，他说，一切事情和知识在他的头脑里安放得像在橱柜的抽屉里一样，只要他打开一定的抽屉，就能取出所需要的材料。世界首富比尔·盖茨也说过类似的话。

◎感觉剥夺：珍惜有感觉的幸福

【小时候你曾经玩过“瞎子抓人”的游戏吗？把一块布蒙在你眼睛上，让你变成“瞎子”。你跌跌撞撞好不容易抓住了一个小伙伴，开始猜猜他（她）是谁……】

也许“瞎子抓人”的游戏，曾经让幼小的你感到刺激和有趣，可是心理学家们所做的类似实验，可就没有那么好玩了。

美国心理学家黑伯（D. O. Hebb）等人，首创了一种“感觉剥夺”实验。他们给被试者戴上一副半透明的护目镜，让他什么也看不见；再给他戴上一副厚厚的棉手套，他就没法摸了；并给他塞上耳塞，使他什么也听不见。然后，被试者被领到一个小房间里，按照事先的约定，尽可能长时间地躺在床上，只有吃饭、上厕所才能起来。在黑伯的实验中，被试者在被隔离 12、24、48 小时后，被要求做简单算术、字谜游戏和组词等测试，结果，被隔离时间越长，测试的成绩就越差。有的被试者变得很难集中注意力，并容易激动，还有对刺激过敏、紧张焦虑、情绪不稳、思维迟钝等症状，奇怪的是，有的还出现了错觉和幻觉。仪器显示出他们的脑电波比隔离前明显减慢。隔离时间如果过长，有些人会无法忍受，要求中途退出实验。

这个实验达到极端会是怎样呢？德国法西斯曾经做过这样的实验：他们把两个犯人各自关在一间房子里，与外界完全隔绝。经过比较长的时间，一个人发疯了；另一个人自己和自己下棋，被放出来时成了一流棋手。

这些实验都告诉我们，人如果不能持续地从外界获得刺激，人的身心就会变得不正常。这个定律叫做“感觉剥夺定律”。

也许上天赐予我们各种感官，就是要我们去尽可能地使用它们。

感觉剥夺定律的例子经常可以在生活中看到。比如，雷达监测员和长途汽车司机，因为工作枯燥，长时间没有变化，就容易处于轻微的感觉剥夺状态。这会导致他们看见实际并不存在的、莫名其妙的东西，而引发事故。

有时，高层住宅里的人在一个毫无声响的房间里独处，会突然感觉到强烈的不安。这也是感觉剥夺造成的。

在南极考察的队员，如果长时间只看雪地的白色，不看其他颜色，容易得雪盲症。这也是感觉剥夺造成的生理失调。

由此可见，感觉虽然是一种简单的心理活动，却十分重要。首先，它向大脑提供了内外环境的信息。通过他人可以了解外界事物的各种属性，保证机体与环境的平衡。也可以说，感觉是认识的开端，知识的源泉。

以上实验可以证明刺激和感觉对于任何人来说都是必不可少的。对于一个正常人来说，没有感觉的生活，就像坐精神班房，是无法忍受的。所以崔健的歌里才这样唱：

快让我哭，快让我笑
快让我在这雪地上撒点儿野
因为我的病就是没有感觉
快让我在雪地上撒点儿野

我们大概都知道美国著名盲人作家和教育家海伦·凯勒，她是一个既盲又聋哑的严重的残疾人。但是她通过常人难以想象的努力，很大程度上克服了这些困难，取得了甚至超出常人的成就。她在感人至深的自传《假如给我三天光明》中，表达了对正常人生活的强烈渴望。

眼睛能看，耳朵能听，嘴巴能说话，这些，对于一个健全的正常人来说是与生俱来的，也让我们对它习以为常，不觉得有什么可贵。但是没有它们的人，才知道拥有这些的人是多么幸福。

有位外国哲人说过，当我们看见丑陋的东西，我们要庆幸我们还有眼睛可看；当我们闻到不好的气味，我们要庆幸我们还有鼻子可闻……是啊，我们该庆幸我们所拥有的各种感官，没有它们，我们哪里知道什么是快乐？让我们珍惜它们吧，尽量抓住生活中美好的感受……

第三章

打败消极的自己

◎双重性格：如何改变自己的双重性格

【可以说，绝大部分的人都有双重性格。展现在别人面前的自信，与内心里的自卑几乎同时存在于每一个人身上。】

药剂师小袁相貌英俊，为人诚恳，善解人意，在别人面前总是一副开心的样子。可每到一个人独处的时候他就会郁郁寡欢、闷闷不乐，原因却出乎许多人的意料，那就是他对自己很不自信，总觉得自己没有男人的魅力。

其实，他的身材非常标准，却总是觉得自己不够高，迷上了各种增高产品，又对整容产生了微妙的兴趣。他曾经结识了一个很好的女朋友，可是对方忍受不了他这些过分的行为，最终提出了分手。他却并没有因此而改变，反而以为两人的分手是由于自己缺乏吸引力所致，从此更加注意自己的外表了。结果，他越是精心地打扮自己，内心就越是不自信。

每个人都有比较的天性。在生活中，我们难免要把自己的外貌、才智、地位、财富等与别人比较。世界这么大，优秀的人那么多，无论如何，你都会发现自己有许多不如人之处。如果你不能正确面对这种不足，就会觉得自己处处不如别人，内心就会产生自卑的感觉，于是就有可能受到双重性格的困扰。

双重性格是普遍存在的一种负面性格。自负的外表下常常掩饰的是软弱的内心。每个人都渴望自信，但几乎每个人都会有自卑心理。感情低落时容易产生自卑，遭受挫折时容易产生自卑，壮志未酬时容易产生自卑……一旦被自卑所困扰，就会变得心情沉闷、郁郁寡欢，常常因为害怕别人瞧不起自己而不愿与别人来往；缺少朋友，与人疏远；经常没道理地内疚、自责——有着比正常的人更加脆弱的心灵，轻微的撞击都会被他们认为是对自己的侮辱。而在别人面前，他们还不得不打起精神，让自己表现出一副快乐的样子。这种外表与内心的矛盾进一步加剧了他们的冲突，让他们感到更加痛苦。

那么，怎么改变双重性格呢？

1. 努力去改变自己的不足

无论对谁来说，优势与劣势、长处与不足，都是自己的一部分，与其埋怨自己为什么处处不行，还不如承认这种不足，努力去改变它。坦然面对，正确对待，就可以改变自己，让自己自信起来。

2. 不断地暗示自己："我能行"

如果你总是觉得自己不行，就会失去动力，你也就真的"不行"了。但如果你总是告诉自己"我能行"，至少你能收获一份去努力的信心。即使面对巨大的失败，也要告诉自己"这只是暂时的，我能改变"，多想想自己成功的经历，多给自己一些积极的暗示，一旦获得积极的心态，你就发现困难不再可怕，成功也并不遥远。

3. 不断增加自己成功的体验

如果你总是把目标设得太高，难以实现，自然无法树立自信。所以，要想克服自卑，还要努力改变自己频遭失败的命运，增加自己成功的体验。可以先寻找一些自己力所能及的事情作为开始，先去实现一些小的目标。有了第一次的成功经验，就会有第二次，然后再照此努力，获取一次又一次的成功。随着成功体验的积累，你的自卑心理就会被自信所取代。

4. 不要自怨自艾

自卑大多是由我们的自怨自艾所引起。有一匹斑马，被猎人捕获后，与一群野马关在一起。斑马看到远处那些长着棕色皮毛的野马对自己品头论足，知道它们一定是在议论自己身上的黑白条纹。它自觉低人一等，感到很难过，躲在一旁，一句话也不说。一匹野马见了，好奇地问："你为什么不高兴啊？"斑马回答："因为我的皮毛太奇怪了，你们都看不起我，在背后议论我。"野马说："哪里，其实我们说的是：'它的皮毛真好看啊！'"斑马以为野马在讽刺嘲笑自己，却不知道其实它们是在夸自己。我们的自卑，何尝又不是因为类似的自贬自抑而引起的呢？

5. 努力地打破自己封闭的心理怪圈

自卑的人大多也是自闭的。由于太过敏感，害怕与别人比较，他们大多会有意识地避免同别人接触，把自己封闭在一个狭小的空间里。虽然不再因为与别人比较而感到痛苦，却切断了与人沟通、获取信息的途径，让自己陷入到孤独封闭当中。所以，要敞开自己的心怀，有意识地多与别人交往，尤其要与那些性格乐观开朗的人交往，让他们的积极情绪感染自己，改变自己。通过积极的交往，可以使自己跳出封闭的小圈子，心情也会变得开朗起来。不仅如此，在与他人交往中，还可以多方位、全面地认识自己，从而达到调整自我评价、提高信心的目的。

6. 避免过度的自尊

自卑的人，大都具有过强的自尊，一点点批评都不能够忍受，对别人的建议轻则不理不睬，重则大吵大闹。其实，如果想到别人的建议正是指出了你的不足，可以帮助你更好地改进自己，不就可以用坦然的心态面对别人的批评了吗？接纳他们的建议，不正是给自己增加了一条改变的渠道吗？

在某种意义上，能够面对自己的自卑是一件值得庆幸的事情，因为，这正是你超越自己的开始。有一位心理学家说过："我们正是在超越自卑中成长。"克服自卑的过程也是我们取得进步的过程。正是因为觉得不如别人，才会使我们努力去赶超别人。自卑的背后往往蕴藏着巨大的能量，只要你敢于打破它，能量就会喷涌而出，塑造一个成功的你！

◎距离管理：该如何保持和别人的交往距离

【职场和商场中，和同事、客户应该保持怎样的交往距离呢？你是否发现，当你与别人距离太远，你将失去很多机会和信息；可当你与别人走得太近，你往往会被别人所操纵。】

某公司企划部的主管高女士最近有些郁闷，她天性热情爽朗，对年轻的下属们亦师亦友，关系十分融洽。但她渐渐发现，她所负责的小组执行能力不强，且借口和抱怨诸多。相比另一位为人严肃的主管严先生，高女士认为自己对下属贴心、周到，差不多像对家人一样，没有理由得不到回报。然而年终考核一公布，高女士发现，自己的成绩远远不如严先生。

许多人都有这样的经验和体会：与某些人的关系越亲密，越容易经常与其发生摩擦和矛盾，反倒不及与初次见面者交往容易。原因何在？

法国前总统戴高乐曾经说过："仆人眼里无英雄。"说明了人在和他人的交往过程中，尤其是管理者与员工的交往过程中，应该留有一定的余地——相应的心理距离，否则伟大也会变得平凡。

戴高乐是一个非常会运用心理距离效应的人，他的座右铭是：保持一定的距离！这句话深刻地影响了他与自己的顾问、智囊以及参谋们的关系。在戴高乐担任总统的10多年岁月中，他的秘书处、办公厅与私人参谋部等顾问及智囊机构中任何人的工作年限都不超过两年。他总是这样对刚上任的办公厅主任说："我只能用你两年。就像人们无法把参谋部的工作当做自己的职业一样，你也不能把办公厅主任当做自己的职业。"这就是他的规定。

戴高乐解释说，这样规定有两个原因。第一，他觉得调动很正常，而固定才不正常。这可能是受到部队做法的影响，因为军队是流动的，不存在一直固定在一个地方的军队；第二，他不想让这些人成为自己"离不开的人"。唯有调动，相互之间才能够保持一定的距离，才能够确保顾问与参谋的思维、决断具有新鲜感及充满朝气，并能杜绝顾问与参谋们利用总统与政府的名义来徇私舞弊。

戴高乐的这种做法值得我们深思。如果没有距离，管理者决策就会过分依赖于秘书或者几个人，易于让智囊人员干政，进而使他们假借管理者名义谋一己之私，后果将会非常严重。两者相比，还是保持一定距离为好。

在管理实践中，领导者与下属保持心理距离，可以避免下属的防备和紧张，可以减少下属对自己的恭维、奉承、送礼、行贿等行为，可以防止与下属称兄道弟、吃喝不分。这样做既可以获得下属的尊重，又能保证在工作中不丧失原则。一个优秀的领导者和管理者，要做到"疏者密之，密者疏之"，这才是成功之道。

著名的酒店之王希尔顿就深谙此道。希尔顿为自己的旅馆王国立下过一条原则：最低的收费和最佳的服务。他要求饭店的所有职员一定要做到和气为贵，顾客至上。不管谁违反了这一规定，谁就要受到严厉的惩罚。

在平时的工作中，希尔顿总是和蔼可亲，他爱与员工们谈天，关心他

们的生活，热心帮助解决员工的困难，所以员工们与他的关系都很融洽。和希尔顿聊天，就像是和一位长辈谈心，不用拘束，也不用担忧，因为他是把每个人都当作酒店的主人来对待的。

◎冷热水效应：逆耳的话要怎样说

【有些时候，两句话先说哪一句看起来都无妨，可你想象不到，改变说话的顺序，对别人的心理影响却大不相同，这就是心理学上的冷热水效应。】

某机械公司的经理老张，因业务上的需要，打算让下属小王到郊区的分公司工作。但小王家就在本市，老张知道，就像之前的很多次“调动”一样，这难免又是一次艰难的“谈话”，老张对此颇有踌躇，所以这件事一拖再拖。

一杯温水，保持温度不变，另有一杯冷水，一杯热水。而先将手放在冷水中，再放到温水中，会感到温水热；当先将手放在热水中，再放到温水中，会感到温水凉。同一杯温水，温度并没有发生变化，却怎么出现了两种不同的感觉呢？

这种奇妙的现象就是心理学上所说的“冷热水效应”。

这种效应的产生，是因为人们对于“冷”和“热”的标准在不断变化。当手放进冷水里的时候，他对于温度的感知就有了一个标准，比这个标准高的温度，就是热的了。反之，当他把手放进热水里的时候，他对于温度的感知标准就是这杯热水的温度，比它温度低的就是凉水了。其实还是那一杯水，你心里衡量它的尺度不一样了，对事物的认识也跟着发生变化。

俗话说“人人心里一杆秤”——秤砣并不一致，也不固定。随着心理的变化，秤砣也在变化。当秤砣变小时，它所称出的物体重量就大，当秤砣变大时，它所称出的物体重量就小。人们对事物的感知，就是受这秤砣的影响。

鲁迅先生曾经说过："若是有人提议在房子墙壁上开个窗口，势必会遭到世人的否决，窗口必定开不成。可是若是提议把房顶直接掀掉，世人则会响应退让，赞成开个窗口。"这精辟的阐述，谈的就是运用冷热水效应去促使对方赞成。当提议"把房顶直接掀掉"时，对方心中的"秤砣"就变小了，对于"墙壁上开个窗口"这个挽劝方针，就会顺遂承诺了。冷热水效应可以用来挽劝他人，若是你想让对方接管"一盆温水"，为了不使他拒绝，不妨先让他试试"冷水"的滋味，再将"温水"端上，他就会欣然接管了。

我们经常要做一些让别人感到不高兴的事，比如让下属换一个不太理想的工作岗位，比如准备给员工降薪，这些事都关系着别人的切身利益，处理不好，会使事情陷入僵局，弄得里外不是人。如果合理地运用"冷热水效应"，这些问题解决起来就会变得容易一些。

如上文提到的经理老张的难题，他后来是这样解决的，他跟小王说，"公司研究，让你去担任新的工作。有两个处所，你任选一个。一个是在外地的分公司，一个是在郊区的分公司。"小王虽然不愿离开已经十分熟悉的市区，但也只好在外地和郊区两边选择一个稍好点的——郊区。而小王的选择，恰恰与公司的安排不约而同。而且，老张没有花费太多唇舌，小王也认为选择了一项相对满意的工作岗位，问题顺利解决。

在这个事例中，"外地"的呈现，缩小了小王心中的"秤砣"，从而使小王顺遂地接管去郊区工作。老张的这种做法，虽然给人一种玩弄权谋的感受，但若从公司和小王的发展考虑，是值得倡导的。

其实仔细思考，生活中有很多情况都可以使用冷热水效应，先把不好的情况告诉对方，然后再说出好的情况，对方就会感到高兴，化消极为积极情绪了。

人们难免有事业上滑坡的时候，难免有不小心伤害他人的时候，难免有需要对他人进行批评指责的时候，在这些时候，假若处理不当，就会降低自己在他人心目中的形象。如果巧妙运用冷热水效应去操纵对方心理，就不但不会降低自己的形象，反而会获得他人一个好的评价。

比如，当事业上滑坡的时候，不妨预先把最糟糕的事态委婉地告诉别人，以后即使失败也可立于不败之地；当不小心伤害他人的时候，道歉不妨超过应有的限度，这样不但可以显示出你的诚意，而且会收到化干戈为玉帛的效果；当要说令人不快的话语时，不妨事先声明，这样就不会引起他人的反感，使他人体会到你的用心良苦。这些运用冷热水效应的举动，实质上就是先通过一二处“伏笔”，使对方心中的“秤砣”变小，如此一来，它“称出的物体重量”也就大了。

有的时候，我们到了一个陌生的环境中，别人或许对你有很高的期望，这个时候，为了避免出现让别人失望的情况，也可以用一下冷热水效应。比如刚入职场的新人，如果你没有把握能一下站住脚，不妨先把自己的姿态放到最低，这样，当你表现不错时，别人会对你格外满意。

一位女士很少演讲，一次迫不得已，她对一群学者、评论家进行演说。她的开场白是：“我是一个普普通通的家庭妇女，自然不会说出精彩绝伦的话语，因此恳请各位专家对我的发言不要笑话……”经她这么一说，听众心中的“秤砣”变小了，许多开始对她怀疑的人，也专心听讲了。她的简单朴实演说完成后，台下的学者、评论家们感到好极了，他们报以热烈的掌声。

当一个人不能直接端给他人一盆“热水”时，不妨先端给他人一盆“冷水”，再端给他人一盆“温水”，这样的话，这人的这盆“温水”同样会获得他人的一个良好评价。

◎工作倦怠感：如何处理工作的倦怠情绪

【只要调试好自己的心态，你就一定能在职场中寻找到新鲜的水源，做一条自由欢快的鱼。】

老林跳槽到了一家新的单位，他很庆幸自己能够找到一份合适的工作，专业对口，收入颇丰还很稳定。这可是很多人梦寐以求的啊。工作伊始，老林尚能满怀信心地投入工作，可是一年过去了，老林发现工作永远是那样井然有序，所有的行为都和计划的没有什么差别，没有任何新鲜感，自己再也不像刚来的时候那样为了某个项目的完成而沾沾自喜了。这个工作不能再带给他快乐和满足，尤其是当他看到办公室的种种争斗时，更感到厌倦万分。他的情绪开始低落，行为变得古怪，经常发牢骚，发火……究竟自己是怎么了？老林不能解释这些。老林周围也有很多朋友有类似的现象。

其实，老林是产生了工作倦怠感。所谓工作倦怠感，是指人们在紧张与忙碌的日常生活及工作过程中，生活上的以及工作中的情绪感受会随着大环境的变动，而呈现出一种身心紧张或调试不当的负面行为。

染上工作倦怠的人犹如失去水的鱼，备受窒息的痛苦。据调查，现代人产生工作倦怠的时间越来越短，有的甚至工作 8 个月就开始对工作厌倦，而工作一年以上的白领人士有高于 40% 的人想跳槽。上海一项调查显示：在同一岗位工作满两年的人群中有 33.3% 的人出现了工作倦怠现象，有 2.6% 的人患上了工作倦怠症。产生工作倦怠的白领会出现失眠、焦虑、烦躁等生理上的疾病、心理上的不适以及行为上的障碍，若不及时处理将会带来不可预期的伤害。

心理学家多德拉认为，如果一个环境给你带来了不良症状和障碍，那么你在这个环境中就会遇到许多心理上的冲突。要解决这些症状和障碍就得认识你身上存在的心理冲突。

一般白领员工心理上的冲突主要表现在以下几个方面：

渴望成就与惧怕改变的冲突。心理学家马斯洛认为，在一切基本需求都得到满足的时候，实现自我价值就成了一个人的最终目标。职业顾问说，没有变化的例行工作，最容易导致上班族工作倦怠。在变化中求生存，任何单调的东西只能给人带来厌恶，这是很多人都明白的道理。但是许多白领阶层尽管已经对现状感到厌恶，还是惧怕改变自己。多年养成的工作生活习惯已经定性，程式化的思维和工作方法已经固定，工作的辛苦和劳累、缺乏创新的刺激，已经使他们的大脑越来越懒惰，他们不愿去想、不敢去想已经在危害着他们身心健康的种种因素。因此，一方面缺乏成就感需要改变，一方面又惧怕改变，二者的冲突自然就给本来就繁重的工作增加了不少危险。

做优秀职员与做合格家人的冲突。步入成熟的白领通常担当着不同的社会角色：公司职员、慈爱父母和孝顺儿女等。特别是男性，家庭中的琐事经常会占据生活中的一大部分，更容易陷入焦虑状态中。众多角色集于一身，难免会给人造成很大的压力，既想工作上有所成就，又想顾及家庭的幸福，使许多职场中的人因为身不由己而陷入深深的苦恼中。

需要关怀与维护自尊的冲突。从某种意义上说，社会的进步和飞速发展使人产生了异化。为了使人力资源能够得到最大限度的利用，企业使用了先进的管理措施和高级的技术设备，使人处于不停地忙碌状态，进而减少了相互交流的时间和空间。人是有感情的动物，他本身对交往的需求永远都是存在的，尤其是在工作压力大的时候更需要情感上的抚慰。但是现代社会又给人提供了感情冷漠的土壤，特别是有了一定地位的白领阶层，更是不愿意放下自己的自尊心，不愿意主动和人交流。尽管他们很渴望别人的关心，希望和别人交流自己的想法，但是他们还是龟缩在维护自己自尊心的安全地带。

知道了症结所在，解决起来也就会有的放矢了：

1. 打破心理的界限，做自己的主人

在公司里，很多人抱怨工作任务太繁重，没有时间想自己该想的，做自己该做的。其实，这是惰性形成了内心的界限，把你限制在一定的活动范围内。很多你认为无法改变的事物其实只是自己心理的界限把它封闭了，勇敢地去想象、去突破、去改变，这样你才会在职场潇洒地遨游。

2. 转移情绪，消除怨气

良好的心态是生活快乐的秘诀，心理学家告诫：先处理心情再处理事情，不要带着怒气去工作和生活。再聪明的人也会因为情绪不良而失败。做一个情商高的人不是什么难事，只要你每天注意那么一点点就行。回到家前先告诉自己笑一笑；周末放下所有负担，和家人一起逛逛公园；生气的时候伸个懒腰，站起来走走；经常换不同的衣服穿……有心做到的人永远会快乐。要知道，生气是拿别人的错误惩罚自己。

3. 和和睦睦万事兴

在公司里活得最不开心、工作做得最差的往往是那些人缘不好的员工。新员工学历傲人，唯我独尊；老员工资历不浅，心中不服……事业一筹莫展的人总想和别人比个上下高低，但是这样只会伤害了同事之间的关系。古人云：退一步海阔天空，何不聪明一点搞好同事关系呢？给自己创造良好的人际环境就是为自己积累财富。心理咨询专家唐汶告诫大家做人要把握以下“五不”原则：倚老不卖老；弹性不固执；幽默不伤人；关心不冷漠；真诚不矫情。放下架子吧，这样你就有了成功的基础。

◎协调关系：如何做好中层管理者

【不会授权给下属的管理者，只会把上下级关系搞僵，加大上下级之间的心理距离，导致彼此间缺乏吸引力，交流不畅。】

姜先生苦心奋斗了十年，终于从一文不名的小职员做到带领上百人的中层管理者，家庭和事业都日益稳固，然而，让他苦不堪言的是，他总感觉自己夹在上级和下级之间，就像风箱里的老鼠一样，两头受气——上级不敢得罪，还得想办法调动下级的积极性，却唯有自己无人理睬……

作为中层管理者，一个很重要的职责就是在上级和下级之间承上启下，起协调的作用。因此，必须具备很强的心理承受能力。

实践证明，造成上下级关系失调的根源是多方面的。但是，问题的主导在上级方面。所以，首先要分析产生问题的双方的心理根源，然后找到解决问题的办法，那就是上级在实际工作中首先要通过合理授权，协调好工作关系。

授权就是上级将权力和责任授予下级，使下级在一定的监督下，有相当的自主权。授权后，上级可以保持指挥和监督的权力，被授权者负有完成任务的责任。在日常工作中，上级可以纠正下级的错误，但不应该代替下级作决定，不能干扰下级的权力。

上级将部分权力分授予下级，就是使用“分身术”，使部分权力和责任由下级分担。这样，上级就可以使自己的一脑变多脑，一身分多身，使上级的智慧和能力放大。从实质看，授权是一种各负其责的民主领导方式。上级的科学授权，一是可以减少上级的负担，使其从繁重的工作中解脱出来，集中精力考虑大事，搞好重大问题的决策和全局性的指挥；二是能够发现人才，利用人才，锻炼人才。上级通过授权，可以调动下级的积极性、主动性和创造性，让下级在工作中施展真才实学，这样有利于下级的锻炼、提高和发展；三是授权减少了某些请示和批复的工作环节，提高了工作效率；四是能够改善上下级的关系，使上下级的关系从类似主仆关系变成合作共事、相互支持的关系，上下级关系会更融洽。

但是，应该让上级从心里认识到，授权必须遵循一定的原则，否则，就不能很好地指挥和监督。

首先，应遵循一级给一级授权的原则。授权应该在直接上下级之间进行，不能越级授权，更不能将自己权力范围之外的事授予下级。比如，上级把权力授予你，你再根据自己下级的工作职责，相应地授予你的下级。否则，容易导致管理层的矛盾和管理的混乱。

其次，因事择人，视能授权。工作需要是择人授权的出发点和目的。但是，把权力授予谁，应该先了解下级的素质和能力，做到先知其人，然后再授权。

再次，权责利对等统一。这是指被授权者的任事权有多大，责任就应该有多大。任其事，行其权，负其责，干好了或干坏了，都有利益上的说法，即权责利相符。

最后，要保持有效的控制。授权不是撒手不管，否则必然是失控。因此，既要授权，又不要失控，既要调动和发挥下级的积极性和主动性，又要保持上级对整个工作的有效控制，这是授权时必须遵守的一个原则。为了保持对整个工作的有效控制，可以通过制定明确的工作准则、考核办法、报告制度和监督措施等方法，一旦发现下级严重偏离目标，就应该及时加以纠正。

这样的授权，在每一个层次的管理者之间都存在，都必须遵循一定的原则进行。作为中层管理者，你既要完成上级交给你的任务，同时又要帮助上级监督和指挥下级员工来完成任务，这种中间的协调作用就像是润滑剂，时刻保证上下级关系轴承的良好运转。

◎释放负面情绪：职场上受伤了怎么办

【心理学研究发现：一个人心理承受力的高低，从表面看是与事件的刺激量成正比，而真正的影响内因是人的自我价值感，即一个高自我价值感（自信）的人相对于一个低自我价值感（自卑）的人面对同一件事情的压力，所呈现的反应及结果有着明显的差别。】

在风云变幻的职场，再坚强的心也难免受到伤害，而大多数人不愿把伤口暴露给别人，总是自己化解。可是，你知道怎样化解才能抚平伤口不留后患吗?

心理学上对“受伤”的解释是：客体未能满足主体的需要而形成伤害。未能满足“我”的需要有多种原因：可能是“我”没有表达需求或表达得不明确；或是对方没有能力满足；也可能是对方没有正确理解我的需要等等。无论是哪种原因造成的心理伤害，都需要我们以全然接纳、允许的心态来面对，不要把冲突的对方看成“敌人”，否则你永远摆脱不了受伤的感觉。

1. 委屈

前几天，老板将珍小姐叫到办公室狠狠训了一顿。原因是珍小姐手下的一位新员工在外面联系业务时，言行有损公司形象，被反馈到老板那里，老板很生气，把一腔火气全发到珍小姐身上。

明明是别人的错，却要珍小姐承担；而且为了顾及老板的尊严又不便过多分辨，只能独自默默忍受，珍小姐觉得很委屈。

珍小姐受伤的原因是老板把别人的过错转到她的身上，让她承受了本不该由她来承受的责罚。但透过这件事本身，其实老板要告诉珍小姐的一个重要讯息是：我把这个部门交给你负责，是因为我信任你，你要对我的信任负责。而珍小姐没有接纳来自对方的信息，却只从自己的角度看问题，所以才感到委屈。

遇到这样的意外状况，首先是试着去接纳它。接纳的具体方法是：了解事件背后的正面动机；理解各人成长的背景与历程。

了解正面动机的目的，是为了消除自己的负面情绪。这件事的正面动机是，老板对珍小姐是信任的，即使责备珍小姐，也是为了提醒她，应该对他给予她的信任有所担当。如果珍小姐了解了这个正面动机，就不会过多地抱怨了。

此外，理解各人成长的背景与历程。每个人的性格秉性都跟他的成长环境有重要关系，通常爱发脾气的人都是性格急躁、过于主观的人，这是他的一贯作风，而并非单单针对某一个人才这样。这样一想，珍小姐就不会钻到牛角尖里过分伤害自己了。

2. 愤怒

张敏被指派到市场部协助工作，跟她合作的是一位性格倔强的中年妇女，仗着自己在公司的资历，时常对她出言不逊。张敏一忍再忍，不想在大庭广众之下做出过激的行为。可是最近一次，两人因为分工问题争执起来，那位中年妇女竟然没理找理大大发了一次火，还摔了张敏的手机。张敏的一腔怒火无处发泄，心里的难受劲就别提了。每每想起，就脸红心跳，觉得自己很窝囊。

张敏感觉受到伤害主要有两方面原因：一是心里充满愤怒和不平，而在冲突的过程中，双方的力量是不平衡的，张敏的情绪没有及时发泄；二是张敏觉得自尊已经被破坏，在群体中，个人的自尊是她自立和面对别人的底线，一旦被破坏而得不到及时补救，对其心灵将产生很大伤害。

面对这种不愉快的经历，张敏的当务之急是及时释放自己的负面情绪。

首先要澄清一个概念，即负面情绪并非都是不好的。其实，情绪本身是中立的，无所谓好坏对错。通常被我们认为是“负面的情绪”的，是指情绪反应与现有的身份、环境或工作角色发生冲突，可能会产生负面的影响。张敏压抑自己的愤怒，无非是怕这种情绪会影响她在单位的职业形象，对今后的发展不利。

医治这种伤害的主要方法是释放。“释放负面情绪”是指在情绪发生时，选择一个安全的环境，将所体验的情绪感觉（如委屈、愤怒、难过、悲伤等）宣泄出来，而宣泄环境的安全是至关重要的。

1. 运动式释放

在不伤及自己或他人的情况下，在无人的旷野、海边、大草原、山顶、空旷的操场、家里的浴池、卫生间等地方，用灵活多样的方式，如疯狂的呐喊、狂舞、打假人、放飞镖等，来释放愤怒情绪，但要在释放的过程中保持心灵觉察，即我明白此时的心里感觉是什么。

2. 独处式释放

每晚给自己一段安静的、不受外界打扰时间，至少一个小时，敞开心扉，让一天里的所有情绪、感觉完全呈现出来。在此期间，放弃头脑里所有的分析、判断、推理，任情感肆意流淌。待情绪释放完毕，再试着将这些情感用“我感觉……”的句式表达出来。你越能细腻地了解自己的感受，便越能知道那些感觉背后的需要是什么，而你也将逐渐学会和自己相处，温柔地对待自己，这时，“善待自己”就不是一句空话了。

3. 孤立

欣然是公司的新员工。由于她各方面都很优秀，深得老板赏识。就显得与周围的同事格格不入。有一次，她无意中发现其他同事在背后诋毁自己。欣然非常伤感，可又无处诉说，她觉得自己很孤单。第二天早晨，她徘徊在公司门口，迟迟不愿走进去。

在一个工作环境，新来的人总是难以快速地产生归属感。尤其是各方面都比较优秀的人，会使其他人产生嫉妒心理，更会有意无意地受到孤立。而老板的鼓励又促使她越发好强，以便更好地保护自己。这就形成了一个恶性循环：被孤立——更好强——更优秀——更孤立。所以当欣然听到被人背后诋毁她时，会产生一种推断：其他人都是一伙儿的，只有她一个人被排除在群体之外，这种无形的力量伤害了她。

人的每一种情绪反应隐藏的是心理需求未被满足。如果一个人因被孤立、被忽略而沮丧时，她需要的是被重视、被容纳和被关怀。在生活里，能满足我们需要的人是不尽相同的，假如你很在乎爱人的认可，就到爱人那里寻找；假如你在乎父母的鼓励，就到父母那里寻找。这个过程，其实是明确自己的支持系统，并建立支持系统的过程。具体来说，就是创造亲密关系的能力，提升心与心之间交会的能力。

培养或创造一种亲密关系，需要提升的有四项基本能力，即觉察、同理、表达、信赖。

觉察力。觉察是建立亲密关系最重要的能力，即是对你自己内在情感及需要的发生、变化有清晰的认识。觉察是了解自我的利器，亲密关系重在心灵之间的交融，不了解自我的感觉和需要，无从谈起与人的交流。

表达力。在亲密关系的相处中，清晰地表达自我的需要及感觉是必需的，你无法完整地表达自己，就会让别人无法清楚地了解你，这样误会、隔膜即会产生，而影响关系的品质。

同理力。"人同此心，心同此理。"你对自己的觉察有多深，对别人的了解和理解就有多深。同理力不同于同情心，是既能感受别人的需要，但又不失去自我的能力。同理力搭起了人际交流的一座心桥。

信赖力。你愈能信任对方，对方也愈能体谅你的需求，即使你们之间出现了一些不快，也会在较短的时间内得以化解。而且，在你与人际交流的每个环节，信赖力都在潜移默化地发挥作用，影响关系的深浅。

附：成为办公室里受欢迎的人

办公室中有许多不成文的规矩，虽然没有像规章制度一样白纸黑字地写着，但是一旦你违反了这些规则，同样会受到惩罚。所以你一定要注意这些规矩，别给自己增加不必要的麻烦。

1. 不要过度关注别人的隐私

在办公室里有很多人，喜欢打探他人心中的秘密与隐私，这种人很无聊。许多人喜欢添油加醋地说话，从来不顾及当事者的感受，而且有的人与被谣言困扰的当事者相处时，态度上也会有些不自然，或许也因为这个原因而影响工作。

如果整天在办公室搬弄别人的是非，哪还有精力去做好工作？这还不算，同事们都会对他敬而远之，因为他们担心有一天自己也成了谣言的焦点。

2. 客户请你吃饭要先请示上司

有些有业务往来的人，可能会请你出去吃饭。这种时候，你绝不可以表现出很高兴的样子，轻易就接受别人的邀请。

因为你与对方是通过业务才认识的朋友，虽然客户请吃饭不过是一点小意思，但是事实上，他并非是请你个人，而是请公司的代表人。另一方面，你若接受对方的招待，正应了中国的一句俗话："吃人的嘴软，拿人的手短"，在业务上，也许会因此受到影响。

一个公司与业务往来的客户一定是由于合作的关系而彼此有交往，所以应该以商品的质量或周到的服务来维持公司与客户间的关系，因此，不要把“请吃饭”的事情看得很重。

当对方邀请你时，是否能接受对方的招待，绝不可以只凭自己的判断而定，最聪明的方法，就是和你的主管商量，这才是一个公司职员应尽的义务。

3. 不要对来客有差别待遇

有些女职员把客人区分为要亲切的和不用亲切的，而且表现得很露骨，使得周围的人也觉得奇怪而注意着这件事。假如是故意这么做，我们还可暂且不论，但是有些人则是无意中流露出这种态度的，因此必须加以注意。如果平时不注意这种情况，则对来客虽然表面上做得非常客气，但是常会在不经意的举动中得罪客人，而自己还浑然不知。

尤其是女性在说话及态度上表现自己的想法。说得好听一点，这样的人是正直而可爱的；但是作为公司的一分子来说，有这种态度就不太好了。既然已经身为公司的职员了，就不可以再如此任性了。

不论知道或不知道来客的身份，凡是来公司的客人对公司来说都是重要的，如果女职员们很明显地怠慢客人，也会使客人心存不快。所以，女职员应该有一个正确的观念，那就是，公司内接待客人是以女职员的身份来应对的。并不是以女职员个人身份来接待他的。

◎灰色心理：如何改善“灰色”心情综合征

【人到中年，事业、家庭趋于稳定，生活自然趋于平淡、缺乏新意。这时要多花一些时间反省自己，学会拿得起、放得下，多做一些自己喜欢做的事，并大胆进行新的尝试，以使心态永远保持年轻。】

在某基金公司工作的老陶最近很烦恼，他觉得自己的情绪远远没有初入职场时那样好了。原本以为是由于工作压力大的关系，后来发现其实不然。这份工作他已经做了数十年，早就是公司的元老，在这个行业里，提起老陶来，没有谁不知道。老陶算是功成名就了，却觉得生活没什么意思。尤其是最近，来了一位新的合作伙伴，那是一个很情绪化的人，总想让他人与自己的喜怒哀乐“同步”，每当他的心情愉快时，希望周围的人也跟着自己高兴，每当他的心情不好时，别人也不能流露出一点欢乐。所以，老陶坏情绪更加恶劣了。

“灰色心理”一词源于美国，美国社会医学专家经过调查发现，许多人到中年常会出现消沉颓废，郁闷不乐等不良心理状态，这种心理状态被称之为“灰色心理”，“灰色心理”如得不到及时防治，不但影响工作和生活，还会损害身体健康。

现在，社会上一般把中年期定在35岁~60岁，因为生活条件好了，人的寿命比以前长了，中年期的跨度也相应地增加了。从表面上看，这个时期人的生理和心理都处于成熟阶段，智力发展到最佳水平，工作调整到最佳状态，是人生的鼎盛时期。但实际上，这个时期人已经开始走下坡路，其中最明显的标志就是人的身体和心理从成熟走向衰老。中年既是建树成就的时期，又是人的心理和生理进入“多事之秋”的阶段。从生理上来讲，中年人的体质状况已不如青年时那样健壮，多种生理机能出现缓慢减退，免疫力和内分泌等都在逐渐下降。这些生理上的变化应该说是不可逆转的。

与此同时，中年期又是人一生中心理负担、心理压力最重的时期。家庭是否安稳，事业是否有成，都会给中年人带来某些特有的心理变化。他们对社会变化比较敏感，心理活动也比较复杂，精神压力较大，特别是经历一些挫折之后，往往处事过于踌躇、顾虑重重，久而久之，就会变得日渐忧郁寡言，夜不能寐。这就是大家所说的，中年易患的“灰色心理”病。这一特殊病症主要起于生理和心理两个方面。在生理上，人从童年、少年、青年到壮年，一直是在成长中度过的，因而有一种“永无止境”的感觉。进入中年以后，成长由缓慢变为停止，甚至出现衰退。这个时期，即使身体没有毛病，通过一些小的变化，也会产生力不从心的感觉。在心理上，无论工作、学习、生活都会产生不同程度的空虚感和厌倦感。20多岁进入社会，一切都是新鲜的，做事生气勃勃。十几、二十几年以后，熟悉的工作、缺少变化的环境、紧张莫测的人际关系，都极容易使人产生枯燥、乏味的感觉。另一阴影是迟暮感。中年时期蓦然回首，人生几何，思来想去，不免惆怅。所有这些消极情绪，都会削弱机体的免疫与防御机能，使各种躯体疾病乘虚而入，损害健康。因此，这个时期的心理和身体保健就显得特别重要。

对于中年人的“灰色心理”，不同的人生态度会有不同的结果：如果不能顺利度过，人生就会受阻，产生混乱感、无能感、失落感、空虚感，妨碍发展，影响健康，使人生失去意义；如果能顺利度过，接受挑战，那必是“柳暗花明又一村”，进入一个新的发展期。中年人要认识到中年不等于发展停滞、生活重复，人到中年可能是人生又一个新起点，关键在于怎样调适、应对危机，怎样走出危机。心理学家认为，中年人应敢于认识和接受自我，只有充分认识自我，接受现实的自我，才会选择适当的目标，寻求良好的方法，既不自卑，又不自傲，充满自信地对待一切。

首先，要心胸开阔、情绪稳定而乐观。在中年人的致病因素中，社会因素对心理的刺激居于重要地位。因此，中年人在复杂的工作与生活环境中，培养开阔的胸怀，养成不计较小事，即使对重大事件也能保持克制力的良好心理，显得尤为重要和必要。平时，遇到不顺心的事情，即使是重大的人生挫折，都应学会尽快从不良情绪中解脱出来，保持一种稳定而乐观的情绪。

其次，要建立良好的人际关系。健全的心理适应能力是建立在良好的人际关系基础上的。要善于同性格、爱好、脾气秉性不同的人相处，要学会正确评价自己，客观看待自己的优缺点，要注意不断增进对周围人的了解。记住，只有多交流、多了解、多信任、多尊重，才能缩短彼此心灵距离，才能减少和避免各种不愉快。此外，应积极参加各种社会活动，不断开阔眼界，扩大交往范围，这样可以增强心理上的安全感。

另外，对人对事不要抱过高的期望。中年是同龄人社会地位、经济收入产生悬殊差距的时期。面对同龄人成为上司或时代骄子，应该坦然豁达，避免产生嫉妒和自卑心理。社会是复杂的，又是光怪陆离的，有些差距是由于机遇造成的，无须让怨天尤人的情绪困扰自己，而应该用脚踏实地的工作、广泛的兴趣来充实生活，取代不良情绪。要根据自己的条件和现实允许度确定期望值，不要勉强去做根本办不到的事情，保证将心理平衡建立在理智的基础上，实现“知足者常乐”。其实，幸福常常是一种主

观上的感觉，是一种心理状态。

最后，注意劳逸结合。中年人往往在单位是顶梁柱，工作丝毫松懈不得；在家中是主心骨，既要照顾年老体弱的父母，还不能放松对孩子的教育引导。这些都应该统筹兼顾，合理安排。不要因繁忙而忽视娱乐活动，娱乐既是一种积极的休息方式，又是调剂心态的良方。体育锻炼很重要，它可以使中年人的体质增强，身心潜力得到更好的发挥。

◎下岗失业综合症：突然失业了怎么办

【下岗失业综合征主要表现在对过去的依恋和失落感、胸闷、失眠、自闭、学习不能专心、生活无规律、食欲不振、学习无计划、逆反心理异常，想发脾气、不想运动……】

莉莉是某外贸公司的翻译，年轻靓丽，一口流利的日语，深得上司及客户的好评。莉莉也喜欢这份工作，舒适高雅，又有丰厚的薪水。外贸公司的工作使她如鱼得水，工作得轻松而惬意。

天有不测风云，一向令人羡慕的外贸公司居然变得无力经营，莉莉也由此失业了。失业后的莉莉悲伤、愤懑，最初几天整日发脾气，看什么也不顺眼，甚至乱摔家里的东西，以后则郁郁寡欢。她把一切都看成是灰暗的，对什么也不感兴趣，她感到生活非常寂寞、孤独和无趣。虽然丈夫的收入足以使她衣食无忧，但工作权力的失去，社会地位的丧失，脱离集体的孤独感及在家无所事事、精神无所寄托的空虚感，使她精神压抑。

丈夫劝她去找份工作散散心，莉莉就大声喊叫："我能干什么，我会干什么！"莉莉觉得自己很无能，很没有用。无论丈夫怎么劝她，她都听不进去，终日沉浸在失业的痛苦中不能自拔。她觉得丈夫劝她去工作是嫌弃她不能挣钱，又和丈夫闹起了矛盾。

莉莉常常感到胸闷、头晕、没食欲、全身乏力，而且入睡困难，即使睡着了也会噩梦不断，半夜惊醒。莉莉走进了医院，中医、西医治疗了近两个月，仍无好转。在朋友的建议下，莉莉接受了心理治疗。

拥有一份满意的工作，是人们所向往的。即使拥有一份不满意的工作，对某些人来说也是一种幸事，因为工作是必需的。人为什么要工作？有些人认为工作是为了挣钱，养家糊口；另一些人则认为工作不仅是为了挣钱，更是个人价值感的体现，工作使他们达到自我实现。如果失去了工作，面临的不仅是经济危机，更重要的是心理上的失衡，个人价值感的丧失，自尊心的损伤。这些都会使人产生比经济危机还重的精神压力。因此，工作与我们的心理健康密切相关。

在我国的经济改革中，有许多人下岗了。多少年来吃大锅饭，拥有铁饭碗，稳定安全的固有模式被打破了。一些人无法接受这一现实，下岗后处于沮丧、焦虑、紧张、抑郁的心理状态，此时，如果没有得到社会和家庭的积极引导，很容易产生一种新的疾病——下岗综合征。

经过专家调查，下岗人员因年龄、性格、工种、工龄、人际关系、经济状况、文化程度的不同可能会出现以下心理问题：

1. **自卑心理**

不少下岗人员，尤其是性格内向的人，会因下岗而产生强烈的自卑感，感觉自己无能，是个失败者。还有人感到自己被社会淘汰了。有些人甚至不愿被人知道自己下岗的现实，害怕被人耻笑，在亲朋好友面前抬不起头。有自卑心理的下岗人员往往把自己关在家里，不愿与人交往。这样，长期处于失败的体验之中，势必会影响身心健康。

2. **内疚心理**

下岗待业意味着经济收入锐减，使家庭经济紧张，甚至陷入经济困境。当面对日益高涨的社会消费水平而无力购买时，许多下岗人员会因此深感内疚不安，觉得愧对家人和子女，从而陷入深深的自责之中，更加重了自卑心理。

3. **失落心理**

离开了原来的工作岗位、原来的社会群体，离开了奋斗多年的事业，失去了奋斗的目标后，整天闷在家里无所事事，就会产生失落感与被遗弃之感，内心深感苦闷。即使再就业以后，如果不能重新树立奋斗目标，或者不能适应新的环境，也会存在一种寄人篱下的失落感。由失落感还会产生怀旧感，怀念过去的好时光，从而更增加对现状的不满，引起更严重的心理失衡。

4. 焦虑心理

焦虑是对危险或威胁的预料所引起的无方向的唤醒状态。下岗人员，在感到怨恨、苦闷之余，更多的是感到焦虑不安，为家庭的生活担心，为自己和家人的前途担心，久而久之，变得脾气暴躁，容易发火。

莎士比亚说："聪明人永远不会坐在那里为他们的损失而哀叹，却用情感去寻找办法来弥补他们的损失。"想发挥自己的潜能，取得事业的成功，必须勇于忘却过去的不幸，重新开始新的生活。

首先，不要为打翻的牛奶哭泣。心理学家说：性格决定人的命运，一个人能力再强，但性格有问题，就会影响他能力的发挥。同样，只要一个人具备坚韧的性格和不被困难所压倒的精神，那么任何打击，任何磨难都不会使他放弃自己的信念和追求。就像外国一句古老的名言所说，"不要为打翻的牛奶哭泣"，这句话包含了丰富深刻的哲理。过去的已经过去，历史就如"黄河之水天上来，奔流到海不复回。"不管从前多么辉煌，都已经成为历史。重要的是要接受现在的事实，让一切从头再来。分析下岗职工再创业的经历，不难看出，他们的成功与其坚强的性格，豁达乐观的处世哲理有着密切的联系。

在一般情况下，下岗会产生诸如没面子、抱怨"命运不佳"、消极、自暴自弃、异想天开等心理，表现为沮丧、抑郁、不能面对现实，怨天尤人，但却没有从行动上来改变自己，从而陷于巨大的心理落差之中不能自拔。而成功者则善于调整自己的心理状态，不回避或歪曲下岗现实，抛弃怨天尤人或自暴自弃的心理，乐观生活，积极调整自己的不良情绪。他们充满自信，相信自己的智力、自己的才能、自己的判断。因为如果事情没开始就先打退堂鼓，如果自己都信不过自己，又怎能奢望别人高看自己？只有战胜自卑，才能实现超越。拥有了自信，便拥有了成功的一半。

其次，客观公正地评价自己。对于做事的期望值，既不要高不可攀，也不要因为太低而一事无成。必须正视自己的优缺点，同时正视眼前的现实。但最重要的是能想到，下岗的不是自己一人，有人能坦然面对，自己又何必戴上精神枷锁而不能解脱呢？虽失去了原来的岗位，但又为选择新岗位提供了机遇，所谓"塞翁失马，焉知非福"。有了这种积极的心态，就能摆脱不良心理的束缚，把注意力引导到通过自己的努力实现再就业这方面来，从而发掘出很多以前自己也没有认识到的潜力，找到一条成功的再就业之路。

最后，能够吃苦耐劳。只要老老实实做人，踏踏实实干事，就没有过不去的火焰山。下岗只不过是让生活轻轻撞了一下腰，它永远不会压垮人，只会使人变得更坚强。因此无论是从零开始的创业者，还是重新找到工作的再上岗者，他们都十分珍惜来之不易的工作机会，对工作尽职尽责，做出了自己最大的努力，从而也找回了自尊，实现了自我价值。

下岗不灰心，人人当自强。与其等待，不如从现在做起，依据自身条件到市场的海洋中去拼搏，寻求新发展。不要被面子和条件所困扰，没有文凭同样可以再就业，没大本钱也能做合法生意。只要你肯付出诚实的劳动，就一定会得到社会的回报。记住，不管路有多远，只要我们的心没有下岗，我们就能到达成功的终点。

◎购买欲：为什么我是购物狂

【典型性的购物爱好者至少每个星期都会进行一次疯狂的大采购，他们好像受到了强制一样，去买一些根本用不着的东西，事后又感到非常后悔。另外，这些人由于并不十分富有，所以经常会陷入财政困境。】

小芳今年30岁，是一位外企白领。在外企的工作压力比较大，竞争也比较激烈，尽管如此，在丈夫的大力支持下，小芳的工作表现一直受到上司的表扬，与同事们的人际关系也处得很好。但是，平时温柔善良的她，自从有一天偶尔和丈夫吵架之后，只要她走到街上就想进服装店，看到五颜六色的服装就感到那些衣服在向她招手。每当这个时候她没有一点犹豫，只感到购物的兴奋和快乐。而且每一次从店里出来，她常常会花掉几千元钱。她知道自己并不需要那么多衣服，也曾暗下决心控制购衣数量，但一到服装店就乐此不疲。小芳为控制不住自己的购买欲而感到深深的苦恼。小芳的行为也严重影响了她的正常工作。

心情不好你会去做什么？也许男士会说，一根接一根地吸烟，然后大口地喝酒，来个一醉方休；女士则会说，疯狂购物或者是海吃一顿，把一切都消灭在食物里。但是如果你的购物欲望超过你的经济能力或是购物已经超出了适当性，且每次购物后都为自己的行为后悔，多次的反复，这就是“购物狂”了。这是一种心理偏差，是不正确的宣泄途径，应该进行适当调整。

最近一次关于国内消费的调查结果显示，在极端情绪下消费的女性高达46.1%。而早在3年前，美国加利福尼亚州立大学在一次类似的调查中也发现了相同的问题，在该次调查中还指出，男性情绪化消费的比例也达到了17.4%。调查显示，购物狂多数是女性，这与各国的文化传统普遍接受女性购物较多有关。

“购物狂”基本上都是属于那类工作压力大、平常找不到合适方式释放压力的人，尤其是经济条件比较好的年轻女性。她们大多是想通过购物的方式来振奋自己，提高自尊心，释放压力。但是，结果往往事与愿违。狂购以后，行为人心理充满了羞愧感和负疚感，以及冲动、控制失调的痛苦。这种心理转换过程包括了一系列心理机制：患者先是经过了几天或是几星期的积累，购物冲动开始聚集起来，直到通过购物，或者买很昂贵的或不是特别需要的东西，来释放这种紧张感，狂购之后，行为人才能心情比较轻松地回家。在接下来的一段时间里欲望暂时被压抑，经过一段时间积累后，新的循环开始重复。患者则陷入苦不堪言的心理折磨之中，严重影响日常工作和生活。毫无疑问，小芳在日常紧张工作的压力下，经过和丈夫的一次争吵的催化，选择了以购物来释放压力的做法，却让自己陷入了痛苦不堪的心理折磨中。

心理学知识告诉我们，许多人有压力时总会通过购物或者是大吃大喝来消除压力。不过，当你发现自己有疯狂购物血拼的状况时，可千万别大意。这时候，你要先尝试问自己一些问题，比如：“我在躲避什么？”等等。

心理学家分析认为，“购物狂”的原因主要有三：为平衡情绪买单；为缓解压力买单；为失落情绪买单。因此，克服购物欲及贪购行为的关键之处，在于搞清楚购物欲望的背后有哪些心理问题，是否有对现实的不满和对自己的不满，是无法应对压力还是其他什么原因。当一个人敢于面对问题并去解决问题时，心理才会平衡。

1. 清醒地认识压力，对待压力

对自己的日常工作等方面带来的压力有一个清醒的认识。正确对待自己的压力，并尽量找寻合适的途径予以释放，比如可以通过和朋友聊天、和亲进的人分担等方式。

2. 养成记账的习惯

将所买的东西统计一下，看看哪些是没用的，看看哪些东西没用或多余的并计算出你浪费金钱的数目和由此产生的利息或投资损失。

3. 合用“改日再来”的延缓方针

在垂青某商品时，先不急于掏钱，而是暗示自己：“改天再来吧”，下次来时由于心情变化，购物欲可能下降。

4. 避免独自一人购物

独自一人上街，又有孤独感受时，常常经不住商家的劝说而掏了腰包。缓解的有效方法是：对可买不可买的商品狠狠地杀价，这势必造成碰壁或讨价还价之局面，而且砍价可使人不再孤独。

5. 尝试一些直接效果比较好的做法

比如，出门不要带太多的钱；每次出去购买日用品之前想清楚需要什么、不需要什么，必要时可以找一个同伴一块去购买，并请求同伴在自己有失控表现时予以帮助提醒。

6. 将自己的注意力集中到其他地方

每当产生购物欲望时，尽量转移自己的注意力，将精神分散到其他事情上去，淡忘购物。心中空虚、压抑、无聊时，最好的解决方法是去做些较激烈的体育运动，而不去街头购物。

◎早衰综合症：危险的威胁身心健康的信号

【中年是一个人一生身心和事业的成熟期，也是为社会做出较大贡献的时期，对于各种因素导致的体质较差情况，必须要引起足够的重视。】

刘记者今年41岁，他的妻子是一位军人，常年在外。由于要养家及照顾年老双亲和教育年幼的孩子，刘记者精神压力过大，忙碌不堪，休息不够。他工作时间长，早出晚归，要照顾孩子的生活，陪孩子学习，还要侍奉年迈多病的双亲，导致身心过劳。刘记者睡眠质量不佳，头发脱落，白发斑斑。原来经年累月，过度的劳累已经戕害了他的身心健康，他常感到腰酸背痛、眼睛疲劳、消化不良，记忆衰退、头痛、头痛、胸闷耳鸣……虽然才40出头，但看起来却像50岁的人。

早衰综合症是中年人，尤其是中年知识分子和科技人员常见的身心病症，换句话说，这种病症是一种特殊的不良心理卫生问题。

所谓早衰综合症，简称“早衰”，是指由于各种原因，中壮年人过早地出现生理上衰老、体质上衰退和心理上衰弱的现象。由于在身心两方面都存在未老早衰的多种征象，真正病理机制尚未明确，所以称之为“早衰综合症”。

早衰综合症一般表现为：

1. 生理上衰老——视力过早衰退（远视、弱视、散光、眼肌异常容易疲劳，严重时无法较长时间看书阅读

注意力难以集中，记忆力下降很快，体力不支，稍微一动，就会感到气喘吁吁，头晕目眩，无法长时间进行研究、教学等脑力劳动。此外，食欲很差，消化功能低下，胃肠功能紊乱，经常感到胸闷气短、心悸心慌。睡眠障碍也明显出现，例如、早睡、多梦、梦魇、睡眠的质量很差等。

2. 体质上衰退——这类人体质上未老早衰的现象颇为突出

头发脱落，白发斑斑或色泽无光，皮肤皱纹满布、消瘦、疲乏无力。年富力强的中年人外表看已苍老虚弱，体质、年龄大大超过实际年龄。体质衰退还表现在对各种疾病的抵抗力很差，经常伤风感冒，发高热肺炎。一旦得病后久久难以自行康复，需要住进医院治疗。过早患上多种本应该在老年期患的身心疾病，也是一种体质衰退表现。高血压、冠心病、脑血管疾病、甚至癌症等都是中年期常见的慢性疾病。

3. 心理上衰弱——经常感到精力不足，心理性疲劳非常多见

由于记忆力和注意力减退，思维功能和心理效能下降颇为突出。患者面对上述种种早衰征象，无法有效地创造性工作，心理上充满忧郁、焦虑、烦恼和抱怨，情绪上不稳定，怕烦易怒。凡此种种皆引起中年人知识分子思想上的苦恼和担忧。

在“e”时代的高科技时代，许多人需要花大量时间使用电脑科技，工作自动化虽然降低了人的劳动力。但是常对着机器，却使人觉得是“高科技在控制人”，而“非人在控制机器”，因而减少了工作满足感。整天对着电脑，使人觉得工作乏味，而减少人与人之间的互助关系与沟通，使“e”时代人，在自信、满足感、自尊、自控下，健康备受威胁，易导致现代人患上“早衰综合症”。

许多人认为早衰现象是单纯的体质问题，不认为是一种疾病。更多中年人忙于自己的事业，整天醉心于工作、物质生活的追求，个人的理想进取，忽视了身心保健工作，以致身体潜伏了许多种疾病，甚至英年早逝，壮志未酬人先亡。早衰现象是一种危险的身心健康威胁的信号，应及早寻找原因，及早检查防治，以达到“未病防病，已病防变”的作用。

中年人，尤其中年知识分子，应至少每年一次接受全身检查，以及早发现问题，早期诊断，早期防治。不要常以工作重、任务多而放弃合理的医疗检查。目前的问题是定期体检质量不高，流于形式，尤其是忽视心理健康检查，许多潜在的心理疾病被忽视和疏漏。特别是抑郁症和神经症各种心理社会适应不良的综合征。

必须强调体育锻炼的重要价值。要纠正人们普遍存在的一些错误想法，认为体力劳动或家务劳动就是一种体育锻炼。体力劳动和家务劳动并非体育锻炼，体力劳动绝不能代替运动。相反，前者是一种不规则的体力消耗，是一种输出，而体育锻炼是一种有规则的补偿、调节，是一种积极的具有增强身心功能和强身治病功能。且生活起居有常，作息规律。

有一个最基本的心理卫生原则和要求是对每个人都适用的，那就是人必须愉快地生活，必须学会和养成一种乐观通达的心理状态。如果一个人缺乏这种基本心理条件和为人之道，那么，这种人是世界上最痛苦和最不幸的人。即使这个人腰缠万贯，权高势大，他们也是不幸福的，生活毫无意义。

◎退休综合症：老有所养更要老有所乐

【美国前总统卡特说，退休就是“从法定义务中解放出来，最好的年华就是退休之后”。】

老马没退休的时候一直盼着退休享享清闲，但是退休之后却没有过上以前盼望的那种悠闲日子。花鸟鱼虫、琴棋书画也没有给他带来预想的乐趣。老马心里总有一种失落感，总觉得退休后人家看自己的眼光、对自己的态度与以前不一样，他总爱跟人吵架，却说不清楚自己到底受了什么委屈，终日郁郁寡欢地过着日子。

生活中像老马这样的老年人，他们的身体没有什么大病，主要是“染”上了“退休综合郁”。有关专家指出，大部分人退休之前对退休以后的生活缺乏计划，20% ~30% 的人缺乏心理准备，20% 的人有退休心理不适应现象，50% 以上的人退休后不知道该做什么。

退休综合症是一种老年期典型的心理社会适应不良的心理疾病，是指退休的老年人退休后的环境适应不良而引起的多种心理障碍和身心功能障碍的综合病症，目前在临床和实际生活中日益增多。

导致此症的原因是多方面的：

突然从工作岗位上退下来，生活样式发生重大改变，昔日地位、权力、被人尊敬的情况，一下子消失，心理上不适应。昨天还在精神百倍、紧张地上班，今天一退休后变得无所事事，生活失去规律化和紧张感，产生失落、孤独、空虚、自卑等心理变化，好像自己变成了世界上多余的人。

退休前无思想准备，缺乏退回家庭和处理个人生活的能力，大部分空闲时间不知如何安排；老人体力下降，家庭照顾不周和慢性疾病缠身，使之行动不便，加重心理障碍。

退休后体力和脑力活动减少，社交活动减少，生活单调，容易产生心理老化的感受，加速生理衰老进程，容易产生忧郁、焦虑、死亡来临的惊恐、疑病心理等。

常见的临床表现：

心理变化——孤独、空虚和严重的失落感，体力和精力减退明显，自卑心理严重，甚至有日薄西山或“夕阳无限好，只是近黄昏”的悲观心理。

情绪变化——情绪忧郁，焦虑紧张，心神不定，喜怒无常，情绪不稳，难以自制自控。有的人愁眉苦脸，整天怨天尤人、悲观厌世，对外界事物缺乏兴趣，看电视、听老歌也提不起兴趣；怪孩子不关心、不体贴，整天工作，没时间照顾自己。

对事物毫无兴趣和活力，懒散乏力，不爱活动，反应慢，严重时达到麻木迟钝状态。

看到老朋友、老同学、至亲好友或病或死，相继离去，大有“兔死狐悲”的感叹，心里想何时轮到自己。有时坐立不安、精神恍惚，什么事都看不顺眼。

心理老化现象加快，自感脑力体力不支，意志消沉，感到老而无用，感到自己不受欢迎，动作迟钝，反应缓慢，老态龙钟。

促发多种身心疾病。由于身心功能障碍和免疫代谢能力下降，不少人退休前身体状况还较好，一退休后，很快百病缠身，尤其是慢性病发病率高，如冠心病、高血压、糖尿病、老年性痴呆症等。

退休通常被看作是顺理成章、社会照顾、安度晚年的简单的事。其实不然，从现代心理卫生科学来说，它是人生一件重要的“生活事件”，也是一种心理应激反应。它在心理上要经历重大的变化，一般地，这种退休后的心理变化要经历4个时期：

期待期：自愿退休者，常以积极心情期待退休，具有愉快的心理，相反被迫被动退休者，会产生复杂的心理矛盾。

退休期：正式办理退休手续，离开工作岗位，心理变化更为复杂——愉快欢喜，痛苦哭泣，无限感慨，留恋思故。该期是适应不良，诱发退休综合症的始发期。

适应期：克服退休以后心理社会环境变化带来的不适，逐渐习惯新的生活，安排好退休生活，赋予其新的内容，重建新的生活秩序。这是退休综合征的好发期。一般认为适应退休生活需要1年的时间。

稳定期：即新的生活秩序的巩固和适应时期。

老年人退休后的行为，有时候还会引起年轻人的不理解甚至不满，但是，亲友们都应该以积极的态度来对待。一方面，他们应该给予谅解和关怀；另一方面，还应该正视问题，严重的，或趁问题还未严重时，便应该安排老年人寻求心理医生的帮助。否则，退休综合症的恶化，不但能使老人失去生存的意志，也会使他们“无缘无故”地惹来满身病。

医生能给老年人药物治疗，灌输心理保健常识，并且建议他们不要一下子切断所有的工作联系或者社会活动，也鼓励他们培养爱好或者亲近某种信仰。与此同时，家庭和社会都应尊老和敬老，这样也有助于老年人适应新的生活。老有所养，老有所用，老了还要有所追求。这样老年人就会觉得自己仍有余热，能继续发挥作用。

此外，退休综合症的防治措施主要有以下几点：

明确地告诉病人退休综合症是一种心理社会适应不良的心理病症，而非精神病，应消除不必要的疑虑和恐惧心理。

采用支持性和解释性心理治疗方法，安慰病人、鼓励病人振作精神，提高抗病能力和自信心，正确度过心理不适应的危机期。用坚定的语气和充满信心的态度向他们保证疾病会改善与有康复的希望。

采取对症性药物治疗，消除失眠、忧郁和焦虑情绪，适当地应用抗郁剂、抗焦虑剂和改善脑功能药物。注意老年人用药应尽量缓和，副作用少，使病人能够耐受，保证安全。

培养良性情绪，使之精神愉快，养成乐观开朗的健全性格。

鼓励老人发挥余热，参加有益的社会活动，对社会做出一定的贡献，消除自卑无用的消沉观念，创造条件参加多种业余活动，培养有意义的兴趣爱好，例如书画、下棋、种花、钓鱼、老人旅游、慢跑等文体活动和乐龄活动，使自己生活充实，充满活力和朝气。

子女和老伴要互敬互爱，家庭和睦，要体谅老人的困难，经常陪伴患者，消除老年人孤独、空虚的心理，共享晚年天伦之乐。

加强社会人士敬老扶老的社会风气，使年轻人了解老年人的心理特征与变化，让老人能安度晚年，使老人感受到“老有所敬，老有所养，老有所用，老有所学，老有所乐”。

第四章

修炼智慧的自己

◎心理准备：对唱反调的人也要包容

【今天的职场已经发生了很大的变化。如果你发现有谁要把你拉下马，一定要勇于面对问题和挑战，但不要以其人之道还治其人之身，否则情况会更加糟糕。

这已不是可以独享功劳的时代，与别人分一杯羹获得双赢的局面，才是现代职场人要学习的主要问题。作为一个管理者，不仅对自己的忠诚者要包容，对那些和自己唱反调的人，也要有一颗包容的心。】

职场像战场，难免会碰到一些唱反调的人；但职场又不能完全像战场，每个人都得有团队的概念，才能够成就事业。所以在职场上，作为管理者，当你在工作上非常需要某个人的协助，而这个人又跟你有某种程度的不合时，化敌为友就非常重要了——虽然不容易，但不是不可能。

最有用的办法就是先把握那些唱反调家伙的心理，分析造成这种局面的原因，然后对症下药，有针对地接触"敌人"的武装，达到心理沟通和认可的目的，真正做到化敌为友。

当别人抓住你的错误大加指责时，你在恼怒之前，不妨先平复自己的心态，认为他是对你的关心。从这个角度去理解和解决问题，要比无休止地争论对错强得多。如果你能挖掘对方句句带刺的话里隐藏的积极因素，那么就会大大消除出现敌对场面的可能性，从而减弱攻击的心态；接着，你要有直面问题的心态，努力找出合理的办法解决它。可以先分析原因，自己先想想，是不是做了哪些事，说过哪些话让对方看不顺眼。而如果不明就里地去找对方兴师问罪，只会更加激起对方的"反感"心理，让对方看你更不顺眼，激化矛盾。

抱着解决问题的心态去向对方问清楚原因。你可以问他："我不知道发生了什么事，是否可以告诉我是什么问题。"如果对方什么话也不愿意说，那说明对方对你的敌意较深，那你干脆直截了当地跟对方说："我知道你对我似乎有些不满，我认为我们有必要把话说清楚。"实在不行，可以向对方发出委婉的警告。如果对方不肯承认他曾经跟别人说过不利于你的话，你也不必戳破他，因为对方已经从心理上感到了自己的言语和态度的不当之处，这时你只要跟他说："我想可能是我误会了。不过，如果以后你有任何问题，希望你能直接告诉我。"你的目的只是让对方知道：你绝对不会坐视不管。这时你的心理优势已经确立，你就可以向对方发出化解矛盾的信号。因为，当对方成为你的"敌人"后，他会产生躲避的心理，会尽量避免在同一个场合碰面，但是否你在心里更加注意对方呢？因为要知道他的行踪以便避开，要知道他有没有在背后说你是非。所以，如果你想化解仇怨，不妨先发出点信号，找寻和对方碰面的机会，温和地注视他，看看他的反应，是尴尬？腼腆？躲避对视？还是怒目而视？只要不是最后一条，那就有戏。

如果你觉得这样直接向对方示好从心理上还难以接受的话，那你可以借助第三者。也许你很突然向对方示好，会让对方怀疑你的居心。不妨借和其他同事聊天的机会说他几句好话，或向知道你俩关系的人倾吐反悔之意，相信总能传到对方耳朵里。只要对方接收到你的信息，他肯定会产生相应的心理反应。正所谓"人同此心，心同此理"。你有"再见还是朋友"的心理愿望，对方也肯定有，毕竟爱一个人比恨一个人舒服。所以你所做的一切，对方看在眼里、记在心里，说不定也在心里暗自惊喜呢！如果是这样，你的"化敌"计划就大获成功了！

事实上，很多时候你和别人的关系搞僵，并不是涉及什么原则性的问题，而是平常的一点一滴小事不注意造成的。所以，这就要求你首先培养这样的心理机制——小题大做，也就是在思想上和心理上把小事重视起来。

比如对方出于炫耀心理抨击你，那你即使是一个很温和的人，也肯定会感到在心理上被伤害，你心理本能的反应就是还击，想办法赢回心理的平衡和优势，自然就和对方产生了对立情绪。其实，原本可能就是对方顺口一说，根本就没往心里去。而你如果不能及时调整自己的心理，用宽容的心来对待这件事，可能就会将事情的僵局在未出现之前就扼杀掉。但相反，只能是把关系搞僵。不如本着低调的心理，这样既会平息冲突，也会让他在体察到你低调的同时有所歉疚收敛。让人三分不为懦，愿意承认对方的长处，将为你赢得一个朋友。

大凡成功的人士都有“有容乃大”的胸襟和气度。作为一个企业的管理者，在日常的管理中，凡事具有包容别人的胸襟，绝不能逞一时心理之快。只有这样，才能使各种人才齐聚你的麾下，将你的思想顺利贯彻下去。我们一般会对自己赏识和喜欢的人格外宽容，但对和自己顶撞的人有着心理本能的抵触和反感，甚至产生成见，这是很危险的。只要是对方本着对工作负责的心情和你发生冲突，那你就应该区别对待，你的宽容和大度会很快化解对方的怨气，使他们更加受到感动而加倍努力工作。

◎按人分类：用人所长，容人所短

【成功学大师卡耐基认为，要想掌握高超的用人之道，必先要做到知人善任。水不激不跃，人不激不奋。如何使人力资源发挥最大效能，管理者起着至关重要的作用，扮演着乐队指挥的角色。出色的主管会用人所长，容人所短，让智者尽其谋，勇者尽其力。】

头脑简单的主管总是习惯用传统的方式看问题，他们一看到员工身上的一些缺点就判他们“死刑”。只有头脑灵活的主管才知道用人之道在于用其所长，他们总是用自己的慧眼去发现员工身上的优点，并在其优点上做文章。

在一次工商界聚会中，几位老板谈起自己的经营心得。

其中一位说：“我有三个不成才的员工，准备找机会将他们炒掉，一个整天嫌这嫌那，专门吹毛求疵；一个杞人忧天，老是害怕工厂有事；还有一个经常不上班，整天在外面闲荡鬼混。”

另一位老板听后想了想说：“既然这样，你就把这三个人让给我吧！”

这三个人第二天到新公司报到，新的老板开始分配工作：喜欢吹毛求疵的人负责管理产品质量；害怕出事的人，让他负责安全保卫及保安系统管理；喜欢闲逛的人，让他负责商品宣传，整天在外面跑来跑去。

三个人一听职务的分配和自己的个性相符，不禁大为兴奋，兴冲冲地走马上任。过了一段时间，因为这三个人的卖力工作，居然使工厂的营运绩效直线上升，生意蒸蒸日上。

知人，就是要了解人，指的是对人的考察、识别、选择；善任，就是要善于用人，指的是对人要使用得当。知人善任，就是要认真地考察员工、确切地了解员工，把每个员工都安排到适当的岗位上去，充分地让他们发挥自己的特长、施展才干。这是做好管理工作的根本任务之一。

工作对人的要求不同，才能与职务应该相称。给予员工的职务应是最能刺激他发挥自己优势的。职务以其所能和工作所需结合而授，叫“职以能授”，这样，既不勉为其难，也不无可事事，工作自然积极，效能也必然提高。

卡耐基根据多年的经验总结出：不同工作职位有不同要求，不同的人才适合从事不同的工作。某人既能统观全局，又善于协调指挥，善于识人用人，组织才干出众，雄才大略，是一个帅才，那就应放在决策中心做领导工作；某人思想活跃，兴趣广泛，知识面宽，既有综合分析能力，又敢议事直言不讳，有求实精神，无利俗杂念，是优秀的反馈人才，应选为智囊；有的人忠实坚定，耿直公正，身正行端，平易近人。让他们从事监督工作，定能做出第一流的成绩；还有的人对领导意图可心领神会，对领导的指示能忠实执行，既埋头苦干，又任劳任怨，实在是难得的执行人才，让他担任办公室主任、秘书，一定能把工作做好……各种人才应该分别对待、各得其位。

到过寺庙的人都知道，一进庙门，首先是弥勒佛，笑脸迎客，而在他的北面，则是黑口黑脸的韦驮。然而相传在很久以前，他们并不在同一个庙里，而是分别掌管不同的寺庙。弥勒佛热情快乐，所以来的人非常多，但他什么都不在乎，丢三落四，没有好好地管理账务，所以依然入不敷出。而韦驮虽然善于管账，但成天沉着脸，太过严肃，搞得人越来越少，最后香火断绝。佛祖在查香火的时候发现了这个问题，心里想：看来我得改变一下用人策略了。于是就将他们俩安排在同一个庙里，由弥勒佛负责公关，笑迎八方客，于是香火兴旺。而韦驮铁面无私，锱铢必较，佛祖就让他负责财务，严格把关。在两人的互补之下，庙里呈现出一派欣欣向荣的景象。

管理者要真正做到“善任”，首先应该从事业的全局出发，充分考虑人才的具体特点，把他们进行分类，然后把他放到合适岗位上。假如不把各人的才能用到最能发挥其作用的地方去，那对人才是一个压制，对事业是一种极大的浪费。

现代管理者必须善于区别不同人的不同才能，学会按人分类，让他们在最合适的岗位上发挥作用。当然，管理者识人应该做到心净如水、目光宽广、公平公正，不夹杂私人感情，不抱有私心。不能一只眼睛看人，更不能戴着有色眼镜看人。要反对那种论亲疏、看资格、视顺逆选人的观点。应从多渠道、多层次、多视角地了解和考察人才，以真正做到识人。

附：企业的员工一般可以分为如下类型：

实干者：这个类型的员工对于社会上出现的新生事物从来不感兴趣，甚至对新生事物存在着一种本能的抗拒心理。他们对喜欢接受新生事物的人很是看不惯，常常是水火不相容。他们对自己生活的环境很是满足，并不主动去寻求什么改变，给人一种逆来顺受的感觉。因此，当上司交给他们工作任务时，他们会按上司的意图兢兢业业、踏踏实实地把事情做好。他们常常会给别人特别是领导留下一种务实可靠的印象。

这类员工，他们有一定的组织能力，并具有较丰富的实践经验；对工作总是勤勤恳恳，吃苦耐劳，有一种老黄牛的精神；他们会发自内心地严格要求自己去对待工作，表现出很强的自我约束力等许多优点。但同时，他们往往对工作中遇到的事情缺乏灵活性，对自己心中没有把握的意见和建议不会有什么过多的兴趣，因而缺乏激情和想象力。

协调者：这种类型的员工一般都具有沉稳的性格和比较成熟的心理机能。当他们遇到突如其来的事情发生时一般都表现得沉着、冷静，正如人们经常所说的遇事不慌。他们往往对事物具有明确的判断是非曲直的能力；对自己把握事态发展的能力有充分的自信；处理问题时能控制自己的情绪和态度，具有较强的抑制力。在成熟心理机能的支配下，他们往往能够将上级交代的任务完成得很好，并很好地发挥协调能力，使工作取得出乎预期的成果。

这类员工，他们比较愿意虚心听取来自各方的对工作有价值的意见和建议；他们能够做到对来自其他人的意见，不带任何偏见地兼收并蓄；他们对待事情、看问题都能站在比较公正的立场上，保持客观、公正的态度。但同时，他们也有一些比较突出的弱点，比如在一般情况下，他们智力水平表现一般，他们身上并不具备太多的非凡的创造力和想象力；他们太过注重人际关系，导致容易忽略组织目标。

推进者：这种类型的员工，他们常常表现得思维比较敏捷，对事物具有举一反三的能力。看问题思路比较开阔，能从多方面考虑解决问题的方法。这种人往往性格比较开朗，容易与人接触，很快能适应新的环境；能利用各种资源，善于克服困难和改进工作流程；有着较好的心理调节能力。

这类员工，他们在工作中不论做什么事情，总是表现得充满活力，好像永远有使不完的劲；他们勇于向来自各方面的、落后的、保守的传统势力发出挑战；他们永远不会满足于现在所处的环境，勇于向低效率挑战；他们对自己的现状永远不能满足，并敢于向自满自足情绪发出挑战。他们一般都有着积极的心态。但同时，他们在团队中由于过于表现自己而显得有些突出，往往表现得有些好激起争端，遇到事情表现得爱比较冲动，容易产生急躁情绪，心理控制能力较弱。而且往往会太注重自己而瞧不起别人。

创新者：这种类型的员工，他们一般具有鲜明的个人特性，思想比较深刻，对许多问题的看法与众不同，有自己独到的见解，考虑问题不拘一格，思维比较活跃。心理机能处于长久的活跃状态。

这类员工，他们在团队中常常表现得才华横溢；由于思维活跃，而且容易突破思维的限制，他们一般都具有超出常人的非凡想象力；在他们头脑中充满了聪明和智慧；他们具有丰富而渊博的知识。但由于太过突出，他们往往给人一种高高在上的救世主的印象。由于过分追求创新的刺激，他们一般不太注重一些细节问题上的处理方式。另外，他们给人们的印象总是随随便便，不拘于礼节。这种鹤立鸡群的形象，往往使别人感到与他们不好相处。

信息者：这种类型的员工，他们性格往往比较外向，对人、对事总是充满热情，表现出很强的好奇心，与外界联系比较广泛，各方面的消息都很灵通。

这类员工，他们一般都喜爱交际，具有广泛的与人联系沟通的能力；他们对新生事物比其他人显得敏感；由于很强的好奇心，因而他们的求知欲很强，并且很愿意去不断地探索新的事物；他们勇于迎接各种新的挑战。但由于太过求新，他们常常给人留下一种事过境迁，兴趣马上转移的印象；他们还会因为说话不太讲究艺术，喜欢直来直去，直言不讳而得罪人。

监督者：这种类型的员工，他们一般头脑比较清醒，处理问题比较理智，对人、对事表现得言行谨慎，公平客观。他们喜欢比较团队成员的行为，喜欢观察团队的各种活动过程。

这类员工，他们在工作中对人对事表现出极强的判断是非的能力；他们对事物具有极强的分辨力；他们总是讲求实际，对人对事都抱着实事求是的态度，一是一，二是二。但正因为这样，他们一般都比较缺乏对团队中其他成员的鼓动力、煽动力；他们还缺乏激发团队中其他成员活力的能力。

凝聚者：这种类型的员工，他们比较擅长日常生活中的人际交往，能与人保持和善友好的关系，为人处世都比较温和，对人、对事都表现得比较敏感。

这类员工，他们对周围环境和人群具有极快的适应能力；具有以团队为导向的倾向，能够促进团队成员之间的相互合作。但他们常常在危急时刻表现得优柔寡断，不能当机立断。

完善者：这种类型的员工，他们做事情很勤奋努力，并且很有秩序；为人处世都很认真，对待事情力求完美。

这类员工，他们做事总是持之以恒，而决不会半途而废；他们在工作中表现得勤劳；他们对工作认认真真，一丝不苟，是一个理想主义者，追求尽善尽美。但往往因为他们在工作中过于追求完美，而处理问题时过于注重细节问题，为人处世不够洒脱，没有风度。

◎马斯洛效应：心理需求是工作动力的最大来源

【在人的各种需求中，生理需要是最基本的，再往上依次为安全、爱和归属、被尊重与自我实现的需要，这些都属于高层次的心理需要。】

需要层次论是心理学家亚伯拉罕·哈罗德·马斯洛（Abraham Maslow）一生中最著名的论述。在他看来，人是一种“有欲求的动物”。人们会一直不停地追求各种目标，当这种需要得到满足以后，人们又会有其他需要，继续去寻找其他新的目标。

马斯洛是美国著名的社会心理学家、人格理论家和比较心理学家。他的需要层次理论和自我实现理论是人本主义心理学的重要理论，对心理学尤其是管理心理学有重要影响。

马斯洛理论由较低层次到较高层次依次把需求分成生理需求、安全需求、社交需求、尊重需求和自我实现需求五类。

第一，生理上的需求。这是人类维持自身生存的最基本要求，包括衣、食、住、性等方面的要求，是推动人们行动的最强大的动力。

第二，安全上的需求。包括人类对自身的人身安全、生活稳定以及免遭痛苦、威胁或疾病等方面的需求。

第三，感情上的需求。这一层次的需求包括两个方面的内容：一是友爱的需求，即友谊和爱情；二是归属的需求，即人都有一种归属于一个群体的感情。

第四，尊重的需求。人人都希望自己有稳定的社会地位，希望个人的能力和成就得到社会的承认。

第五，自我实现的需求。这是人类最高层次的需求，它是指实现个人理想、抱负，发挥个人能力到最大程度，以完成与自己能力相称的一切事情的需求。

马斯洛的需求层次理论认为，任何一个人都有不同层次的需求，在满足了最基本的生存需求以后，人就会有更高层次的需求。管理者在进行管理时，应该注意到下属不同层次的需求，采取适当的激励措施。

作为一个管理者，在满足员工最基本的薪酬待遇的需求后，更应该用心了解员工的心理需求。事实上，心理需求更容易影响一个员工的工作效率。

1981 年，美国马萨诸塞州巴莫尔的戴蒙德国际纸板箱厂，因市场萎缩，工人为前途担心。65% 的员工感到管理层对员工不尊重，56% 的员工对工作感到悲观，79% 的员工认为他们没有得到因出色工作而该有的报偿。为此，管理层推出“100 分俱乐部”计划，即无论哪位员工，全年工作绩效高于平均水平的，则可得到相应分数，如安全无事故 20 分，全勤 25 分等，每年结算一次，并将结果送到每位员工家里，如分数达到 100 分，便可获一件印有公司标志和“100 分俱乐部”臂章的浅蓝色的夹克衫。

到 1983 年，工厂生产率提高了 16.5%，质量差错率下降了 40%，员工不满意见减少了 72%，由于工业事故而损失的时间减少了 43.7%，工厂每年多创收 100 万美元利润。

1983 年底评议时，86% 的员工认为管理层对员工很重视，81% 的员工感到自己的工作得到了承认，79% 的员工认为自己的工作与组织成果关系更密切了。

事实再一次证明，心理需求是工作动力的最大来源，人人都需要来自心理上的满足，得到被尊重、被信任和被重视的心里感觉。

那管理者怎样才能充分了解和把握员工的需求呢？前提是要在思想上引起高度重视。一是换位思考。站在员工的角度来考虑，了解他们所处的环境和他们的真正感受。二是运用内部营销的方法和技术。即把员工当做企业的内部顾客，运用营销调研技术，如一对一访谈、问卷调查、圆桌会议、实地观察等技术去了解员工的动机、情绪、信仰、价值观、潜在的恐惧和反抗等，以此准确了解和把握员工的情感、需求和欲望。三是加强交流与沟通。建立内部正式的和非正式的互动式的沟通和反馈渠道，通过情感沟通，了解不同员工的不同需求，也了解不同时期的需求重点。四是外部了解。通过对员工的家庭与亲戚朋友、企业顾客、供应商、离职员工的调查和访谈，来间接了解员工的真实情况。

◎身体语言：用身体语言了解他人意图

【一个简单的握手动作却暗藏影响世界格局的政治信息，一个无心的眼神交流已然决策千万级别的商务谈判，一个不经意的微笑转瞬间成交百万的销售大单……细微的身体语言蕴藏着巨大的魔力，在你不知不觉之间，胜负之局已定。】

上午，秘书小梅拿着一份文件请新来的经理批阅。没想到在新经理的办公室，她不小心碰翻了经理的茶杯，茶水弄湿了经理的衣服。她一时不知所措，等待着经理对她大发雷霆。可是经理一句话没说，只是冷冷地瞥了她一眼，示意她出去。

就在两个月前，小梅曾因工作上的一个失误，被原来的经理训了一顿，可她走出办公室后却一身轻松。而这次情况却完全不同，新任经理什么都没说，那不满的眼神反而让她心里直打鼓。她心里忐忑不安，一会儿担心被扣发奖金，一会儿担心被调离岗位。

有时候我们也会遇到这样的情况——大发雷霆的人反倒不教人害怕，而那种面无表情、仅仅冷冷一瞥的脸却让人不寒而栗。这是为什么呢？

人人都知道，语言是我们沟通的常用工具。语言是人类经历漫长的历史发展进程而形成的，是一种非常复杂的思想和情感的交流工具。我们一般都以为，它体现了人类作为万物灵长的独特功能。

除了语言，人类还有其他的交流工具，就是身体语言。比如一颦一笑，一个眼神，一个动作，都体现了某种情感，某种想法，某种态度。

那么哪一种交流方式起的作用更大，交流的信息更多呢？恐怕大多数人都会回答是语言。因为语言是人类所独有的、非常复杂，形成又经历了那么长的历史，应该为人类传递最多的信息。

可是事实并非如此。心理学家发现一个令人吃惊的事实，就是人类的沟通，更多的是通过他们的姿势、仪态、位置，以及同他人距离的远近等方式，而不是面对面的交谈进行的。确切地说，人际交流中65%以上，是以非语言方式，也就是通过身体语言进行的。

这听起来似乎令人难以置信，“难道我们每天滔滔不绝地大侃，还不如一举手一投足有用吗？”但这是事实。与口头语言不同，人类的身体语言表达大多是下意识的，是思想的真实反映，一般不太引起人们的注意，但是它在无声中，传递了比语言更多的信息。

这就是为什么小梅不害怕原来的经理，却担心新经理发难的原因了——因为原经理采用的有声语言，把自己的坏心情传达了出去，让小梅知道这件事已经结束了；可是新经理采用的“身体语言”，只表示了他的不满，至于怎样处理却表达得很模糊，让人不知道是既往不咎了，还是“等一会再收拾你”呢？

此外，身体语言还有一个优势，就是它的真实性。撒谎在生活中是司空见惯的，但是身体语言却不像有声语言那样容易蒙骗别人。因为身体语言体现的是人的下意识，是比较难以控制的。公安机关使用的测谎仪就是根据这个原理。

人可以“口是心非”，但却很难做到“身是心非”。作为“心灵窗口”的眼睛，最能暴露一个人内心的秘密。如果一个人瞳孔扩大，眼睛大睁，就表明心里高兴，感觉良好；如果瞳孔缩小，就说明相反。当不太相信的时候，眼睛会眯缝起来。当说假话时，一般人不敢正视别人。

还有其他的一些身体语言，如果他一边说他已理解了你的意图，一边摸鼻子或拉耳朵，表明被你说的话弄糊涂了；如果他向上皱起额头，表明他对你说的话感到惊讶；如果向下紧皱额头，表明没有听明白或不喜欢你说的话；用手指敲打坐椅的扶手或者是写字台桌面，表示心绪烦乱，不耐烦；双臂交叉搭在胸前，表示戒备，在心理上想离你远一点。

英国心理学家莫里斯经过研究，发现了一个有趣的现象：“人体中越是远离大脑的部位，其可信度越大。”脸离大脑中枢最近而最不诚实。我们与别人相处，总是最注意他们的脸；而且我们也知道，别人这样注意我们，所以，人们往往借一颦一笑撒谎。再往下看，手位于人体的中间偏下，诚实度算中庸，人们多少利用它说过谎。可是脚远离大脑，绝大多数人都顾不上这个部位，于是，它比脸、手诚实得多。

随着与人交往经验的增加，我们要学会破解身体语言的密码，在不知不觉中观察对方的身体语言，了解对方的真实意图；作为一个社会经验较丰富的人，我们更应该善于通过对方的身体语言来判断他的真实想法，而不是对方说什么就信什么。

◎面部表情：心灵的活动会刻画在脸上

【在高明的观察者看来，每个人的脸上都挂着一张反映自己生理和精神状况的“海报”。狄德罗在他的《绘画论》一书中说过：“一个人，他心灵的每一个活动都表现在他的脸上，刻画得很清晰，很明显。”】

中国戏曲中有脸谱的说法，就是以某些角色脸上画的各种图案，来表现人物的性格和特征。所以从某种程度上说，脸就是一张反映个人情绪和性格的晴雨表。

据美国心理学家保尔·埃克曼的研究，面部表情可分为最基本的六种：惊奇、高兴、愤怒、悲伤、藐视、害怕。他发现不管生活在世界上哪个角落的人，表达这最基本的六种感情的面部表情都是相同的。

1966 年，他曾把一些白人的照片拿到新几内亚一个处于石器时代的部落中，那里的岛民与世隔绝，以前从未见过白人，但他们都能正确无误地说出照片上白人的各种表情是什么意思。

他还发现，生来就双目失明的人，虽然从未见过别人的面部表情，却能以同样的面部表情来表情达意。科学证明，面部表情是由 7000 多块肌肉控制的。这些肌肉的不同组合，甚至能使人同时表达两种感情，如生气和藐视，愤怒加厌恶等。

通过一个人的面部表情可以看穿一个人的心理，看透他是什么样的人。因为每个人的表情后面是他的生活经历、学识修养、心态人格。

我们所说的脸面不仅是指人的长相，主要是指面部表情。人体中的面部是内部统一的表面尺度，同时也是在精神上获得完整的整体美的关键。因为从面部最丰富的精神性表现中，可以看出人的心灵变化。面部结构不可能脱离精神，因为它就是精神的直观表现。面容是精神的体现，也是个性的象征，它与躯体有着明显的区别。面部很容易表现出柔情、胆怯、微笑、憎恨诸多感情谱系，它是“观察内心世界的几何图”，也是艺术最具有审美特性的地方。而身体相对于面部，尤其相对于眼睛而言，却居于较次要的地位，尽管它也可以通过动作和造型来表达情感，如手的造型等，但仍然是不足以与面部相比拟的。因为面部与躯体就犹如心灵和表象、隐秘和暴露那样存在着本质的差异。

我们说的“脸色”，也不是指静态的长相，而是指动态的面部表情。面部表情是一种丰富的人生姿态、交际艺术。不同的人的脸色，又可以成为一种风情、一种身份、一种教养、一种气质特征和一种表现能力。比如：

脸上泛红晕，一般是羞涩或激动地表示；脸色发青发白是生气、愤怒或受了惊吓而异常紧张的表示。脸上的眉毛、眼睛、鼻子和嘴，更能表示极为丰富细致而又微妙多变的神情。皱眉一般表示不同意、烦恼，甚至是盛怒；扬眉一般表示兴奋、惊奇等多种感情；眉毛闪动一般表示欢迎或加强语气；耸眉的动作比闪动慢，眉毛扬起后短暂停留再降下，表示惊讶或悲伤。

在面部表情上，嘴的作用不可轻视。嘴的表情达意一般如此，值得注意的是，人们大都懂得眼睛很会说话，而对于嘴的作用有点轻视。美国的一位心理学家为了研究比较眼和嘴表情的作用，他将许多表现某种情绪的照片横切之后再综合复制，比如把表现痛苦的眼睛和一张表现欢乐的嘴配合在一起。实验结果，他发现观看照片者受嘴的表情的影响远甚于受眼的影响，也就是说，嘴比眼能表现出更多的情绪。问题倒不在于嘴与眼相比，谁的表现力更强，而在于我们的嘴不出声就会“说话”，让我们看看嘴唇的“表情”：

嘴唇闭拢，表示和谐宁静、端庄自然；嘴唇半开，表示疑问、奇怪、有点惊讶，如果全开就表示惊骇；嘴唇向上，表示善意、礼貌、喜悦；嘴唇向下，表示痛苦悲伤、无可奈何；嘴唇撅着，表示生气、不满意；嘴唇绷紧，表示愤怒、对抗或决心已定。

可见，面部表情能够传达多么复杂而微妙的信息，让你洞穿对方心理。

创立了原子论的古希腊哲学家德谟克利特，被后人誉为唯物论的鼻祖。有一天，德谟克利特在街上偶然遇见一位熟识的姑娘，德谟克利特和她打了一声招呼："姑娘，你好!"

第二天，德谟克利特再一次碰到与昨天同样打扮的那位姑娘时，却这样招呼道："这……这……太太，你好!"一语道破之后，他便转身离去。

一夜之间成为"太太"的那位姑娘被德谟克利特看穿时，脸上恐怕要涌上害羞的潮红了。那么，德谟克利特是如何看穿那位姑娘"一夜之间变成太太"的呢？这是他仔细观察那位姑娘的脸色、眼睛的活动情况、面部表情及走路的姿态等一系列举止的结果。

据说，德谟克利特有时正吃着鲜美可口的瓜果，会突然从房间里跳出来，跑到地里去搞清楚瓜果为什么这么好吃。他就是具有如此极强烈的探索精神和敏锐的观察力，所以才会具有如此神奇的本领。

现实中，不是每个人都能像德谟克利特那样善于从脸部看人，这种能力是要通过努力的学习和长期的实践才能得到的，它不是雕虫小技，而是一种极其重要的做人、看人的本领，发现并掌握它，往往能大大地帮助你做一个善于洞察人心、受人欢迎的人。

◎打招呼的方式：打招呼可显示双方心理的距离

【打招呼是人们见面时最简便、最直接的礼节，是人人都需要用到的行为，极具普遍性，在日常生活中出现的频率极高。打招呼的方式因人而异，从打招呼和应答的方式中，都可以或多或少地反映出人的性格。】

路易斯维尔大学心理学家斯坦利·弗拉杰博士声称，从一个人的打招呼用语，可以了解这个人的自身的好多东西。能揭示性格的招呼语，是指你刚刚结识某人时或与熟人相遇时，他最经常使用的那一种。行为心理学家弗拉杰博士举出的几种常见的招呼语，每一种均可揭示出说话者的性格特征：

“你好”——这种人头脑冷静得近乎于保守，对待工作勤勤恳恳，一丝不苟，能够控制自己的感情，不喜欢大惊小怪，深得朋友们的信赖。

“喂！”——此类人快乐活泼，精力充沛，渴望受人倾慕，直率坦白，思维敏捷，富于创造性，具有良好的幽默感，并善于听取不同的见解。

“嗨！”——此类人腼腆害羞，多愁善感，极易陷入为难的境地，经常由于担心出错而不敢做出新的尝试。但有时也很热情，讨人喜爱，当跟家里人或知心朋友在一块时尤其如此；晚上宁肯同心爱的人待在家中，而不愿外出消磨时光。

“过来呀！”——此类人办事果断，乐于与他人共享自己的感情和思想，好冒险，不过能及时从失败中吸取教训。

“看到你真高兴。”——此类人性格开朗，待人热情、谦逊，喜欢参与各种各样的事情，而不是袖手旁观。这类人是十足的乐观主义者，常常沉于幻想，容易感情用事。

“有啥新鲜事？”——这种人雄心勃勃，凡事都爱刨根问底，弄个究竟，热衷于追求物质享受并为此不遗余力。办事计划周密，有条不紊；遇事时宁愿洗耳恭听，而不便表态。

“你怎么样？”——这类人喜欢抛头露面，利用各种机会出风头，惹人注意；对自己充满了自信，但又时时陷入沉默。行动之前，喜欢反复考虑，不轻易采取行动；一旦接受了一项任务，就会验力以赴地投身其中，不圆满完成，决不罢休。

弗拉杰博士同时指出，打招呼时双方的距离，可显示出双方心理上的距离。

我们相互打招呼的时候，若能观察对方与自己之间保持的距离，就会洞察对方心理状态的特点。比如对方在打招呼的时候，故意后退两三步，也许他自己认为这是一种礼貌，表示谦虚，然而这种小动作往往让人误解是冷漠的表现，以致引不起话题，同时也难以开怀畅谈。像这种有意拉长距离的人可视为警戒心、谦虚、顾忌等情感的表现。

有些人在打招呼时，一直凝视着对方的眼睛来点头，其心理是利用打招呼，来推测对方心理状态，并含有对对方保持戒心，企图比对方优越的表现。

心理专家建议，要想和这种人接近，应特别注意诚意。若在这种形态的人前暴露自己的缺点，则会被对方瞧不起，所以不能操之过急，应采取长时间接近法。

和上面提到的人相反，还有一些人在打招呼时从来不看对方的眼睛。如果你注意对方的眼睛打招呼，而对方不看你的眼睛就做应答招呼，那并不是看不起人——往往是因为怕生人而胆小，或有强烈的自卑感，在此时如同“被蛇看上的青蛙”。那么，你切记不要作那条“蛇”，这样双方才能平等、互相了解。

有些人出人意料，在初次见面时就能很随便地打招呼，容易被人认为很轻浮——其实这种人往往很寂寞，非常希望与别人接近。去酒吧或俱乐部时，有些女士发现，虽然是初次见面，但坐在自己旁边的男士却很亲热地与自己交谈，这事实上是为了使当场状况变得有利于他。

当遇到“见面熟”的男性时，女性要特别小心，切勿使男性有机可乘。这种男性的性格大方，罗曼蒂克，性情懦弱，迷恋女性，且其中不乏游手好闲之徒。

还有些人，经常在一起工作，甚至一起喝过无数次酒，但每次见面还是千篇一律地打招呼。这种人，大都具有自我防卫的性格。

有的人，接到你的礼物时会说，“真谢谢，不要这么客气”。做此招呼是人之常情；但有些人收到礼物时，却佯装不知道。

当你不知道送给对方的礼物收到没有时，接受礼物的人见到你后还是淡然地说，“你早”。如此简单的话舍不得多说几句。等旁边没有人时，他会说：“前些天，收到了你送的礼物，谢谢你”。这种人多占据重要的位置，所以自己的言谈不能太随便。在工作场所，除与工作有关的事情外，其他废话不必多说。

另有一些人，在工作岗位上，虽然看来非常认真，私下却非常喜欢娱乐，这样的人表里反差强，对出人头地、名誉非常着重。

此外，通过双方握手的方法，也可看出对方的性格：

握手时，使劲握对方手的人，其性格主动、刚强，而且充满着自信；握手时不使劲的人，则个性较为软弱，且缺乏魄力；在舞会等交际场合，频频与初识者握手的人，是一种自我表现欲强的人和社交能力强的人；握手时掌心出汗的人，大都易于冲动、心态失去平衡；握手时先凝视对方，然后再握手的人，则是希望将对方心理处于劣势地位。

◎从众心理：巧妙运用人们的从众心理

【人们都知道“我行我素”这句成语，而在现实中，却很难做到这么“潇洒”。在很多时候，人们往往不是自己喜欢怎样便怎样，而是看多数人是怎样做的，自己才会怎样做。】

这样的事情你是否遇到过：几个人一起开会，等到表决的时候一片寂静。终于有人率先打破局面，说：“……我赞成！”接下来，就有其他人附和说：“我跟他想得差不多，我也赞成……”在这种情况下，你可能也会说：“那我的意思也是这样的。”

这种“随大流”的现象，几乎在每个人身上都发生过。

在心理学上，个人的观念和行为受群体的引导或压力，从而向与多数人相一致的方向变化的现象，叫做“从众”。用我们平常的话来说，就是“随大流”。

生活中顺应风俗、习惯和传统等——所谓“入乡随俗”，以及在吃喝、穿戴、娱乐上赶时髦，追新潮等等，都是从众的表现。

生活经验告诉我们，个人生活中所需要的大量信息，都是从别人那里得到的。离开了众人提供的信息，个人几乎难以活动。因此人们往往认为，众人提供的信息更加全面可靠。

比如，我们在一个没写明男女的公共厕所前，会观察一下别人是怎样做的：口渴的旅行家在沙漠的绿洲上，会留意当地人究竟饮用哪一口井里的水，然后跟着效仿。

一旦了解了人们的从众心理，你就可以把它巧妙地用在日常生活中。

美国某餐厅有两位服务小姐，一位叫梅莉，一位叫珍妮。她们为了引发客人支付小费，都各自在收取小费的盘子里先放上一枚硬币。不过，梅莉放的是10分的，珍妮放的是25分的。结果，两个小时以后，梅莉收到的小费大都是10分的面值，而珍妮收到的却几乎都是25分的。这就是“从众心理”在客人支付小费发挥的作用——很多人拿不准以多少消费为宜，不自觉地以别人的做法为自己的标准。

我们常说“真理掌握在少数人手里”。但从众心理的鲜明影响，连心理学家都不敢小觑。心理学家阿什通过实验发现，由于从众心理的作用，往往少数正确的人会放弃自己的观点而遵从众人。

阿什曾事先安排了6个大学生，让他们一致把两条不等长的线段A、X硬说成是等长的，去影响1个真正的被试者。结果被试者放弃了自己本来的正确答案，而认同了这6个人的观点。

人们为什么会盲目从众呢？这大概与人的社会性有关。人是社会动物，具有一种害怕偏离群体的心理。人们希望群体接受他、喜欢他、优待他，害怕由于自己与群体意见不一致，而陷入被讨厌、被虐待、被驱逐的境地。为了避免被称为“越轨者”或“不合群的人”，大多数人都会选择遵从众人。而群体中也的确有一股强大的压力要求一致性，当某人不赞同群体其他人的意见时，其他人会努力迫使他遵从。

例如，我们在家里可以穿各种奇特的服装，但当我们考虑是否穿这件衣服去上班时，想到同事们怪异和否定的目光，我们就会放弃这个打算。在开会的时候，要表决举手，当我们看到别人都举，自己明明不想举，也往往会跟着举，因为我们会认为“与众不同”而为人所瞩目或者质疑。

◎责任扩散：人多的时候容易偷懒

【紧急情况发生时，你也有一种“除了我还会有很多人去做”的想法吗?】

俗话叫“人心齐，泰山移。”“众人拾柴火焰高。”于是有一种观点认为，一个具有共同利益的群体，一定会为实现这个共同利益而采取集体行动。但心理学家发现，现实往往并非如此，在这样的集体中，许多合乎集体利益的集体行动并没有发生，相反，倒有许多个人自发的自利行为，导致了对集体不利、甚至非常有害的结果。

1964 年，美国纽约发生了著名的吉诺维斯案件。一位叫做吉诺维斯的姑娘在回家途中遭歹徒持刀杀害。案发的 30 分钟内有 38 个邻居听到被害者的呼救声，许多人还走到窗前看了很长时间，但没有一个人去救援，甚至没有人行举手之劳，打电话及时报警，致使一件不该发生的惨剧成为现实。

自从“吉诺维斯案件”之后，美国社会心理学家拉特纳和达利精心设计了一系列实验，实验证实，旁观者的数量会明显影响到人们的助人行为。在他们的实验中，如果事故的现场只有一人时，85% 的人选择给予援手；当有两个人时，助人的比例是 65%；而当人数增加到 5 个人的时候，这个比例竟然变成了 31%！

这是为什么呢？原因就在于责任扩散。“责任扩散”指没有任何一个人会感到自己应对事件负唯一的责任，因而都在观察他人的举动。面对处于困境中等待帮助的人，如果我们身上有责任感存在，我们就会毅然地采取行动。但是，当有许多人在场时，就造成了责任扩散，我们不清楚到底谁该采取行动。帮助人的责任被分散到所有围观者的身上，这样每个人都减少了帮助的责任感，结果就造成了我们常见的这种冷漠旁观的情况。在只有一个人的时候，我们可以毫不犹豫地采取行动，不用担心别人怎么看我们，但是如果有其他人在场，我们会本能地先观察一下别人的反应，以免举止不当而受到嘲笑，这就是为什么在人越多的情况下，我们越容易成为冷漠的看客。这种责任扩散效应是普遍存在的心理现象。

企业组织运行中的“社会懈怠”说的也是这种现象，管理者必须对它引起足够的重视。社会懈怠是指个人与群体其他成员一起完成某种事情时，或个人活动时有他人在场，往往个人所付出的努力比单独时偏少，不如单干时出力多，个人的活动积极性与效率下降的现象，也叫社会惰化作用、社会惰化。

社会懈怠的研究开始于 19 世纪 80 年代后期。法国心理学黎格曼进行过一项实验，专门探讨团体行为对个人活动效率的影响。他要求工人尽力拉绳子，并测量拉力。参加者有时独自拉，有时以 3 个或 8 人为一组拉。结果是：个体平均拉力为 63 公斤；3 人团体总拉力为 160 公斤，人均为 53 公斤；8 人团体总拉力为 248 公斤，人均只有 31 公斤，只是单人拉时力量的一半。

拉塔纳和他的同事对社会懈怠现象提供了进一步的证据。在其中的一项研究中，他让大学生以欢呼或鼓掌的方式尽可能地制造噪音，每个人分别在独自、2 人、4 人或 6 人一组的情况下做。结果每个人所制造的噪音随团体人数的增加而下降。社会懈怠现象不仅发生在上述情境中，而且也发生在人们完成认知任务的时候。另外，它也是一种跨文化的现象，需要注意的是，在集体主义社会中，社会懈怠没有个人主义社会强。

拉塔奈认为，出现社会惰化的原因可能有三个：第一，社会评价的作用。在群体情况下，个体的工作是不记名的，他们所做的努力是不被测量的，因为这时测量的结果是整个群体的工作成绩，所以，个体在这种情况下就成了可以不对自己行为负责任的人，因而他的被评价意识就必然减弱，使得为工作所付出的努力也就减弱了。第二，社会认知的作用。在群体中的个体，也许会认为其他成员不会太努力，可能会偷懒，所以自己也就开始偷懒了，从而使自己的努力下降。第三，社会作用力的作用。在一个群体作业的情况下，每一个成员都是整个群体的一员，与其他成员一起接受外来的影响，那么，当群体成员增多时，每一个成员所接受的外来影响就必然会被分散，被减弱，因而，个体所付出的努力就降低了。

社会惰化作用明显减弱了群体的工作效率。减少社会惰化的有效途径是：（1）不仅公布整个群体的工作成绩，而且还公布每个成员的工作成绩，使大家都感到自己的工作是被监控的，是可评价的。（2）帮助群体成员认识他人的工作成绩，使他们了解不仅自己是努力工作的，他人也是努力工作的。（3）不要将一个群体弄得太大，如果是一个大群体，就可以将它分为几个小规模的群体，使得更多的成员能够接受到外在影响力的影响。

之所以产生“社会懈怠”这种现象，专家们的解释是：人作为团体的一员而行动时会感到自己责任小，没有人会知道自己做得好不好。当个体认为自己的工作已湮没在团体之中，就会在团体中懈怠下来。因此，当团体规模增大时，社会懈怠程度越大。解决社会懈怠的方法就是让每个人的贡献都可以被评估。当人们相信自己的贡献能被评估时，社会懈怠就会消除。这也就可以解释为什么当和陌生人一起工作时社会懈怠程度最大；和熟人一起工作时社会懈怠程度降低；而当在一个高价值取向团体中时，社会懈怠就会消失。除非团体具有挑战性的目标任务，而且团体成员人数不多，他们感受到达成目标会被奖励，并把自己看成团体的成员时，他们才会努力工作。

◎异性定律：男女搭配，干活不累

【“异性定律”不能滥用。为达到某一目的，用色相去引诱别人，是十分不道德的。男性与异性交往时要格外把握住“度”。】

余小姐是某公司公关部经理。她人脉很广，出师必胜，为公司做了很大贡献。公司的原料奇缺，材料科的员工四处奔走，连连碰壁，而余小姐一出马，不久问题便迎刃而解。公司资金周转不灵，急需贷款，急得总经理像热锅上的蚂蚁。而余小姐周旋于银行之间，没多久，就获得贷款上百万元。余小姐因此得到了领导的格外器重。

有人笑说：“女将出马，一个顶俩。”而人们仔细观察就发现，余小姐成功的秘诀，有两方面的原因：首先，她具有清醒的头脑、敏捷的口才、丰富的知识和阅历，接物待人也比较灵活；此外，她的成功其实也和她端庄的容貌、娴雅的仪表有很大的关系。可以说，富有女性魅力的外表为她的成功加分不少。

心理学上有一个定律叫做“异性定律”，说的是人和人之间“同性相斥，异性相吸”的现象，以及这种现象对社会交往产生的微妙影响。

我们都知道，人们一般比较对异性更加感兴趣，特别是对外表漂亮、言谈得体的异性，最容易产生好感。

在日常生活中，我们可以看到男营业员接待女顾客，要比接待男顾客热情些。一般人们对异性的评价，也总是不太客观地比同性高些。这些都是异性对我们的吸引力比较大的缘故。

那么余小姐成功的原因就不难理解了，当今的社会还是一个男性占很大优势的社会，外出办事多数要和男性打交道。有的事，由比较有魅力的女性出面，可能会更为顺利。这就是异性独特的吸引力导致的。

生物学家发现，异性之间的相互吸引，气味在其中扮演了重要角色。

在宇航员、野外考察人员或男性工种较单一的职业中，时间长了，其工作人员会产生一种莫名其妙的头晕、恶心和浑身不适感。这种状况用药物治疗往往无效，但在与异性接触后，就会很快得到缓解。原来，这种“病症”是性比例失调严重，异性气体极度匮乏的结果。所以，目前一些国家在派往南极的考察队员中，往往有意识地安排一些女性介入，是有其良苦用心的。

我们还听说过：“男女搭配，干活不累。”在一个群体中，有男有女，和单独一种性别的群体，有一些微妙的差别。无论男性或女性，长时间从事某一单调工作时，会感到寂寞、疲劳来得快，而增添了异性后，马上会觉得很快活，时间也感觉过得很快，工作也感到轻松多了。

如果对异性定律进行合理的利用，可以让许多事情达到事半功倍的效果。异性掺杂在一起，往往有以下好处：

1. 取长补短，完善个性

男人一般性格开朗、勇敢刚强、果断机智，不拘泥于细节，不计较得失，行为主动。而女人往往文静怯懦、优柔寡断、感情细腻丰富、举止文雅、灵活、委婉，性格比较被动。男女在一起，能够进行优势互补，同时容易发现自己的缺点，并完善自己。

2. 增强凝聚力

男女搭配，可以使一个群体的成员增强感情依托感，增进友谊、荣誉感和凝聚力，从而提高工作效率。

3. 增强推动力和约束力

人总是想在异性面前表现自己最好的形象，因为得到异性青睐是我们的巨大动力。这样男女在一起，就容易激发出各自最好的表现，各显其能，发挥出最大的能力，同时有一种内在的心理约束力，来规范自己的言行。

◎权威效应：领导者要注意自己的言行

【权威人物的暗示，往往具有非常巨大的杀伤力。】

最近大周在策划一个新项目，他对这个项目非常有信心。但一向谨慎的主管认为，这种填补“空白”的选题虽然创意十足，风险也同样很大。大周与他认真地讨论过数次，发现两人的分歧越来越明显。

得不到主管的支持，大周有些无奈。于是他请来了自己的学长——这个行业里的资深人士雷先生，帮助去劝说主管。

大周策划的项目投资巨大，因此主管不想冒这个风险。但和大周同行的雷先生却是久负盛名，是圈子里公认的专家。主管不但尊重他，而且非常信任他。

雷先生给主管历数了大周选题的可行性与各种好处，让主管心悦诚服地支持了大周的计划。正是因为相信权威雷先生，主管才相信了大周，正是因为权威的作用，才促成了这个让大周崭露头角的项目。

“权威效应”指的是说话者若是地位高、有威信、受人敬重，那么他所说的话就易于引起他人的重视并相信其正确性。

在美国，一些心理学家们曾做过这样一个试验：在给某一大学心理学系的学生们讲课的时候，给学生们介绍了一位从外校请来的德语老师，并告诉他们这位德语老师是德国著名的化学家。在试验过程中，这位著名“化学家”煞有其事地拿出了一个瓶子，里面装有蒸馏水，他说这是自己最新发现的一种化学物质，有一些说不清的味道，让在座的每个学生闻到气味时就举手，结果大部分学生都举起了手。

为何大部分学生都会觉得原本并无气味的蒸馏水有气味呢？因为社会中存在一种普遍的心理现象，即“权威效应”。

在企业的日常经营与管理中，可以利用权威效应去引导与改变员工的工作态度和行为，这常常比命令的效果更好。一般来说，一个杰出的领导肯定是企业的权威，或者为企业培养了一个权威再利用权威效应来进行领导的。作为一名管理人员，要树立自己的威信，该严肃时就必须严肃。下级犯了错误之后必须得到相应的惩罚。如果制度不健全，管理者的训话被视为儿戏，工作就会举步维艰，这样的管理者是非常不合格的。

在企业的日常经营与管理中，身为一名管理者，你的一言一行都被员工看在眼里。你怎么做，员工就会跟着怎么做；你怎么想，员工也会朝着那个方向想。因为领导在员工心里是一个正确性的标志，“领导都那样做了，那就肯定有一定的道理。”所以，如果一个领导做得好，那他在员工心里就是一个好榜样；如果做得不好，那他就成了员工推卸责任的好人选。

那么，领导应当注意哪些方面呢？第一，要培养自己的思想魅力；第二，要培养自己的人格魅力；第三，要养成激情与理性共存的风格。

权威效应之所以普遍存在，主要有如下两个方面的原因。

第一，因为人们都具有安全心理，也就是说，人们总是觉得权威人物常常是正确的楷模，服从权威人物会让自己具有安全感，增加了不会出现错误的“保险系数”。

第二，因为人们都具有赞许心理，人们总是觉得权威人物的要求常常与社会规范相一致，按他们的要求去做，就会获得各个方面的赞许与奖励。

在劝说他人支持自己的行动与观点时，恰当地利用权威效应，不仅可以节省很多精力，还会收到非常好的效果。

◎颜色心理：从色彩喜好上识人

【当我们看到一种颜色的时候，除了颜色本身，我们还会感受到冷暖、远近和轻重，这就是心理上的错觉。通过联想，色彩能影响到人们的情绪。】

在选购家具或衣物时，面对价钱相当的两项选择，一些人会以颜色作为优先考虑因素，另一些人则较为重视造型。

根据研究，这两类人在性格上有颇大的差异。较注重色彩的人，他们具有外向气质，活跃于各个场合中。是属于容易冲动、重感情的人。他们深富魅力，有公关、交际手腕，热情洋溢，讲求享受，重视社交生活。

注意形状的人，则与前者完全相反，是内向、害羞，不擅长社交能力的人。喜欢关起门来独自思索，坚持自己的原则，敏感、细腻，在众人面前常会手足无措。上街选购东西，只要形状合他们心意，不管红的、白的、黑的，他们都较不在乎。

看的动作不是在眼睛，而是在脑部产生。眼睛，不过是收集光线而已。艾克曼在《感官之旅》中提到，我们对色彩的感觉是相对的，而非绝对的，依时间、光源、文化、语言甚至大脑的结构而扰动不已。例如，有些民族没有言辞形容绿色，只能用暗或亮来形容；爱斯基摩人有几十种关于白色的形容……色彩在我们心中引起的情感与记忆，影响我们如何看世界。不过，大部分的人类对于红色、蓝色、黄色等颜色的心理感受、意见却相当一致。

心理学家指出，人们绝少同时意识到颜色及形状。有些人会先注意到颜色，对色彩感觉敏锐；另外一些人则容易被形状、构图、线条吸引。这个心理上的“选择”原则被我们广泛应用在日常生活上。

偏好红色的人在性格上活泼、大胆、新潮，对流行资讯感应敏锐，是容易感情用事的人。有强烈的感情需求，希望获得伴侣慰藉。缺点是：浮夸、吹嘘，注重外表修饰，有追求物质欲望的倾向。

偏好绿色的人在性格上为人严谨、守本分，做事稳重，是值得信任的坚实派人物。感性方面较缺乏，经常不苟言笑，有耐性及实践能力，坚忍、认真，凡事按部就班，金钱使用也颇有规划性，能在稳定中发展事业。

偏好黄色的人个性积极，喜爱冒险，乐观、爽朗，喜欢结交朋友，是达观、乐天的社交派人物。如果是女性的话，对爱情积极、主动，与异性交谈常用嗲声嗲气的语气，非常懂得善用撒娇的好处。

偏好蓝色的人的个性是态度明朗、诚实，处事方式偏向中庸，既不躁进也不退缩，做事颇富弹性，具回旋空间。

偏好紫色的人谨言慎行，喜怒不形于色，属于大内高手型。许多内心的想法都深藏着，不愿表达出来。姿态优雅，富神秘气质，不善于交际手腕，给人冷漠、高傲的印象。喜欢思索，很会压抑、控制自己的情感。

偏好黑色的人的个性与紫色略为相似，但心态上更为阴郁些，孤独、自闭，希望保有独特的空间。

偏好白色的人个性爽朗直接、单纯，任何一个人只要穿上白色的衣服，都给人一种洁净、清新的印象。喜欢白色的人向往单纯、柏拉图式的生活，有隐藏本性的倾向。

偏好灰色的人缺乏毅力，性格怯懦、胆小，凡事依赖他人，没有自己的主见，耳根子软，容易受别人影响而改变已经决定或承诺的事情。

◎细节识人：从敲门声中识人

【在所有的敲门声音中，干脆利落的声音就像叮咚的泉水，让我们有听觉上的享受，这样的人通常会是一个非常高雅、非常受欢迎的人。】

某出版公司的老总患有眼疾，经常在路上对相熟的人“视而不见”，但他有一项绝活——他能用耳朵听出一个人的基本特质。经过新一轮的员工招聘后，大家都一致表示作为主考官的老总看人极准，他却笑道：“我不是看，而是听。”有阅历的人往往可以通过一个人所发出的声音来判断其为人，这种声音不仅包括嗓音，甚至还包括走路和敲门的声音等。

敲门是生活和交际中经常出现的动作细节。一般来说，我们到朋友家做客或者进入公司、客户的办公室的时候，都需要用这一动作。这也成了生活中应用得非常普遍的一个动作，通过一些动作细节，我们可以判断出很多有价值的信息。

当听到一个稳健响亮，犹如泰山压顶般的敲门声时，我们可以判断出敲门者是一个办事沉稳的人，也是一个非常讲究礼貌的人，他的敲门声往往也表示出他一定是有非常重要的事情要说明。

当听到一个短促凌乱、响若雷鸣的敲门声时，常给我们紧张的感觉，这也表明敲门者是一个非常急躁的人，他（她）的来访不一定非常重要，但是他（她）的表现却是非常着急。

当听到一个轻软无力、细若蚊声的敲门声时，开始都不一定能够引起我们的注意，这表明敲门的人是一个缺乏自信，怯懦的人，他（她）也许是刚刚入行的推销员，也许是一个想提出请求却还没想好怎样开口的人。

当听到一个轻柔沉静却富有节奏的敲门声时，会给人踏实的感觉，既不让人觉得紧张也不会被忽视，这样的人一般都是很文静的人，他们的来访也许只是一般的公事。

当听到一个沉重迟缓的敲门声时，会让我们感觉像干裂的木柴，或者干涸的河床，这样的人多半都是很忧郁的，所以他们会在一些细节的动作中，将他们的忧郁无形地传递给他人。

当听到一个迟缓造作、软弱无力的敲门声时，会让我们觉得有些烦，这是因为敲门的人往往都是很虚伪的人，所以在他们的动作中也会处处体现出一些矫揉造作的成分。

当听到一个热烈激昂的敲门声时，会给人余音不绝的感觉，我们可以从这个声音中听出会有好事发生，因为这是一个欣喜的人传达好消息的声音。

当听到一个干涩无劲的敲门声时，会让我们觉得有一潭死水在那里，这让我们的心情也有些压抑，因为门外是一个非常苦闷的人，也许他（她）是来找我们诉苦的。

当听到清脆急促的敲门声时，就像卵石相击那样，我们会明显地感觉到这个人的气势，这时门外也许正站着一位非常好胜的人。

◎链状效应：近朱者赤，近墨者黑

【经常和单纯善良的人在一起，你也会变得单纯而善良；经常和阴险狡诈的人在一起，你也会变得心怀鬼胎、不择手段；经常和有文化的人在一起，你也会受到感染，不知不觉中提升自己的知识素养……】

有个人要买驴，但不知那头驴的品性，就先牵来试用两天。

他把驴牵到自家牲口棚，和已有的三头驴系在一起。这三头驴，一头勤快，一头懒惰，一头善于讨好人。他对此了解得一清二楚。

这新买的驴子被牵回家后，不和别的驴子站在一起，只走到那头好吃懒做的驴子旁边。买驴人见状，二话没说，马上又牵着这头驴子回到市场上去。

“你还没有好好试试呢。”卖驴的人说。

“不必再试了。”买驴的人回答说，“现在我知道它是什么样的驴了。”

有一句俗话“近朱者赤，近墨者黑”，意思是接近朱砂（红色的物质）的会变红，接近墨（黑色的物质）的会变黑，在心理学上这种现象被称为链状效应，它是指人在成长中的相互影响作用。

我们每个人都生活在同一个世界上，居住在同一个地球村里。人与人之间总是会存在某种程度上的交往，或在不同的环境中，或在不同的时间、空间下。

我们从出生到死亡，都在不停地与人接触，与人打交道，与人交往。总有自己的朋友，有些是兴趣相投，有些是个性相合，有些是性格互补，有些是利益共生，有些是酒肉朋友，有些是心灵相犀，有些是性欲需求……

很多时候，我们可以从对方的交际圈中看出对方的为人、品性、身份地位、层次背景甚或是其内心世界。

他经常与什么人交往，与哪些人打交道，与哪类人接触，往往能反映出他是个什么样的人。

一个整天和街头地痞小混混为伍，吃喝玩乐，酗酒打架，收保护费的人，通常情况下，就是个恶习满身的小痞子，或许他有一颗善良的心。但是经常在这种不良环境中行走，除非有颗坚硬的心，否则很可能就会丧失本来具有的多种好品性、习惯，成为人人见了都躲避的小恶霸——毕竟，不是人人都像《无间道》里的梁朝伟，在黑道混几年，和地痞、流氓、毒贩、走私贩在一起，打架、酗酒、抽烟、赌博，还能保持自己的真心“我是一名警察”。即便如此，他也经常失眠，因为他那颗还保持着一丝正义的心和他的日常生活的环境、所作所为有着重大的差异。他也因为经常打架，已经有了暴力伤人的习惯或者说内心欲望，不能自控。

可见，经常接触什么人，做什么事，对一个人的影响有多大——我们所见到的更多的情况是，很多人在不良环境的渲染下，在不良朋友的带动下，慢慢沉沦，走上歧途。吸毒的朋友迟早要让你染上毒瘾，嫖娼的朋友终会诱使你嫖妓，打架斗殴的朋友渐渐会让你习惯于打架，巧取豪夺、奸诈的朋友会让你变得更阴险、不择手段。

而一个长时间生活在良好正统的环境下的人，受过良好教育，有着温暖家庭，整天和良善的、有涵养、有品位的人打交道的人，他本身就处在一个秩序井然、明朗阳光的小环境中，他和他的朋友之间进行相互的熏染，他会是一个善良、忠厚、有素养、有爱心的品质人才——当然我们也不排除有些人因为某些特殊因素受到特别的打击或者诱惑，而改变，成为面善心毒的小人、伪君子。

《无间道》中刘德华由一个黑道卧底渐渐变成一个警察，尽管他的某些手段还有些不正当，但是他从内心里想当“一个好人”。日常接触的朋友圈子，真是影响人，它不仅改变一个人的习性，也改变一个人的内心。

古代孟母为了让孟子有一个好的生长学习环境，经常接触到有文化、有涵养的温文尔雅之士，而三次搬家。今天我们是否也应该多和有能力、有魄力、有文化、有品性的人结交共处呢？

我们都同处在这个小小的世界上，随着岁月的经历，逐渐形成了自己的交际圈，在这个圈里，大家都共生在一条链子上，总是相互连接。古语云，“人以群分，物以类聚”、“道不同，不相为谋”，作为管理者，我们要善于从一个人结交的朋友中，从经常接触的同伴中，判断出他是一个什么样的人，他的秉性风格、趣味爱好、身份地位、受教育程度、修养等等。

◎刻板效应：别让刻板蒙蔽了我们的眼睛

【“80后不懂得做人做事、没有责任感、不爱国”，“90后不说正经话、古怪、自私……”你是否也这样认为？即使你从没有吃过80后的亏，甚至没有深入接触过任何一个90后。】

有些人总是习惯于把人机械地归类，把某个具体的人看作是某类人的典型代表，把对某类人的评价视为对某个人的评价，因而影响正确的判断。刻板印象常常是一种偏见，人们不仅对接触过的人会产生刻板印象，还会根据一些不是十分真实的间接资料对未接触过的人产生刻板印象，例如：老年人是保守的，年轻人是易冲动的；北方人是豪爽的，南方人是善于经商的；英国人是保守的，美国人是热情的，等等。这些都是人们在不进行具体分析的情况下，以偏概全，人云亦云，加上媒体的炒作，在头脑中所形成的刻板印象。

人们运用这些刻板印象去判断别人的现象，在心理学上，我们称之为刻板效应。刻板效应，又称定型效应，是指人们头脑中存在的，关于某人、某一类人的固定印象，以此固定印象作为判断和评价人依据的心理现象。俗话说：“一杆子打翻一船人”，就是它的典型表现。

苏联社会心理学家包达列夫，做过这样的实验：

将一个人的照片分别给两组被试看，照片的特征是眼睛深凹，下巴外翘。向两组被试分别介绍情况，给甲组介绍情况时说“此人是个罪犯”；给乙组介绍情况时说“此人是位著名学者”，然后，请两组被试分别对此人的照片特征进行评价。

评价的结果，甲组被试认为：此人眼睛深凹表明他凶狠、狡猾，下巴外翘反映着其顽固不化的性格；乙组被试认为：此人眼睛深凹，表明他具有深邃的思想，下巴外翘反映他具有探索真理的顽强精神。

为什么两组被试对同一照片的面部特征所做出的评价竟有如此大的差异？原因很简单，是人们对社会各类的人有着一定的定型认知。把他当罪

犯来看时，自然就把其眼睛、下巴的特征归类为凶狠、狡猾和顽固不化，而把他当学者来看时，便把相同的特征归为思想的深邃性和意志的坚忍性。刻板效应实际就是一种心理定势。

在日常生活中，我们的眼睛和头脑的联合作用往往导致我们出现错误的认知判断。

我们总是习惯于把人进行机械的归类，把某个具体的人看成是某类人的典型代表，把对某类人的评价看作是对某个人的评价，甚至会根据一些不是十分真实的间接资料来对并未接触过的人进行刻板评价，因而影响了正确的判断。这是一种非常普遍的偏见。

《三国演义》中曾与诸葛亮齐名的庞统去拜见孙权，“权见其人浓眉掀鼻，黑面短髯、形容古怪，心中不喜”；庞统又见刘备，“玄德见统貌陋，心中不悦”。孙权和刘备都认为庞统这样面貌丑陋之人不会有什么才能，因而产生不悦情绪，这实际上也是刻板效应的负面影响在发生作用。

刻板效应的产生主要有两个途径：一是直接与某人、某群体接触，将其特点固定化；二是由他人间接信息影响形成。间接的信息影响，是刻板效应形成的主要原因。

虽然从某种程度上看，刻板效应有一定的道理。但它毕竟是一种概括、抽象而笼统的看法，不能代替每一个活生生的个体，容易导致以偏概全，以一斑窥全豹的失误，进而导致人际交往的失败。

由于它通常不是以直接经验或者事实材料为依据，而仅仅单纯地凭借一时的偏见或者道听途说、人云亦云而形成，通常与事实并不相符，甚至有时候是完全错误的。

它常常造成我们的认知偏差和偏见，影响我们的判断，欺骗我们的思维，导致我们不能客观公正地评价具体的个人。

恩莫德·巴尔克曾警告人类：“以少数几个不受欢迎的人为例来看待一个种族，这种以偏概全的做法是极其危险的。”

在今天，对人采取以偏概全的做法，同样也是极具危险的，我们应该避免这种做法。

每一个人都是一个完整的生命体，都是独一无二的神的造物。世界上不会有两个完全相同的人，我们每一个人都是与众不同的，有着独特的人生经历，相异的个性特征，独立玄妙的内心世界。

别让刻板蒙蔽了我们的眼睛，用心看待每一个具体的人。

◎投射心理：从别人的想法中推测心境

【投射心理是指以己度人，认为自己具有某种特性，他人也一定会有与己相同的特性，把自己的感情、意志特性投射到他人身上并强加于人的一种心理倾向。】

人们或多或少都有一些投射心理，所以在某些情况下，可以凭借其人对外物的看法来推测他的内心世界。如，经常疑心别人打他小报告的人，十之八九心里有鬼，很大可能，他曾在背地里给别人打过小报告；总觉得别人都在骗他，都是心怀不轨、居心不良者，我们很难推断他是个生性乐观，真诚善良的人；而对于那些无论看待谁都觉得是好人，无论发生什么事都爱往好处想的家伙，很有可能是在善良愉快的环境下成长起来的幸运儿。

一般说来，投射作用主要在以下两种情况下发生：

1. 对方的年龄、职业、社会地位、身份、性别等等与自己相同。人们总是相信“物以类聚，人以群分”，认为同一个群体的人总是具有某些共同的特征。因此，在认识和评价与自己同属一个群体的人的时候，人们往往不是实事求是地根据自己观察所得到的信息来判断，而是想当然地把自己的特性投射到别人身上。另外，人们总是喜欢评价与自己有某些相同特征的人，总是习惯于与这些人进行比较。但是，人们又不希望在比较中自己总是落败，处于不利之地。而投射作用在此正好起了一个保护作用，把自己的特点投射到别人身上，自己和别人就都一样了，没有什么区别，自己不错，别人也差不多。

2. 当人们发现自己有某些不好的特征的时候，为了寻求心理平衡，就会把自己所不能接受的性格特征投射到别人身上，认为别人也具有这些恶习或观念。成语“五十步笑百步”就是这样的一个例子。自己因为临阵逃脱而觉得难堪，心理上很不舒服，突然发现别人比自己逃得更远，便大肆嘲笑，以减轻自己心里的不安。这时候，投射作用也是一种自我保护措施。这样做可以保证个人心灵的安宁，但往往影响自己对人和事的正确判断。在这种时候，人们更喜欢把自己所具有的那些不好的特征投射到自己尊敬的人或者比自己强得多的人身上。这样一来，心里的不安就会大减，因为名人尚且不可避免地具有这些特征，何况我一个无名小卒？

宋代著名词人苏东坡和得道高僧佛印是多年好友。

一天，苏东坡去拜访佛印，两人相对而坐，谈论佛法诗词，甚是欢畅。席间，佛印道："我看你像一尊金佛。"苏东坡听了一乐，却对佛印开玩笑说："我看你是一堆狗屎。"佛印微笑不语。

苏东坡非常得意，以为自己这次终于占了佛印的便宜。于是回家后迫不及待地向妹妹炫耀此事。

他没想到的是，苏小妹听后却皱起了眉头，想了一想说道："哥哥，你又输了。佛家说'佛心自现'，你看别人是什么，就表明你自己是什么。"

正是由于投射心理的存在，我们可以从一个人对别人的看法中，推测出这个人的真心意图和心境。

《吕氏春秋》中有这样一则故事：

宋国有一个农夫，在自己的田地里拾到了一块宝玉，如获至宝。就赶紧把这宝玉呈送给当时的大贤——子罕，请他赏光笑纳。

子罕看了后，并不收这份厚礼，并说："在你眼里，这个宝玉是至宝，但是在我眼里，不收取非分的财物才是至宝。"

宋国的父老乡亲很不理解子罕的这种做法，于是就有人去请教一位智者，智者答："人各有志。如果你拿面饼和金钱让小孩子选择，他会选择面饼；如果你拿和氏璧和金银让俗人选择，俗人会选金银；如果你拿和氏璧与至理名言让贤人子罕选择，则他会选择做人做事的至理名言。"

正如智者所说，我们可以从他选择的是什么"东西"中，推测出他的真诚心意和心境。如果他选择金银，我们就知道他爱好钱财，与他交往，只要让他有钱财的收益，他就乐意为你做事，与你成为朋友；如果他喜欢享乐，我们就知道他是个懒散之人，与之交往，让他享受到世俗的快乐，就能让他喜欢和你在一起；而如果他时刻遵守自己做人做事的至理原则，那他就如子罕般，是位贤者。

人都有七情六欲，总是有一些共同的需要。而同处于一个社会，具有相同的身份地位、生活经历的人则具有更多的共性。因此，投射作用在很多时候都还是比较准确的，但是不要忘了，“人心不同，各如其面”。人与人毕竟是不同的，不考虑个体差异，胡乱地投射一番，就会出现错误。

每个人的成长背景、生活环境、受教育程度、人生经历都各不相同，人生观、价值观、对事物的看法、处理问题的方法、看待世间万物的角度都是独特的。别人永远不是自己的克隆，不是自己的完全复制，不可能和自己的所思所想完全一样。正因为此，世界才是五颜六色，多姿多彩，充满碰撞的因子，是座奇异的花园，创造的王国。

我们在日常的人际交往中，要看到这些差异，尊重这些不同，利用人普遍存在的投射心理，揣测出他的真诚意图和心境。

第五章

锻炼出健康的自己

◎心理健康：心理健康影响生理健康

【从广义上讲，心理健康是指一种高效而满意的、持续的心理状态。从狭义上讲，心理健康是指人的基本心理活动的过程内容完整、协调一致，即认识、情感、意志、行为、人格完整和协调，能适应社会，与社会保持同步。】

世界卫生组织给健康下的定义为："健康是一种身体上、精神上和社会适应上的完好状态，而不是没有疾病及虚弱现象。"从世界卫生组织对健康的定义中可以看出，与我们传统的理解有明显区别的是：它包含了三个基本要素：躯体健康、心理健康和具有社会适应能力。具有社会适应能力是国际上公认的心理健康首要标准，全面健康包括躯体健康和心理健康两大部分，两者密切相关，缺一不可，无法分割。这是健康概念的精髓。

在现实生活中，心理健康和生理健康互相联系、互相作用，心理健康每时每刻都在影响人的生理健康。如果一个人性格孤僻，心理长期处于一种抑郁状态，就会影响内激素分泌，使人的抵抗力降低，疾病就会乘虚而入。一个原本身体健康的人，如果老是怀疑自己得了什么疾病，就会整天郁郁寡欢，最后导致真的一病不起。

因此，在日常生活中一方面应该注意合理饮食和身体锻炼；另一方面更要陶冶自己的情操，开阔自己的心胸，避免长时间处在紧张的情绪状态中。如果感到自己的心情持续不快时，要及时进行心理自我调适，必要时到心理门诊或心理咨询中心接受帮助，以确保心理和生理的全面健康。

同生理健康一样，人的心理健康也是有标准的，不过其标准不及人的生理健康的标准具体与客观。下面的十项心理健康标准说，是比较受心理专家公认的：

1. 具有十足的安全感

安全感是人的基本需要之一，如果惶惶不可终日，人便会很快衰老。抑郁、焦虑等心理，会引起消化系统功能的失调，甚至会导致病变。

2. 充分了解自己，对自己的能力做出恰如其分的判断

如果勉强去做超越自己能力的工作，就会显得力不从心。超负荷的工作，甚至会给健康带来麻烦。

3. 生活理想和目标切合实际

社会生产发展水平与物质生活条件总是有一定限度的，如果生活理想和目标定得太高，必然会导致心理挫折感，不利于身心健康。

4. 与外界环境保持良好的接触

因为人的心理需要是多层次的，与外界环境接触，一方面可以丰富精神生活；另一方面可以及时调整自己的行为，更好地适应环境。

5. 保持个性的健全与和谐

个性中的能力、兴趣、性格与气质等各种心理特征必须和谐而统一，方能充分发挥个性能量。

6. 具有一定的学习能力

现代社会知识更新很快，为了适应新的形势，就必须不断学习新的东西，使生活和工作能得心应手，少走弯路。

7. 保持良好的人际关系

人际关系中，有正向积极的关系，也有负向消极的关系，而人际关系的协调与否，对人的心理健康有很大的影响。

8. 适度的情绪发展和控制

人有喜怒哀乐等不同的情绪体验。不愉快的情绪必须释放，才能达到心理上的平衡。但不能发泄过分，否则，既影响自己的生活，又加剧了人际矛盾，于身心健康无益。

9. 有限度地发挥自己的才能与兴趣爱好

人的才能和兴趣爱好应该得到发挥和满足，但不能妨碍他人利益，更不能损害集体利益，否则，会引起人际纠纷，徒增烦恼，无益于身心健康。

10. 在不违背社会道德规范的前提下，个人的基本需要得到一定程度的满足

当然，必须合情合理又合法，否则将受到良心的谴责、舆论的压力乃至法律的制裁，更无益于心理健康。

◎心理调适：积极调整，恢复心理平衡状态

【人们在工作和生活中难免会出现各种心理问题，但它并不可怕，只要进行积极调整，心理就能恢复平衡状态。】

专家介绍，由于现代人的生活方式的改变，生活节奏的加快，一些人的盲目行为增多，加之过分追求短期效益，因而失败的概率较高，内心失去平衡，容易产生心理问题。心理专家认为："一个人的心理状态常常直接影响他的人生观、价值观，直接影响到他的某个具体行为。因而从某种意义上讲，心理卫生比生理卫生显得更为重要。"

从理论上讲，一般的心理问题都可以自我调节，每个人都可以用多种形式自我放松，缓和自身的心理压力和排解心理障碍。面对"心病"，关键是你如何去认识它，并以正确的心态去对待它。虽然我们找心理医生看病还不能像看感冒发烧那样方便，但提高自己的心理素质，学会心理自我调节，学会心理适应，学会自助，每个人都可以在心理疾患发展的某些阶段成为自己的"心理医生"。

首先是掌握一定的心理卫生科学知识，正确认识心理问题出现的原因；其次，是能够冷静清醒的分析问题的因果关系，特别是主观原因和缺欠，安排好对己对人都负责任的相应措施；另外，是恰当的评价自我调节的能力，选择适当的就医方式和时机。最后一点，也是日常生活中最关键的一点，就是树立正确的人生观和处世观，拥有正常睿智的思维，避免走入心灵的误区。

要加强修养，遇事泰然处之。要清醒地认识到生命总是由旺盛走向衰老直至消亡，这是不能抗拒的自然规律。应当养成乐观、豁达的个性，平静地接受生理上出现的种种变化，并随之调整自己的生活和工作节奏，主动地避免因生理变化而对心理造成的冲击。事实上，那些拥有宽广胸怀、遇事想得开的人是不会受到灰色心理疾病困扰的。

1. 要合理安排生活，培养多种兴趣

人在无所事事的时候常会胡思乱想，所以要合理地安排工作与生活。

适度紧张有序的工作可以避免心理上滋生失落感，令生活更加充实，而充实的生活可改善人的抑郁心理。同时，要培养多种兴趣。爱好广泛者总觉得时间不够用，生活丰富多彩就能驱散不健康的情绪，并可增强生命的活力，令人生更有意义。

2. 尽力寻找情绪体验的机会

一是多想想你所从事的事业，时时不忘创新，做出新的成绩，跃上新的台阶；再者要关心他人，与亲朋、同事同甘共苦，无论悲欢、离合，都是对心理的撼动，它会使人头脑清醒，心胸开阔；三是多参加公益活动，乐善好施，为子孙造福。最好是学会一门艺术，无论唱歌弹琴，写作绘画，集邮藏币，都会使你进入一种新的境界，产生新的追求，在你的爱好之中寻找乐趣。

3. 保护心理宁静

面对大量的信息不要紧张不安、焦急烦躁。手足无措，保持心情宁静，学会吸收现代科学信息的方法，提高应变能力。最后，要尽量多地设想出获取它们的可行途径，并选择一个最佳方案行动，从而减轻个人的心理负担，又能收到事半功倍之效。

4. 适当变换环境

一个人在一个缺乏竞争的环境里容易滋生惰性，不求有功但求无过，过于安逸的环境反而更易引发心理失衡。而新的环境，接受具有挑战性的工作、生活，可激发人的潜能与活力，变换环境进而变换心境，使自己始终保持健康向上的心理，避免心理失衡。

5. 正确认识自知与社会的关系

要根据社会的要求，随时调整自己的意识和行为，使之更符合社会规范。要摆正个人与集体、个人与社会的关系，正确对待个人得失、成功与失败。这样，就可以减少心理失衡。

◎虚荣心理：扭曲了的自尊心

【要想在世上寻找一个毫无虚荣的人，就像寻找一个无私的人一样困难。其实，虚荣不过是被人们借来遮掩他们自私阴暗的心理罢了。】

虚荣心是一种扭曲了的自尊心，它是以不适当的虚假方式来保护自己自尊心的心理状态，是为了取得荣誉和引起普遍注意而表现出来的一种不正常的社会情感。

有一位老板做生意失败了，但是他仍然极力维持原有的排场，唯恐别人看出他的失意。为了能重新站起来，他经常请人吃饭，拉拢关系。宴会时，他租用私家车去接宾客，并请了两个钟点工扮作女佣，佳肴一道道地端上，他以严厉的眼光制止自己久已不知肉味的孩子抢菜。虽然前一瓶酒尚未喝完，他已砰然打开柜中最后一瓶XO。当那些心里有数的客人酒足饭饱告辞离去时，都热烈地致谢，并流露出同情的眼光，却没有一个人主动提出帮助。

希望博得他人的认可是人的一种无可厚非的正常心理。然而，人们在获得了一定的认可后总是希望获得更多的认可。所以，人的一生就常常会掉进为寻求他人的认可而活的爱慕虚荣的牢笼里面。

为什么人会产生虚荣心呢？荀子说："人生而有欲。"因为人是一种生命，生命自然有欲。有欲无欲是生命与非生命的分界。欲是生命之所以成为生命的本原。所以说，人的欲望是天生的。但凡是生命，都是一种群体。有群体便有差异与不同，便有攀比和嫉妒的欲，于是便产生虚荣心了。所以说，虚荣心总是与攀比、嫉妒、追求等相伴而生的。虚荣者在虚荣心的驱使下，往往追求面子上的好看，不顾现实条件，最后造成危害，有时甚至产生犯罪动机，带来非常严重的后果。虚荣者的内心其实是空虚的。他们表面的虚荣与内心的空虚总是不断地斗争：没有满足虚荣心之前，因为自己不如他人的现状而痛苦；满足虚荣心之后，又唯恐自己真相败露而受折磨。虚荣者的心灵总会是痛苦的，完全不会有幸福可言。

虚荣心强的人喜欢在别人面前炫耀自己昔日的荣耀经历或今日的辉煌业绩，他们或夸夸其谈，肆意吹嘘，或哗众取宠，故弄玄虚，自己办不到的事偏说能办到，自己不懂的事偏要装懂，一切为了提高自己。虚荣心强的人喜欢炫耀有名望、有地位的亲朋好友，希图借助他人的荣光来弥补自己的不足，而对于那些无名无分、地位“卑微”的亲朋则避而不谈，甚至唯恐避之而不及。

因此，虚荣心是要不得的，要正确把握、合理引导和适当应用，千万不能任其发展，殃及他人，祸及社会。对于我们每一个人来说，就是要使自己的虚荣心适可而止，做到顺着大路跑而决不乱来。

1. 提高自我认知

提高自我认知，正确认识自己的优缺点，分清自尊心和虚荣心的界限。虚荣心强的人，在思想上会不自觉地渗入自私、虚伪、欺诈等因素，这与谦虚谨慎、光明磊落、不图虚名等美德是格格不入的。虚荣的人为了表扬才去做好事，对表扬和成功沾沾自喜，甚至不惜弄虚作假。他们对自己的不足想方设法遮掩，不喜欢也不善于取长补短。虚荣的人外强中干，不敢袒露自己的心扉，给自己带来沉重的心理负担。虚荣在现实中只能满足一时，长期的虚荣会导致非健康情感因素的滋生。

2. 做到自尊自重

诚实、正直是做人最起码的要求。我们绝不能为了一时的心理满足而丧失人格。只有做到自尊自重，才不至于在外界的干扰下失去人格。我们要珍惜自己的人格；崇尚高尚的人格可以使虚荣心没有抬头机会。

3. 树立崇高理想，追求真善美

人应该追求内心的真实的美，不图虚名；一个人追求真善美就不会通过不正当的手段来炫耀自己，就不会徒有虚名。很多人能在平凡的岗位上做出不平凡的成绩，就是因为有自己的理想。同时，要正确评价自己，既看到长处，又看到不足，时刻把实现理想作为主要的努力方向。

4. 摆脱从众的心理困境

从众行为既有积极的一面，也有消极的另一面。对社会上的一种良好时尚，就要大力宣传，使人们感到有一种无形的压力，从而发生从众行为。如果社会上的一些歪风邪气、不正之风任其泛滥，也会造成一种压力，使一些意志薄弱者随波逐流。虚荣心理可以说正是从众行为的消极作用所带来的恶化和扩展。例如，社会上流行吃喝讲排场，住房讲宽敞，玩乐讲高档。在生活方式上落伍的人为免遭他人讥讽，便不顾自己客观实际，盲目跟风，打肿脸充胖子，弄得劳民伤财，负债累累，这完全是一种自欺欺人的做法。所以我们要有清醒的头脑，面对现实，实事求是，从自己的实际出发去处理问题，摆脱从众心理的负面效应。

5. 克服盲目攀比心理

横向地去跟他人比较，心理永远都无法平衡，会促使虚荣心越发强烈，一定要比．就跟自己的过去比，看看各方面有没有进步。

◎猜疑心理：疑心损害正常的人际交往

【猜疑心理是人际关系的蛀虫，既损害正常的人际交往，又影响个人的身心健康。】

话说古时候有一个人丢失了一把斧子。他怀疑是他的邻居偷了。他观察邻居，觉得邻居走路、说话、神态都像是偷了他的斧子。他肯定邻居就是小偷。然而不久后，他在自家地里找到了斧子，再观察邻居，觉得邻居说话、走路、神态竟全然不像小偷的样子。

这位丢斧者为什么会对同一个人做出前后两种截然不同的判断？这正说明，猜疑是一种主观的想象和推测，而不是以客观事实为依据。

在生活中，我们常会碰到一些猜疑心很重的人。他们总觉得别人在背后说自己坏话，或给自己使坏。有时我们自己也喜欢猜疑，看到别人说笑，便以为他们在议论自己，心里就不痛快起来。喜欢猜疑的人特别注意留心外界和别人对自己的态度，别人脱口而出的一句话，他很可能琢磨半天，试图发现其中的“潜台词”。这样他便不能轻松自然地与人交往。久而久之，不仅自己心情不好，也影响到人际关系。

猜疑心理的产生原因主要有四方面：一，错误的思维定势。喜欢猜疑的人，总是以某一假想目标为起点，以自己的一套思维方式，依据自己的认识和理解程度进行循环思考。这种思考从假想目标开始，又回到假想目标上来，如蚕吐丝做茧，把自己包在里面，死死束缚住；二，相互间缺乏信任。一个人对别人越缺乏信任，产生猜疑心理的可能性也就越大。三，不良的心理品质。猜疑心理重的人通常也是狭隘自私、自尊心过强、嫉妒心强烈的人。四，受流言蜚语的影响。听信谣言，也会产生猜疑心理。

猜疑似一条无形的绳索，会捆绑我们的思路，使我们远离朋友。如果猜疑心过重的话，就会因一些可能根本没有或不会发生的事而忧愁烦恼、郁郁寡欢。猜疑者常常嫉妒心重，比较狭隘，因而不能更好地与同学朋友交流，其结果可能是无法结交到朋友，变得孤独寂寞，对身心健康都有危害，因此需要加以改变：

1. 培养理性，防止感情用事

猜疑者在消极的自我暗示心理下，会觉得自己的猜疑顺理成章、天衣无缝。“疑人偷斧”的故事就是很典型的例子。遇事保持冷静，多观察、分析和思考，克服“当局者迷”的认知误区，是消除猜疑的重要途径。

2. 进行思维转移

当自己胡思乱想，瞎猜疑时，可转移思维去想其他美好的人和事物，这样对人会好些。

3. 坚持“责己严，待人宽”的原则

猜疑心重的人，大多对自己要求不高，对别人倒多少有些苛求。如果对别人的要求不那么高，就不会把别人的言行变化看得那么严重，许多无端猜疑就从根本上失去了产生的基础。

4. 用理智力量克制冲动情绪的发生

当发现自己开始怀疑别人时，应当立即寻找产生怀疑的原因，在没有形成思维之前，引进正反两个方面的信息。现实生活中许多猜疑，戳穿了是很可笑的，但在戳穿之前，由于猜疑者的头脑被封闭性思路所主宰，会觉得他的猜疑顺理成章。此时，冷静思考显然是十分必要的。

5. 培养自信心

每个人都应当看到自己的长处，培养起自信心，相信自己会与周围人处理好人际关系，会给别人留下良好的印象。

6. 学会使用“自我安慰法”

一个人在生活中，遭到别人的非议和流言，与他人产生误会，没有什么值得大惊小怪的。在一些生活细节上不必斤斤计较，可以糊涂些，这样就可以避免自己烦恼。如果觉得别人怀疑自己，应当安慰自己不必为别人的闲言碎语所纠缠，不要在意别人的议论。

7. 及时沟通，解除疑惑

猜疑者生疑之后，冷静地思索是很重要的，但冷静思索后如果疑惑依然存在，那就该通过适当方式，同被疑者进行推心置腹的交心。若是误会，可及时消除；若是看法不同，通过谈心，各自的想法为对方所了解，也有好处；若真证实了猜疑并非无端，那么，心平气和地讨论，也有可能使事情解决在冲突之前。

◎完美主义心理：追求完美要有度

【追求完美其实是一种普遍的心态，也不能说是错误的。但凡事有个度，如果追求完美过于僵硬、不懂得变通，就成了完美主义者，他们将承受巨大的心理压力。】

“完美主义”指对己或对人所要求的一种态度。持完美主义，对任何事都要求达到毫无缺点的地步，因而难免只按理想的标准苛求，而不按现实情境考虑是否应该留有余地。

每个人多少都有追求完美的倾向与需要，希望每件事都尽可能地做到完美的地步。这种倾向是人类追求自我实现与自我超越的动力源泉，促使人们为自己或某些工作设定较高的目标，并更加努力地去完成它。

但是，这种倾向若过度苛求，就会变成完美主义。从心理学来说，“完美主义”是对完美过分的一种极端追求。那种完善自我，健康地追求完美，并且在努力达到高标准过程中体验到快乐的人，不是完美主义者。心理学上所指的完美主义者是那些把个人的理想标准和道德标准都定得过高，不切合实际，而且带有明显的强迫倾向，要求自己去做不可能做到的事的那种人。

完美主义的人往往不愿意接受自己或他人的弱点和不足，非常挑剔。比如，让自己保持优雅的姿态、不俗的气质、温柔的谈吐，这就是为自己定了一个过高的理想标准，而且也带有强迫的特征；会为一个自认为不优雅的姿态就紧张焦虑，这也并不是一个健康的追求完美的正常心态。

完美主义者表面上都很自负，其实内心深处却是非常自卑。比如，很少看到自己的优点，总是在关注自己的缺点，而且总是不知足，也很少肯定自己。不知足就不快乐，周围的人也一样不快乐。所以，学会欣赏别人和自己是很重要的，它是进一步实现下一个目标的基础。

在人际交往方面，为了维护自己这个完美的角色，完美主义者常常生活在一个狭小的圈子中。比如，很想可又不敢融入到群体中去，怕暴露了自己的缺点。不敢表露自己的感情，不敢表达自己的观点和态度，给自己制定了太多的条条框框，以完美的标准要求自己，带给自己的却只有沉重的压力和深深的自责。对于别人的褒奖，只会感到诚惶诚恐，认为自己还差得很远。违心地满足别人的要求，委屈自己，打肿脸来充胖子。

20 世纪七八十年代，在美国心理治疗界发现有这样一类求治者：他们是成功的商人、艺术家、医生、律师和社会活动家等等，他们在自己的领域如鱼得水，出类拔萃，但他们的努力并未给他们带来所期待的幸福生活。

治疗家们发现他们具有这样一些共性：他们的成功既不能给他们带来成就感，也不能带来一个完整、独立的自我感受。他们寻找心理治疗以期给自己的生活带来意义，并克服空虚感。

治疗家发现这类人的自我系统处于分离状态：一方面，当他们获得成功时，他们可以体验欢欣；另一方面，在他们的内心深处却隐藏着深层的无价值感和自卑感。正是这种匮乏导致了他们将无所不能的完美主义倾向当作护身的盔甲。他们抱怨所有的成功都不能给自己带来快乐，没有人理解他们，他们也不能理解他们自己。

这些具有完美主义倾向的人，几乎全与童年的家庭教育有关。他们的父母为孩子树立的标准太高、太完美，在任何时候都是贬低他们而不加赞美。于是久而久之，这些孩子也就学会了总爱找自己的过错，认为自己不配被赞扬和被尊重，并以自我挑剔和自责为习惯，甚至产生了一种自虐的“快感”。

改变这种可怕性格的方法就是当事人重新树立评价自己的标准，改掉原来那种完美的、苛刻的、倾向于全面否定的标准，树立一种合理的、宽容的、注重自我肯定和鼓励的标准，学习多赞美自己，把过去成功的事例列在纸上，坦然愉悦地接受别人的赞扬并表示感谢。

有人问一位走红的国际女影星是否觉得自己长得完美。她说：“不，我长得并不完美。我觉得正因为长相上的某些缺陷才让观众更能接受我。”能认识到自己有种种不足并能宽容待之的人，可以说是自信的，心态也是健康的。人生其实就像踢足球，即使最伟大的球星也会在比赛中失误。我们的目标是努力发挥最佳水平，但不能要求自己脚脚都是妙传甚至是射门得分。

事实上，醉心于追求“完美”的人，其实是不完美的。因为“完美”毕竟是抽象的，只有生活才是具体的。生活中有不少“完美”并非靠追求就能得到，相反，生活中有许多遗憾是无法避免的。假如我们在心理上战胜了这些，我们的内心就会稳健许多，就会重新感受到生活的乐趣。

1. 学会接受不完美的现实

没有十全十美的人，没有十全十美的事物。这是客观事实，不要逃避，也不要苛求。

2. 正确认知自我

既不要把自己的能力估计得太高，更不必要过于自卑。如果事事要求完美，将成为你做事的障碍。要在自己的长处上培养起自尊、自豪和工作兴趣，不要在自己的短处上去与人竞争。

不要对自己太苛刻，不要为了让周围每一个人都对你满意而处处谨小慎微，要有点“我行我素”的气魄，做事只要对得起自己的努力和良心，不要太在意他人对自己的评价。否则，遇到挫折就可能导致身心疲惫。

3. 学会放松和排解不快情绪

情绪的过分紧张和焦虑，会影响一个人解决问题的能力；而生活中常常会遇到一些始料不及的事，应学会调节自己的情绪，保持生活的规律和睡眠的充足，以饱满的精神状态面对并解决问题。学会倾诉和寻求帮助来排解不愉快，生活中绝大多数人都有一颗助人为乐的心，找一个听你诉苦的朋友不会是太难的事。

4. 宽以待人

完美主义者是仔细周到的人，但是你要小心，不要总是指出别人的错误，让别人反感和紧张。也不要因为做事不合你的要求就牢骚满腹，尤其是对你的孩子。

“最完美的商品只存在于广告中，最完美的人只存在于悼词中。”完美永远是可望而不可即的。当我们不再注意自己是否完美时，或许有一天我们会惊喜地发现往日渴求的完美，今天已经具备。

◎嫉妒心理：恨人有，笑人无

【所谓嫉妒，一般是指个人在意识到自己对某种利益（潜在）的占有受到（潜在）威胁时产生的一种情绪体验，总是与不满、怨恨、烦恼、恐惧等消极情绪联系在一起。】

培根说：“嫉妒能使人得到短暂的快感，也能使不幸更辛酸。”嫉妒是一种复杂的情绪，认为别人往前走就是自身的后退，于是敬畏、屈辱、自卑、恼怒之情便纷至沓来，撕咬着人的心。这当然是难以忍受的。怎么办呢？最好的办法是寻出对方的短处来。实在寻不出来时，就想办法造个谣，拼着命把别人拉下来，因而心胸狭窄之人必然是自己长进了，就不允许别人长进；自己不长进，尤其不允许别人长进。

有嫉妒心的人，自己不能成就伟大事业，便尽量低估他人的伟大，使之与他本人相齐，或者用怀疑别人动机、诬蔑别人伪善的办法，来剥夺别人可敬佩的成就。于是，因嫉妒而产生的种种心态便表现出来：或消极沉沦，萎靡不振；或咬牙切齿，恼羞成怒；或铤而走险，害人毁己。嫉妒比坟墓更残酷。

巴鲁克说：“不要嫉妒。最好的办法是假定别人能做的事情，自己也能做，甚至做得更好。”记住，一旦你有了妒忌，也就是承认自己不如别人。你要超越别人，首先你得超越自身。波普曾经说过："对心胸卑鄙的人来说，他是嫉妒的奴隶；对有学问、有气质的人来说，嫉妒却化为竞争心。"坚信别人的优秀并不妨碍自己的前进，相反，却给自己提供了一个竞争对手，一个榜样，能给你前所未有的动力。事实上，每一个真正埋头沉入自己事业的人，是没有工夫去嫉妒别人的。

从心理学角度分析，嫉妒是一种病态心理。当看到别人在某些方面高于自己时（有时候仅是一种似乎的感觉），便产生一种由羡慕转为恼怒、忌恨的情感状态。

嫉妒的范围是很广的，包括嫉人、嫉事、嫉物。手段也多种多样。有的挖空心思采用流言蜚语进行恶意中伤，有的付诸于手段卑劣的行动。报纸上曾经刊载过这么一则消息：有个女人嫉妒人家的一个男孩长得好，竟然将那男孩掐死扔进井里。当然，这是极端嫉妒者的典型。

根据嫉妒发生的速度与强度，可分为两种：一种同激情相联系的嫉妒，称之为"激性嫉妒"。这种嫉妒带有强烈的激情性质，来势凶猛，发展迅速，难于控制；另一种与心境相联系，被称为"心境嫉妒"。这类嫉妒缓慢而持续，对人体的影响不如前一种明显，但可改变人的性格。主要表现为郁郁寡欢，忧心忡忡，产生孤独情绪，乃至积忿成疾。

现代精神免疫学研究揭示，脑和人体免疫系统有着密切的联系。嫉妒导致的大脑皮层功能紊乱，可引起人体内免疫系统的胸腺、脾、淋巴腺和骨髓的功能下降，造成人体免疫细胞与免疫球蛋白的生成减少，因而使机体抵抗力大大降低。

对嫉妒的危害，我国的传统医学早就有过论述。《黄帝内经》明确指出："妒火中烧，可令人神不守舍，精力耗损，神气涣失，肾气闭塞，郁滞凝结，外邪入侵，精血不足，肾衰阳失，疾病滋生。"

嫉妒心理是一种破坏性因素，它破坏友谊、损害团结，给他人带来损失和痛苦，既贻害自己的心灵又殃及自己的身体健康，对生活、人生、工作、事业都会产生消极的影响。正如培根所说："嫉妒这恶魔总是在暗暗地、悄悄地毁掉人间的好东西。"因此，必须坚决地、彻底地与嫉妒心理告别。

如何克服嫉妒情绪呢？

1. 充分认识嫉妒心理的危害性

嫉妒是社会生活的腐蚀剂，腐蚀人的品质、损害人的事业、形象和身心健康。要克服偏激、增强自信，待人力求不受个人心境、情绪的干扰。

2. 调整自我价值的确认方式

简单地与别人比较往往会导致片面的看法。研究表明，自我价值确认越是倾向于社会标准（通过周围人、社会流行观念等），就越容易引发嫉妒；越是以自己的思考、内在的准则为参照，就越会减少嫉妒。能够体现出个人价值的方面很多，而每个人的优势和劣势又不尽相同。所以，用统一的标准衡量人的价值是不准确的。人生更重要的事是不断超越自己，而不是超过别人。

3. “想开些”

人生总有不如意之事，所谓“人人都有本难念的经”。如果正处在愤怒、兴奋或消极的状态下，能较平静、客观地面对现实，可以达到克服嫉妒的目标。

4. 自我驱除

嫉妒是一种突出自我的表现。无论什么事，首先考虑到的是自身的得失，因而引起一系列的不良后果。若出现嫉妒苗头时，即行自我约束，摆正自身位置，努力驱除嫉妒心态，可能就会变得“心底无私天地宽”了。

5. 减少自己的嫉妒心的同时，学会如何消解别人的嫉妒心

在与人交往时，尤其在不如意者和不如自己的人面前，应采取谦虚谨慎的态度，不要经常去谈自己得意的事情，也不要过分夸大自己的成绩；应有意识地暴露自己的一些不足和苦恼，避免激起他人心理失衡，以赢得更多的朋友。

◎狭隘心理：善于宽容是一种美德

【所谓狭隘，也就是人们常说的气量小，心胸狭隘。狭隘心理是许多不良个性的根源，嫉妒、猜疑、孤僻、神经质等不良表现都源于狭隘心理。】

狭隘是一种心胸狭窄、气量狭小的心理和人格缺陷。狭隘者常常表现为：吝啬小气，斤斤计较，吃不得亏，会想方设法弥补“损失”；不能容忍他人的批评，不能受到一点委屈和无意的伤害，否则便耿耿于怀、伺机报复；一点小失误就认为是莫大的失败、挫折，长时间寝食不安；人际交往面窄，追求少数朋友间的“哥们儿义气”，只同与自己一致或不超过自己的人交往，容不下那些与自己意见有分歧或比自己强的人。

在生活中，我们很多人可能都被狭隘伤害过。比如，你是一个有作为的职工，可是领导偏偏不重用你，有何好事，全照顾给自己的亲信；你是一个正直诚实的雇员，但因为你的正直诚实偶然得罪了老板，于是你经常被穿小鞋，受累受气；或者仅仅因为你是一个残疾人，你就遭尽了别人的白眼；仅仅因为你自作主张过一次，你就永远和“不听话”、“太自由”等字眼挂上了钩……所有这些，不是狭隘是什么？

那么，是什么导致了狭隘？一般说来，封闭是造成狭隘的一个重要原因，另外还有出身、阅历、性格、修养等多种因素。所谓封闭，有外在环境的封闭，也有内在心灵的封闭。有时候两者是二而一的关系。狭隘的产生同家庭中不良因素的影响有很大关系。父母狭隘的心胸，为人处世的方法，不良的生活习惯等对子女有潜移默化的影响。有些子女狭隘的性格完全是父母性格的翻版。另外，优越的生活环境、溺爱的教育方法往往易形成子女任性、骄傲、利己主义等品质，自然受点委屈便耿耿于怀，对“异己”分子不肯容纳与接受。尤其是一些年轻人，阅历浅、经验少，遇到问题后，容易把事情想得过于困难、复杂，加之对自己的能力估计不足，对事情感到无能为力，因而容易紧张、焦虑，放心不下。其次，有些人阅历浅、经验少，容易把事情想得过于困难、复杂，加之对自己的能力估计不足，对事情感到无能为力，因此容易紧张、焦虑、心胸狭隘。心胸狭隘有百害而无一利，必须加以克服。

狭隘的人，不仅生活在一个狭窄的圈子里，而且知识面也往往非常狭窄。因此，开阔的视野很重要。如，多参加一些社会公益活动，参观一些伟人、名人纪念馆，听英雄人物事迹报告会等。这能使你在亲身经历中感悟很多人生道理。也可以丰富业余文化生活，参加多种多样的文娱、体育活动，拓宽兴趣范围，使自己时刻感受到生活、学习中的新鲜刺激，感受到生活的美好，陶冶性情，从而在健康向上的氛围中增强精神寄托，消除心理压力。

狭隘的人，其心胸、气量、见识等都局限在一个狭小范围内，不宽广、不宏大。因此要多与人接触，使自己对不同的人有不同的认识，从而积累经验，从中明白许多对与错的道理。善于宽容是人的一种美德。对任何事都斤斤计较，一定是一个狭隘的人。受情绪、认识等的影响，这种人会产生一些盲动的行为，甚至会导致难以预料的后果。

要培养集体主义精神和高尚的情感，进行正当的人际交往。与人相处应热情、直率，善于团结互助，融“小我”于“大我”之中。交往的增多，可加深彼此了解与沟通，更透彻地了解别人与自己，开阔心胸。如果认识不到这一点，不愿结交意见相歧或强于自己的人，那你永远只能在你的小圈子中徘徊。

一个人活在世上，就要充分地挖掘生命的潜能，为自己、也为给别人留下点有价值的东西。一旦把眼光放在大事上，自己一时的得与失就算不上什么了，对整体、全局有利的人与事就都能容纳与接受。抛开“自我中心”，就不会遇事斤斤计较，“心底无私”才能“天地宽”。

此外，在闲暇时，不妨走出家门，到大自然中去领略它的博大、美丽。大自然会让人感到自己的渺小，培养豪迈气概，有利于走出狭隘的内心世界。

◎酒精依赖：莫要成为酒精的俘虏

【所谓成瘾，指人的生命过程中，常常在心理和生理的某种尝试行为中产生了愉悦反应；这种反应多次重复，就形成人对愉悦刺激补偿的渴求，渴求又促使刺激的不断强化，于是就形成了人对这种刺激的依赖。】

晋代有个名叫刘伶的人，崇尚老庄，放情肆志，嗜酒为命，著有《酒德颂》流传后世。

刘伶出门的时候，总是随身携带一壶酒，并叫一个人扛着铁锹跟在身后，他说："我要是死了，你挖点土把我埋掉。"他常常在外面醉得东倒西歪，像一滩烂泥。进到屋里，他喝得浑身发热，就脱光衣服，还不关门。别人进屋，看他光着屁股在那里喝，难免要说他两句。他倒好，反倒指责人家说："我把天地看作自己的家，把房屋当做自己的裤子，你们为什么要钻我裤裆？"

刘伶老婆气得把家中的酒器摔的摔，砸的砸，哭着说："这样下去日子怎么过？我求求你，一定要戒掉它！"刘伶说："好，好，我自己控制不住，只有祈求鬼神帮忙。让我向鬼神发个誓，你给我搞点酒肉来供奉鬼神。"老婆听了便拿来酒肉，供奉到鬼神牌位前。刘伶向鬼神牌位拜了几拜，说："老天爷生下我刘伶，把酒看作生命。一喝就是一斛，喝过五斗神志才清。我老婆所讲的话，您千千万万不能听！"然后抓起供奉鬼神的肉，拿起供奉鬼神的酒，一边吃一边喝，一会就不省人事了。

也许像刘伶瘾头这么大的人并不多见，但是生活中具有酒瘾的人则非常多。酒精是一种合法的成瘾物质，对人体中枢神经系统有较强的亲和力。一次大量饮酒后能明显地影响人的心理状态，长期大量饮酒则可形成对酒精的依赖，成为一个人人讨厌的"酒鬼"、"酒徒"或"酒君子"，成为酒精的俘虏，心甘情愿地听从酒精的摆布而不能自拔。那么，什么是酒精依赖呢？

酒精依赖是由于饮酒所致对酒精渴求的一种心理状态，可连续性或周期性地出现，以体验饮酒所带来的那种快感的心理效应。有时也是为了避免不饮酒所带来的不舒服的感觉。这种渴求常常很强烈。一般认为，如果饮酒的时间和饮酒的数量达到了一定的程度，使饮酒者无法控制自己的行为，并且出现了躯体耐受或戒断的症状，我们就将这种症状称之为酒精依赖。

俗话说“老有老相，少有少相”，酒精依赖者也有其“赖相”。一般来说酒精依赖者具有以下特征：

1. 对酒的体验

酒精依赖的病人多数体验饮酒初期心情愉快，酒后喜欢交往，缓解紧张、焦虑和苦闷，减轻疲劳。这样，渐渐形成每天不断饮酒，随着饮酒量的增加和饮酒时间的延长，饮酒者就慢慢被酒精所俘虏，陷入不停饮酒的泥潭。

2. 固定的饮酒模式

长期酒依赖者常常不分场合、时间在很短的时间内饮下大量的酒，虽然多次宣称断酒而不能戒除。为了追求“喝酒的真正陶醉感”，病人可以连续几天饮酒，不吃，不喝，也不洗漱，与外界隔绝来往，一直到身体脱水不能再饮酒为止。

某机关干部张处长，交游广阔，朋友众多，每日奔波穿梭于各类酒场。他叹息着说：“没办法，工作需要嘛，我也不想喝啊。”或者是“朋友请客，我总不能不给面子。”开始妻子也很同情和心疼他，可后来却渐渐发现他自己在家也偷偷地喝，甚至在早晨起来也要喝它几杯。从他的单位到宿舍之间有三家小酒馆，每天下班回家，他一经过酒馆门前，闻到里边飘出的酒香，就挪不动脚步。为了能够顺利地通过三家酒馆，他给自己规定，每家只喝一两。而且他的性格也变得自私而又暴躁，对家庭的责任感已经很少；行为标准也下降，如不修边幅、撒谎等；身体健康也每况愈下。近来又出现了更大的问题，就是坚信妻子对自己不贞、有了外遇，并经常跟踪和盘查，闹得一家人不得安宁。家人见他变得不可理喻，就将他送往精神病医院。

实际上，他患的是典型的酒依赖和酒中毒性精神障碍，可以通过药物治疗使之痊愈。

由于酒属于合法饮料，所以对酒的滥用没有引起人们的根本重视。据调查，大约80%的酒依赖者是随家人、同事、朋友喝酒，并作为一种乐趣而逐渐与酒结下不解之缘的。其实，酒也是一种软性毒品。不仅高度白酒，就是啤酒都会导致酒依赖。酒精依赖不仅会给患者带来胃溃疡、脂肪肝、肝硬化、心脑血管病、酒精中毒、性功能障碍以及神经系统的病变等一大堆严重的生理疾病，还会带来无法自控的精神障碍。

关于酒精依赖的治疗，目前在药物方面，国际公认的临床使用较有效药物为那曲酮（. altrexone）。喝酒上瘾与毒瘾的共同点是有兴奋的感觉，该药物主要作用在于减低兴奋感，阻断成瘾的神经传导。欧美国家已经证实该药物配合行为治疗确实有效。

在心理方面，要想戒掉酗酒的“瘾”患，关键在于自己对酗酒的危害性有深刻的理解，树立“健康第一”的意识并采取自我克制措施。建议参照以下方法：

1. 每当酒瘾袭来时，你要立即想到这是冲向你“健康防线”的恶浪，千万别动摇，只要坚持5～10分钟，这股子成瘾性冲动便会逐渐减退

同时采取出去散散步或听一段音乐或找个朋友聊聊天等方法，转移一下注意力就过去了。

2. 主动避开诱因，特别是尽量少和原来的酒友见面，少去原来常喝酒的饭店就餐

3. 最好有家人和好友的支持

一旦饮酒成瘾，要想三天两日戒掉是很不容易的。这时候亲朋好友鼓励和支持戒酒的积极配合至关重要。比如每天晚餐都要来个一醉方休的习惯，就坚持把酒杯收起来改成吃过晚饭来点新鲜水果，然后和家人一起去室外散散步、看看电视，总之要把与酒有关的心思转移开，并且用另外一个内容取代之。

4. 千万别给自己找借口

比如把酒柜里现存的几瓶酒喝光后就不买啦……白酒不喝，啤酒、葡萄酒总可以喝吧……别的酒不喝，这瓶老战友送来的茅台总不能浪费了吧……诸如此类想喝酒的借口有的是，一定要把住“进口”关，说不喝就不喝，不给“酒虫子”留下喘息的机会，只有这样才能立竿见影地把酗酒恶习连根铲除。

◎信息焦虑：越看新闻心越慌

【信息焦虑综合症，是由于过量地吸收信息引起的焦虑症状，不在现有的精神卫生和心理卫生学术范围内。从职业来讲，白领居多，记者、数据处理员、信息员、网站管理员、情报人员、监听人员、间谍等都是该综合症的高发人群】

香港中文大学医学部的孙彼得教授最早提出“信息焦虑综合症”这个概念。孙教授认为，在信息爆炸时代，人们对信息的吸收是成平方数增长的，但人类的思维模式还没有很好地调整到可以接受如此大量信息的阶段，由此造成一系列的自我强迫和紧张症状，这些症状非常接近精神病学中的焦虑症症状。它通常出现在年龄从 25 岁到 40 岁之间的高学历者身上，常常在没有任何病理变化，也没有任何器质性改变的前提下突发性地出现恶心、呕吐、焦躁、神经衰弱、精神疲惫等症状，女性还会并发停经、闭经和痛经等妇科疾病。他们发病间隔不一，起病时间也不一定。

刚过而立之年的刘先生，为人开朗而且慷慨，在某知名出版社做编辑，和同事之间关系处理得很好。但最近一些日子不知为什么，总是提不起精神，睡不好也吃不香。还莫名其妙地跟妻子大吵了一通，在此之后，办公室的同事都很小心翼翼的和他讲话，生怕什么地方不对头。刘先生也意识到了自己的变化，并到医院仔细检查了一圈，结果什么病也没有查出来

与刘先生相类似，在一家网站担任编辑的王小姐也有这同样的烦恼。王小姐的工作是每天游览国内外各种传媒上的行业信息，经筛选后摘录到自己的网站上。近日她也得了一种怪病：每到晚上就觉得头痛，并且还有呕吐感。同时，在日常工作中也是提不起精神，注意力不能集中。与同事的关系也变得紧张起来。

现代社会，大量地吸收信息，有时候并非是由于人的主动意识，在大多数情况下，是一个被动的行为，是出于工作的需要，在相当程度上可以

认为是被逼无奈。从日常生活上看，每天连续看电视、听广播的人和每天都泡在图书馆或上网查阅资料的人都很容易引发焦虑。从职业来讲，像记者、广告员、信息员、网站管理员、图书编辑等等都是该综合征的高发人群。

也有专家认为，像刘先生和王小姐这样的情况，不应该将其作为一种病态来对待，但是尽管如此，专家还是提醒，一定要注意对自身的关注。身体的任何不适都可能对自己带来健康损害，不容忽视。世界卫生组织曾经发表的一份专家报告预测中指出，目前就全球范围而言精神病已经成人类的第二杀手！仅次于癌症。而焦虑症或过度焦虑则属于精神病科的高发症。大家都会有类似的感觉：有一天你的心情好极了，而第二天你的心情却又糟糕透了。两者相比可以说一个是天堂的快乐，而一个是地狱的痛楚。其实引起这种截然不同情感的事件和客观理由都是次要的！我们也许并没有意识到，真正严重地影响我们情感的是我们人类自己的心情。

人类的心理疾病并没有随着医学与心理学的发展而得到缓解，相反的，科技与文明把人的心灵变得更为拥挤和孤独。所谓的知识焦虑症就是这个时代的产物。它本身属于一种焦虑症的异化形式。由于生活或工作环境的瞬息万变，使得许多人对未来无法确定，甚至充满恐惧。这就必然会造成心理上的紧张、急躁。严重的甚至可能会引起一系列的生理反应。如果不懂得恰时地放松和调节，就极有可能会给你的精神及生理造成伤害。

求知欲使人类渴望把更多非我的东西转变成自我的东西。这一方面符合人类进步的需要，但另一方面，现代社会非我的知识确实无限浩大。未知的知识就像黑暗对于一个无知的孩童，对未知的恐惧感使现代人承受着更多的心理压力，甚至造成不必要的心理拥挤，严重者则导致心理疾患。所有这些，就像一个无形的杀手，时时侵蚀着人类的健康与生存。

一般来说，信息焦虑综合症的症状表现可分为三种类型：第一种是信息消化不良，患者在短时间内接收到大量信息，却来不及对之进行处理，时间一长，便会出现偏头痛、头昏脑涨、注意力分散等现象，比较严重的还可能会导致高血压、心律不齐、紧张性休克等；第二种是信息干扰，患者大脑中可能同时贮存着大量同类信息，对于各种信息接触过多，如果不善于分析和处理，就会变得思绪混乱，判断力下降，同时带来一系列情绪上的困扰，甚至是生理不适；第三种是信息恐惧：由于知识更新过快，患者不得不拼命学习新的知识。有些人就因此而顾虑重重，感到自己负担过重或担心跟不上时代的发展，最后出现惶恐不安、失眠健忘、食欲不振、心悸气短等症状。

值得庆幸的是，“信息焦虑综合症”本身并不可怕，也不用担心它会转变为精神疾病，只要你能意识到它起病的原因，并正确对待治疗，还是可以有效缓解的。以下的方法可以帮助你：

1. 一定要保证自己每天有足够的睡眠，一般应该保证有八小时或更多。每天睡前坚持锻炼 15 分钟，尽量过一个有规律的生活，可以适当减少自己不必要的娱乐活动。

2. 提醒自己每天尽量减少自己接触各种信息量较大的媒体，最好不要超过两种，尽量避免大量信息对自己的刺激。

3. 给自己每天的工作制定一个相近的计划，尽量减少意外情况的发生，并且尽量按照自己的计划行事。

4. 注意自己饮食习惯方面的问题，去除不良习惯，增大绿色蔬菜的食用量，保证每天的饮水量，最好不少于三千至四千毫升。而且应该彻底减少自己使用刺激性物质的机会，严禁饮酒。可以在医生指导下适当补充维生素 C 和营养神经的药物。

当患者对所谓的信息焦虑症有了一个清醒认识之后，患者就可以很容易地将之摆脱，重返自己正常生活。

◎失眠：如何拥有良好的睡眠

【要想拥有良好的睡眠，注意睡前三要三忌非常重要。三要是：睡前散步、足浴、刷牙。三忌是：饱食、娱乐过度、饮浓茶与咖啡。】

睡眠是人生的不解之谜，也是人生的快乐所在。而对于有些人来说，却不容易享受到睡眠的快乐。随着社会节奏的加速，越来越多的人出现了失眠的症状。

失眠通常指人们对睡眠时间或质量不满足并影响白天社会功能的一种主观体验。由于失眠而造成的其他症状众多，包括难以入睡、睡眠不深、易醒、多梦、早醒、醒后不易再睡、醒后不适感、疲乏，或白天困倦等。失眠容易引起当事人焦虑、抑郁，或恐惧心理，并导致精神活动效率下降，妨碍社会功能。

一般说来，我们难以睡眠时数的长短，决定一个人的睡眠够不够，因为一天中所需的睡眠时数因人而异，有人一天只睡四五个小时就够了，但却有人一定要睡上十个小时，才觉得有饱足感。更多时候我们认为，失眠是一种症状，而不是一种疾病，就像是发烧或腹痛一样，只是一种疾病的象征，必须找出潜在的病因加以治疗，不应只是治疗失眠的症状而已。

失眠症表现为入睡困难、睡梦过多、睡眠浅、易醒、睡眠时间过少等。具体来说：

1. 几乎以失眠为唯一的症状，包括难以入睡、睡眠不深、多梦、早醒，或醒后不易再睡，醒后不适感、疲乏，或白天困倦等；

2. 具有失眠和极度关注失眠结果的优势观念。

3. 对睡眠数量、质量的不满引起明显的苦恼或社会功能受损。

4. 至少每周发生 3 次，并至少已 1 个月。

5. 排除躯体疾病或精神障碍症状导致的继发性失眠。

失眠症依病程时间的长短分为短暂性失眠（短于 1 星期）、短期性失眠（1 –3 星期）及长期性失眠（长于 3 星期）。短暂性失眠，几乎每个人都有经验，当你遇到重大的压力、情绪上的激动，都可能会造成你当天晚上有失眠的困扰。短期性失眠的病因和短暂性失眠有所重叠，只是时间较长，往往需要数星期。长期性失眠，是患者至失眠门诊求诊中，最常遇到的疾病类型，其病史有些达数年或数十年，必须找出其潜在病因，才有痊愈的希望。

最容易出问题的地方在于不规则的睡眠模式、工作或学习得很晚、白天经常睡觉，或者睡得过多，早晨起得又太晚。容易出问题的睡眠会导致社会、职业、生理或者心理压力。失眠倾向于恶化，因为不利的影响会在你睡眠时反复出现在你的脑海里。你很担心睡不着，结果就更难以入睡。你越是努力入睡，越是难以使担心远离你。如果你白天所处理或该面对的事没有处理好，甚至带给你颇多的困扰，当累积到一定的程度后，你的思绪仍会持续到睡眠的时候，最后可能导致失眠的产生。失眠的困扰一旦来临，代表着我们的心理困扰已超越了能容纳的临界点，此时势必要对引起我们困扰的事物加以处理，勿使失眠的情况恶化。

许多研究表明，失眠所可能引起的对心理健康的伤害比起生理方面来要严重得多。一个人在失眠之后，往往感到情绪不稳定，容易激动，烦躁不安，好发脾气，造成所谓“焦虑”的精神状态。或者恰恰相反，对于什么事情都提不起兴趣，漠然视之，对事物的反应相当迟缓。失眠所引起的这种消极心理后果，其根本原因不在失眠本身，而恰恰在于不良的心理因素——对失眠的“自我暗示”。现实生活中，不难发现长期失眠的人，多是“自我暗示”极高的人。由于这种强烈的自我暗示，使失眠者在经历几次失眠后，变得忧心忡忡，对睡眠产生一种莫名的“恐惧感”，如此“失眠”和“暗示”交替复始，便形成了恶性循环，结果酿成严重的心理创伤。

要想恢复良好的睡眠，首先从情绪入手，缓解过度的紧张。睡眠是中枢神经系统的一种主动抑制过程，任何一皮层区域产生的抑制过程广泛扩散，并扩布到皮层下中枢时，才能引起睡眠。如果情绪过度紧张，焦虑不安，瞻前顾后，就会在皮层相应的区域形成一个很强的兴奋灶，干扰入睡抑制过程的扩布，所以难以入睡。无论多么重要的考试、比赛、或其他重大事情，在经过反复认真地准备之后，直至临战前夕，都应充分相信自己的工作及准备，坚定必胜的信念，做些轻松的运动或娱乐，使精神放松，消除对成败的种种顾虑及杂念，这是得以安眠的重要前提。

其次，应纠正对睡眠的种种误解，消除对失眠的畏惧心理。失眠应被看作是一种心理障碍而不是生理疾病。尽管引起失眠的原因是多种多样的，最主要的是精神因素、心理因素和环境因素三大类，也有一些是因为其他疾病和服用兴奋性酒精、饮料、茶水等所引起的。

有人以为“要是少睡了多少时间，就得补多少时间，否则就会影响精力”，这是没有科学道理的。很多人有这样的体验，在战争或其他非常紧要时期，即使少睡了一些时间，同样也会感到精力充沛，这说明人是有很大潜力的。人的精力和体力都具有一定的保险系数。所以即使一时难以入睡，你也千万不要着急；相反，越急就越难入眠。

创造一个较好的睡眠条件也有助于人的安眠。尽量养成每天同一时间上床睡觉，上床后不想其他的事；不睡懒觉。睡懒觉是失眠的开始，不要有“由于昨晚没睡好第二天早晨多睡一会儿”的想法。不睡懒觉按时起床很重要。虽然次日可能出现头晕乏力，不想活动，但持续几天后反而会促发睡意；保持卧室环境安静，昏暗，温度适宜；床铺和被褥清洁、舒适；为快速入梦创造一个最佳环境。

值得注意的是，床是用来睡觉的地方，不要在床上观赏紧张刺激恐怖的电视、电影如鬼片、凶杀片等，造成心理不安而影响入睡；也不要在床上思考问题，有些事应在睡觉前想好或干脆留到明天去想。当然，你可以看一本平时觉得特别无聊你一看就瞌睡的书，或听一点轻柔的音乐。这样会有助于睡眠。音乐通过听觉可怡神，可解除头痛脑闷，轻压眼球可使梦中产生五彩缤纷的梦境。这样，就可以使不良情绪和意识，在梦幻世界中得到解脱。

◎厌食与暴食：饮食失调是一种心理病

【目前，厌食症与暴食症等饮食失调症已经被确定为一种心理疾病，所有患者的“自我观念”都出了严重问题。每一个患者，不妨自问三个问题：第一，自己真正所希望减掉的是什么？脂肪还是自卑感？第二，自己真正希望得到的是什么，别人的尊重及爱戴、一种自我重要感还是仅仅一个完美身材？第三，自己的真正问题是什么？是体重问题还是个人“自我观念”的问题？】

当今社会，不论男女，都渴望拥有与标准模特儿一样的身材。很多人即使不怎么肥也要加入到减肥的大军中，虽然减肥的初衷是为了身材好看，但当减肥致营养不良而面如菜色时，就与漂亮一点的初衷背道而驰了。更严重的是，有的人因为长期节食或过量运动而患上饮食失调症，包括厌食症和暴食症等。饮食失调症的患者多以年轻女性为主。

1. **厌食症**

晓青今年25岁，1.61米的身高体重不到40公斤，只剩下皮包骨，可她还是认为自己太胖了。原来，晓青为了让自己的身材符合某些时尚杂志上提供的“优美标准”，开始瞒着家人买减肥药吃，偷偷吃了一个月后，为了不让体重反弹，从此严格控制自己的饮食。她规定自己每天早上只吃一个苹果、中午吃一两左右的米饭、晚上只吃水果和青菜。偶尔，她忍不住的时候，也会买来大量的零食狂吃，但一吃完又害怕长胖，又想尽办法把吃进去的食物吐出来，如此反复，发展到最后，一见到食物就想吐。慢慢地，她开始出现头晕、记忆力下降、注意力不集中等问题，脸色也变得越来越苍白，工作也一落千丈。

厌食症，是指一个人怕胖而少量或不愿进食，常有意地严格限制进食、使体重下降至明显低于正常标准或严重的营养不良，此时仍恐惧发胖或拒绝正常进食为主要特征的一种进食障碍。上文中提上的晓青就是明显地厌食症患者。厌食症患者的年龄通常在15至25岁之间，女生比男生多10倍以上，并且在发达国家中上层阶级的家庭子女，罹患的人数相对较多。

与其他精神障碍相比，厌食症在社会经济地位较高的女性和高学历人群中最常见。对体型和体重持有歪曲的看法和态度。苗条和减肥是她们最为关注的，而个体的努力就是为了避免体重增加和变胖。对另一些人而言，她们对体重的过分关注和控制反映了他们缺乏自信以及力图控制生活某一方面的愿望。在她们看来，再瘦一点儿会让自己感觉更好——这使得她们永远都不会对自己的外貌满意，减肥也就一直这么持续下去。

一般是从“正常的”节食开始的，但慢慢就发展成了十分挑剔和严格的热量限制和剧烈漫长的生理活动。强迫食物限制和身体锻炼。开始的时候是不敢吃，到疾病后期，食欲极度缺乏，身体消瘦，对食物有强烈的欲望，这样的节食坚持不了几天就会禁不住食物的诱惑，大吃一顿。为了不导致发胖，就采用吃泻药或自我引吐的方法，使吃下去的食物迅速排出体外，然后再继续开始节食，控制不住了再暴吃一顿。如此周而复始，出现了贪食症的症状。到了后来，为了控制自己的食欲，干脆自行服用食物抑制药，但这些药却使人情绪低落，反应能力下降，甚至完全没有食欲，又开始厌食。也因此，厌食症俗称“减肥综合症”。

虽然厌食症患者回避吃东西，但她们对食物还是很关注的。她们会花很多时间思考食物，并为她们自己或他人烹调，或看着别人把食物吃掉。她们承认自己会梦到食物，有饥饿的疼痛感，也保持着一定的食欲。大多数的厌食症患者存在歪曲的身体意象，她们过分高估了自己的体重，对自己的体型很不满意。轻度抑郁、强迫症以及焦虑等心理问题普遍存在于厌食症患者中。

除了与某些遗传素质有一定的关系外。个体的易感素质是厌食产生的一种原因。这类患者常常争强好胜、做事尽善尽美、喜欢追求表扬、自我中心、神经质；而另一方面又常表现出不成熟、不稳定、多疑敏感，对家庭过分依赖，内向，害羞等。

2. 暴食症

暴食症患者也是以年轻女性为主。

26岁的教师小敏，身高165厘米，体重100斤。最近3个月来不可控制地进食，每天在吃饱晚饭的情况下，将家中所有能吃的食物无法控制地吃完。但她又害怕过多的进食会导致肥胖，被人笑话，所以在进食后，又躲在无人处，如厕所，采用手指抠咽喉的方法，将刚进食的食物呕出来。刚呕出时觉得非常地舒服愉快，但过后又非常后悔。长此以往，小敏非常痛苦，情绪低落，没有精神，工作和生活都受到一定程度的影响。

当小敏以过度节食和过量运动来减肥时，其体内自卫机制不会含糊，为了保证其身体健康会不断促使患者进食，直至体重及脂肪比例回到正常水平。但很多人并不清楚是这个机制的作用，会在暴食后感觉羞耻和无助，并企图用呕吐、过度运动或吃泻药来消灭暴食后果，结果形成了一个暴吃与狂呕的痛苦循环，甚至多年不能自拔。

事实上，大多数人偶尔都会放量大吃一顿，狂喝一回。人人都有这样的时候。偶尔失去控制是没有关系的，不要因此而责备自己。这样临时和偶尔的放纵并不说明有贪食症，因为贪食症需要经常和反复失去控制的暴饮暴食才成立。暴食跟一场摄食狂暴活动一样。会失去控制，一直吃下去，直到胃疼起来，不得不停止为止。然后，会呕吐，一切又重新开始。

贪食症以反复发作性暴食和强烈的控制体重的愿望为特征，为防止暴食对体重的影响患者采用各种措施，如呕吐、导泻、增加活动量等，致使体重反低于正常范围。具体来说：

1. 反复发作的暴食，饮食无法控制。一次可进食大量食物，但是没有明显体重增加。

2. 过分看重体重，对自己的体型和体重持久地过渡地担心。

3. 常采取引吐、导泻、利尿、节食或运动的方法，消除暴食引发的发胖。

4. 身体症状。如体重不稳，用餐后马上呕吐，皮肤变差，委靡不振，容易疲劳，眼睛充血，女性经期不规律等等。

5. 情绪波动。如抑郁，羞耻内疚，常感觉孤立无助。

6. 贪食后的后悔与冲动。可以说，难以控制的暴吃冲动和进食后的焦虑不安并存。

贪食症是用来处理压力以及不愉快感觉的一种方式，患者在生理上并不需要进食，而在心理上却有长期饥饿的感觉。这种饥饿却涉及心理需要，并非单靠食物便能解饿。病患者只觉饥饿难耐，但疯狂进食后，又会马上以扣喉、服泻药等方法拼命把食物呕泻出来，用尽各种方法避免体重增加。但这样做并不能真正起到解除心理压力的功能，反而使“吃”变成了处理焦虑不安、寂寞和生气的不当方式。由于很多贪食症患者暗地暴饮暴食然后排泄并且能够保持正常或超正常体重，所以他们可以隐藏他们的问题许多年。

贪食症的罹患因素与厌食症类似，皆因各种问题所导致，不同的是，暴食症的发病因素较为严重与复杂，存在一种持续的难以控制的进食和渴求食物的优势观念，并且患者屈从于短时间内摄入大量食物的贪食发作。此症患者有要求完美、忧郁、焦虑、强迫人格等倾向。个性上厌食症者偏内向、敏感；贪食症者则较外向、易怒。一般来说，完美主义者、做事一丝不苟的人比较容易产生摄食障碍。而有拒食症患者通常往往认为能够自己控制饮食的行为非常完美，可是患有贪食症的人却会认为自己的行为很悲哀。所以一旦患有贪食症，患者往往会产生严重的自我厌恶感，会认为自己很差劲，甚至丧失生存的力量。

大多数贪食症患者都认为自己没有吸引力，害怕变胖，觉得自己比实际体重要重。与厌食症患者相比，他们控制体重的努力是混乱的：克制的饮食行为常常被反复的、持续时间较短的不可控进食破坏；随后又会出现挽救其后果的行为。暴食中消耗的食物量是巨大的，他们吃东西并非为了寻求快乐，相反，他们吃东西都是秘密的、快速的和囫囵吞枣式的。这些行为之前通常会出现身体或心理紧张，进食只是为了缓解这种紧张。在暴食时，个体会感到无法控制自己的行为；但吃完以后，负罪感、自责和抑郁便随之而来。不久，又会找到呕吐或泻药作为对暴食行为的补偿和惩罚。暴食行为和“抗暴食”的循环就这样完全控制了他们的生活。

◎幻丑症：心理整容比身体整容更重要

【多数要频繁整容的人，或多或少有些心理偏执，但根本原因还是在于自卑或是依附心理在作祟。对于这些人来说，心理治疗可能比整容手术更重要。】

如今做整形美容手术的人越来越多，有专家指出，目前有不少人患上了“幻丑症”，成了“美容手术迷”。所谓“幻丑症”，是一种因极不自信而重复整形的心理病症，就是整形者老是对自己的五官或其他部位不满意，总是想通过整形来改变它，即使是本来已很好看的容貌，也强迫自己不接受它而去反复整容。“幻丑症”患者以30岁左右的女性居多，而“幻丑”的部位以鼻子居多。

美国摇滚巨星迈克尔·杰克逊恐怕无人不知，他的名气不仅来自于他的摇滚事业，还来自于他的疯狂整容。迈克尔·杰克逊不仅全身皮肤换成白色，在脸上也大下工夫，一心向白人的模样看齐。可怜他的鼻子，做了7次整形手术，都烂掉了，需要用耳朵上的组织来弥补。虽然与前几次相比，不再用假体而是自己的耳朵软骨组织，融合性好了许多，术后的效果也会更长久，但花了大量的精力、财力来整鼻子，却落了个烂鼻子的下场，这可能是迈克尔·杰克逊在疯狂求白、求美过程中所始料不及的。

爱美之心人人有之，通过整形美容来达到美丽动人的目的也是正常的。但整形不比捏泥人那么简单，坏了可以重来。整形毕竟是手术，虽然随着技术的进步，风险已经降得很低，但失败的风险从来没有消失过，千万不要心怀侥幸心理而重复多次地冒这种风险。据整形专家称，二次整形的时间最好选择在前一次整形的至少三个月之后进行，这样可以给自身组织一个充分的修复时间。因为，每动一次整形手术，软组织就会被破坏一次，疤痕就会生成一次，不仅影响供血功能，而且不断植入的假体会破坏皮肤的弹性，长此以往，会造成毁容。

专家认为，造成“幻丑症”的真正原因在于：这些患者存在一定程度的心理问题。那类认为自己长相丑陋、不断做美容的患者，患有一种被称之为“幻丑症”的心理疾病，这不是整容手术所能解决的问题，而应该求助于心理医生从而治本。

为了让人们对整形美容有一个全面的、正确的认识，下面列出三种常见的整形心理，分别进行分析，并给出心理纠治的方法。

1. 过于寻求完美

分析：这类人不能正确地认识自己、接纳自己，没有正常的审美观。本来不错的外形和容貌，在他们眼里却总是不能接受，想借整形美容的手段来改变或是精益求精，并不惜以多次手术为代价。

整形毕竟是手术，反复的手术不仅会影响身体的健康，破坏五官的正常功能，还会造成心理上的抑郁。

心理纠治：对这类过于追求完美的“幻丑症”患者，在对其职业、气质、服饰等方面做个整体判断之后，整形医生应该本着负责任的态度对其进行劝阻；如果劝阻无效，就应该对其进行心理疏导。心理疏导不是严厉的斥责，也不是一般的说教，而是帮助患者找到“幻丑”的症结所在，讲解生理整形的局限性和手术的弊端，给其一个正确、全面的认识。即使通过疏导后患者仍有整形要求，也应该予以婉言拒绝。

2. 改变缺陷

分析：急于改变缺陷是人们求助于美容整形的多数原因。由于先天的或其他的原因造成了身体某部位或多部位的缺陷，这些人希望通过整形来修补或改变，属于一种正常的整形心理和行为。修补好原有的缺陷，可大大地提高整形者的自信心，但次数多了也会毁容。

心理纠治：遇到这种情况，专业的整形医师都会以正常的程序来对待，先与其进行术前的心理交流，并降低他（她）的希望值，但对顾客提出的术后效果要求会尽量帮助实现，并帮助他（她）建立起承担风险的心理能力。一旦发现“幻丑症”的迹象，便应及时纠正。

3. 受他人影响

分析：受他人蛊惑或影响也是人们进行美容整形的重要原因之一。受某个所崇拜的明星所影响是多数的情况，有些则是看见周围的人做过整形后变漂亮而产生羡慕，还有些则是听信朋友、恋人之言而选择手术。他们往往缺乏主观上的思考和充分的心理准备，术后的生活并不一定感到幸福，严重的可能会陷于深深的后悔之中，形成心理问题。

心理纠治：这种人也要进行审美上的引导和心理上的疏导，不过有别于前两种情况。应该劝告他们不要人云亦云，不要盲目模仿，要有自己的独立思考。其实，每个人天生的五官在相对独立的情况下，更是一个不可分割的整体（不包括天生缺陷的情况），即使将某个明星的眼睛或鼻子原封不动地搬到你的脸上，也不一定给你带来美丽，因为首先要与你的整体面容相协调才行。

◎表演型人格：为什么总是希望引起别人的注意？

【人格障碍的定义是：人格特征的显著偏离正常，这种人格特征的偏离使得患者形成了特有的行为模式且对环境适应不良，甚至达到害人害己的程度。】

一般人做人处事都有一定的模式，都要接受社会规范的要求和检验。如果超越了正常的范围便形成了人格障碍。人格障碍，是与正常的社会规范准则难以融洽的一种心理障碍。有人格障碍的人，其行为模式异于常人，必然影响着他们的生活和工作。

表演型人格又称歇斯底里人格，其典型的特征表现为心理发育的不成熟性，特别是情感过程的不成熟性。具有这种人格的人最大特点是做作、情绪表露过分，总希望引起他人注意，经常感情用事，用自己的好恶来判断事物，喜欢幻想，言行与事实往往相差甚远。此类型人格障碍多见于女性，各种年龄层次都有，尤以中青年女性为常见，一般年龄都在 25 岁以下。

江小姐今年29岁，在一家外企工作，各方面条件都不错，就是有一点不好，总喜欢高谈阔论，有意无意地标榜自己。她爱听表扬的话，与人谈话时，总想让别人谈及自己如何有能力，亲戚如何有地位，自己外貌如何出众等，如果别人谈及别的话题，她就千方百计地将话题转向自己，而对别人的讲话内容心不在焉。

江小姐最喜欢吹嘘青年才俊们是如何欣赏她，追求她，而她又是如何刁难他们。为了引人注意，她甚至不顾个人尊严，大放厥词。与别人争论问题时，她总要占上风，即使自己理亏，也要编造谎言，设法说服别人。她平时有些喜怒无常，高兴时嘻嘻哈哈，劲头十足，稍不顺心则大吵大闹，弄得人际关系十分紧张。她喜欢与家庭地位、经济情况、个人外貌等不如她的人交往，而对强于她的人常常无端诋毁。一天，正当她瞎吹时，经一位朋友提醒，她顿时觉得自己并非魅力超群，立刻萎靡不振，非常难过。然而伤心归伤心，以后她依然我行我素。

表演型人格障碍产生的原因目前尚缺乏研究，一般认为与早期家庭教育有关，父母溺爱孩子，使孩子受到过分保护，造成生理年龄与心理年龄不符，心理发展严重滞后，停留在少儿期的某个水平，因而表现出表演型人格特征。另外，患者的心理常有暗示性和依赖性，也可能是本类型人格产生的原因之一。

表演型人格障碍的表现一般有以下几个方面：

喜欢引人注意，而且情绪带有戏剧化色彩。这类人常常喜好表现自己，而且有较好的艺术表现才能，唱说哭笑，演技逼真，具有一定的感染力。有人称他们为伟大的模仿者、表演家。他们常常表现出过分做作和夸张的行为，甚至装腔作势，以引人注意。

高度的暗示性和幻想性。这类人不仅有很强的自我暗示性，还带有较强的被他人暗示性。常常依照别人对自己的评价行事、他们常好幻想，把想象当成现实，当缺乏足够的现实刺激时便利用幻想激发内心的情绪体验。

情感极其容易发生巨大变化，容易有情绪起伏。这类人情感丰富，热情有余，而稳定不足；情绪炽热，但不深厚，因此他们情感变化无常，容易激情失衡。对于轻微的刺激，可有情绪激动的反应，大惊小怪，缺乏固有的心情，情感活动几乎都是反应性的。由于情绪反应过分，往往给人一种肤浅，没有真情实感和装腔作势甚至无病呻吟的印象。

常常视玩弄别人为达到自我目的的手段。玩弄多种花招使人就范，如任性、强求、说谎欺骗、献殷勤、谄媚，有时甚至使用操纵性的自杀威胁。他们的人际关系肤浅，表面上温暖、聪明、令人心动，实际上完全不顾他人的需要和利益。

高度的以自我为中心。这类人喜欢别人的注意和夸奖，只有投其所好和取悦一切时才合自己的心意，表现出欣喜若狂，否则会攻击他人，不遗余力。此外，此类患者还有性心理发育的不成熟，表现为性冷淡或性过分敏感，女性患者往往天真地展示性感，用过分娇羞样的诱惑勾引他人而不自觉察。

表演型人格的情绪表达常常太过分，旁人常无法接受。所以具有此种人格的人要改变这种情况，首先要做的便是向自己的亲朋好友作一番调查，听听他们对这种情绪表达的看法。对他们提出的看法，千万不要反驳，相反，听取意见以后要扪心自问，弄明白这些情绪表现哪些是有意识的，哪些是无意识的；哪些是别人喜欢的，哪些是别人讨厌的。对别人讨厌的要坚决予以改进，而别人喜欢的则在表现强度上力求适中，对无意识的表现，可将其写下来，放在醒目处，不时地自我提醒。此外，还可请好友在关键时刻提醒一下，或在事后请好友对自己今天的表现作一评价，然后从中体会自己情绪表达过火之处，以便在以后的情绪表达上适当控制，达到自然、适度的效果。

如前所述，表演型人格患者有一定的艺术表演才能，所以不妨“将计就计”，将自己的兴趣转移到表演艺术中去，使原有的淤积能量在表演中得到升华。事实上，许多艺术表演都有一定的夸张成分，为了使观众沉浸到剧情中去，演员必须用自己的表情、语言去打动他们。因此，表演型人格的人投身于表演艺术是一条很有效的自我完善之路。

总之，对于表演型人格障碍患者或者有这个倾向的人来说，关键在于认清自己的行为缺陷，在适当的时机，还可以发挥自己的表演才华，完全没有必要自暴自弃。

◎社交恐惧症：陌生人没那么可怕

【社交恐惧症俗称“见人恐惧症”，是恐惧症中最常见的一种，约占恐惧症病人的一半左右。】

社交恐惧症是一种对任何社交或公开场合感到强烈恐惧或忧虑的精神疾病。患者对于在陌生人面前或可能被别人仔细观察的社交或表演场合，有一种显著且持久的恐惧，害怕自己的行为或紧张的表现引起羞辱或难堪。有些患者对参加聚会、打电话、到商店购物或询问权威人士都感到困难。在心理学上被诊断为社交焦虑失协症，是焦虑症的一种。此症最早被提出是在 1985 年，经过 14 年后才渐渐被重视。

现在，社交焦虑症是在世界范围内研究较多的一种心理疾病，在世界各国精神疾病的诊断标准中，它已经作为一个独立的疾病单元而存在。

小张今年 35 岁，身材高大，平时穿着西装革履，是一个十分潇洒的年轻人。小张是一位工程师，大学毕业后就一直活跃在建筑工地上。五年前开始承包一些大型建筑工程，事业蒸蒸日上。可是三年前，在一次同学聚会后，小张开始变得容易紧张，怕见陌生人，而且在公众场合会害羞，不敢与他人交往，尤其是参加工程洽谈时更是如此。因为说话时面部表情不自然，常感到脸红、心跳加快、表达困难，所以不敢与客户对视，这直接导致很多工程项目的丢失。在表面上小张还能支撑着，努力不让别人察觉，但是他内心的紧张、焦虑令自己万分痛苦。后来每遇到这样的场合他就想回避，但大多数情况下又回避不了。因此小张担心是自己的身体出了什么问题。

小张在日常生活中都戴着墨镜，为的是掩饰自己的紧张。他也做了大量的身体检查，并做了相应的化验，包括心电图、脑电图等等，却没有发现任何身体疾病。小张还专门做过心理学的焦虑、抑郁等量表测试，根据测试的结果，专家告诉他，他患了“社交焦虑症”，而且症状比较典型。

社交焦虑症本身是一种常见的、能力受损的精神卫生问题，过分害怕别人的凝视是该症一个明显的特征。只要身在社交或公共场合的环境中，患者就出现紧张、焦虑，严重时可出现惊恐发作，并可能会伴随的躯体症状，比如颤抖、脸红、出汗、心悸、呼吸困难、腹痛等。一般来说，患者会自动回避绝大部分的社交活动，并因此而导致自己社交功能减退或者职业功能受损，并继发情绪低落。

一般情况下，大多数人或多或少地对跟陌生人接触有些害怕。但是，社交焦虑症患者，不是简单地害怕接触陌生人，他们总是处于一种焦虑状态。他们害怕自己在别人面前出洋相，害怕被别人观察。所以，与陌生人人交往，甚至在公共场所出现，对他们来说都是一件极其恐怖的任务。

社交焦虑症主要可以分成两类：

第一种是一般社交恐惧症。如果有人患了一般社交恐惧症，在任何地方，任何情境中，他都会害怕自己成为别人注意的焦点。可能会感觉到周围每个人都在看着自己，都在观察自己的每个动作。患者害怕被介绍给陌生人，甚至害怕在公共场所进餐、喝饮料，所以患者会尽可能回避去商场也尽可能回避进餐馆。

第二种是特殊社交恐惧症。如果有人患了特殊社交恐惧症，他就会对某些特殊的情境或场合特别恐惧。比如，害怕当众发言，当众表演。但是在一些不同的社交场合，却并不感到紧张或焦虑。像推销员、演员、教师、音乐演奏家等等这样的群体，经常会患有特殊社交恐惧症。他们在与别人的一般交往中，并没有什么异常，可是当他们需要上台表演，或者当众演讲时，他们会感到极度的恐惧，常常变得结结巴巴，甚至愣在当场。

社交焦虑症患者总是担心自己会在别人面前出丑，在参加任何社会聚会之前，他们都会感到极度的焦虑。他们会想象自己如何在别人面前出丑。当他们真的和别人在一起的时候，他们会感到更加不自然，甚至说不出一句话。当聚会结束以后，他们会一遍一遍地在脑子里重温刚才的镜头，回顾自己是如何处理每一个细节的，自己应该怎么做才正确。

这两类社交恐惧症都有类似的躯体症状，比如口干、出汗、心跳剧烈、有腹痛的感觉等。周围的人也可能会看到一些表现，像脸红、口吃、轻微发抖等。有时候，患者还会发现自己呼吸急促，手脚冰凉。最糟糕的情况是，患者会进入惊恐状态。所以，社交恐惧症是非常痛苦、严重影响患者生活工作的一种心理障碍。一般人能够轻而易举办到的事，社交恐惧症患者却望而生畏。患者会认为自己是个乏味的人，并认为别人也会那样想。于是患者就变得过于敏感，更不愿意打搅别人。而这样做，会使得患者感到更加焦虑和抑郁，从而使得社交恐怖的症状进一步恶化。

许多患者改变他们的生活，来适应自己的症状。他们（和他们的家人）不得不错过许多有意义的活动。他们不能去逛商场买东西，不能建立正常的夫妻两性关系，不敢带孩子去公园玩，甚至为了避免和人打交道，他们不得不放弃一些很好的工作机会。

对社交恐惧症的治疗，一般的程序是通过逐步递增社交的情境而增加对恐惧的耐受性，从而达到消除社交恐惧反应的效果。

首先要不断地告诉自己，这种恐惧是可以消除的，并正确认识人与人交往的程序，了解与人交往的方法。

其次要查找出自己产生社交恐惧的事物种类，并试图挖掘心灵深处的根源。

然后在一个假想的空间里，不断地模拟发生社交恐惧症的场景，不断练习重复发生症状的情节，并不断地鼓励自己勇敢面对这种场景，以便从假想中适应这种产生焦虑紧张的环境。

最后采用强迫疗法。先站在车水马龙的大街上；适应后减少人数，在商场里购物；接着再减少人数，参加一些大规模的聚会；然后参加小聚会，并试图发表你的观点；最后和自己很惧怕的人交往，并时刻给自己以奖励。利用这种方法，经常不断地练习，就会使病症有所缓解。

◎愤怒情绪：你因为什么爱发脾气

【不良情绪的传染，往往干扰了人的正常思维，引起体内的生理机能变化，出现植物神经功能紊乱、内分泌活动失调和免疫功能下降。】

据最近的科研发现，恶劣情绪和细菌病毒一样具有传染性，而且传染起来很快，少则几分钟就能完成。

愤怒是个人的欲求和意图遭到妨碍时产生的一种消极情绪体验。许多人，由于情绪的自我调控能力较差，冲动性较为明显，因此常常在不该发脾气的时候发脾气，因为一点儿小事就会相互打起来，因为别人的某些做法不够合理而冲他们大喊大叫……

小刘在一家规模很大的企业当主管，人人都说他“官小脾气大”，因为他动不动就爱拍桌子、发脾气。只要稍有不顺心的事，他就很难控制自己的情绪，总要拿哪个人或哪件东西来出出气。他拜访客户迟到受批评，回单位后拿助理出气，怪助理没有提醒他；聚餐喝醉了，他怪啤酒不好，因此冲啤酒厂发脾气；业绩不理想时，他生上司的气，说上司没能力将他带好，弄得他得不到满意的奖金；打篮球时摔跤了他还生场地的气，怪场地坑坑洼洼不平坦……总而言之，他就是好发脾气。而且，他发脾气还有个特点，那就是怪别人不好，怪东西不中用，因而总要骂人、摔东西，把他们当成“出气筒”。为此，身边的人给他取了外号——“刘脾气”。

在日常生活中，引起愤怒的原因很多，每个人都不可避免地会产生愤怒的情绪体验。愤怒是一种有害的情绪状态，常常会给人带来意想不到的麻烦；人在愤怒时，意志力会变得薄弱，判断力、理解力都会降低，理智和自制力也容易丧失，而且，长期、持续的愤怒对个体的健康损害也是极大的。《内经》上说：“喜怒不节，则伤脏，脏伤则病起。”当人愤怒时，交感神经兴奋增强，从而使心率加快，血压升高。所以，经常发怒的人，容易患高血压、冠心病，而且可使病情加重，甚至危及生命。愤怒可使食欲降低，影响消化，经常发怒可使消化系统的生理功能发生紊乱。愤怒还会影响人体腺体的分泌功能。过度的愤怒甚至还会使人丧失理智，引发犯罪或其他后果，因此控制愤怒的情绪十分重要。

生活中我们总会因为一些事情而陷入愤怒之中，但是，引起愤怒的直接“元凶”却不是事件本身。有心理学家认为，人的情绪不是由于某一事件直接引起的，而是因为经受了这一事件的人对事件的不正确的认识和评价，形成了某种信念，在这种信念的支配下，导致了负面情绪的出现。这一观点在心理学上被称作“ABC”理论，其中，A 代表某一事件，B 代理信念，C 代表情绪与行为。A 并不会直接导致 C 的发生，而是通过中间的 B 起作用的。著名心理医生卡尔 · 孟宁格也曾经说：“态度比事实重要得多。”

当我们被烦恼、愤怒、绝望等负面情绪包围时，不仅要从事物本身寻找原因，更重要的是及时检查自己的态度，看看我们是否在用消极的态度评价所发生的事情。正如成功学大师拿破仑 · 希尔所说：“我们怎么对待生活，生活就怎么对待我们。”

要想治怒，首先在愤怒来临时，意识到自己在做什么。当你爆发你的愤怒情绪时，无论什么原因，不但会使你的肾上腺分泌急速上升，更重要的是，你根本得不到任何益处。用怒气来恐吓你的伙伴绝不是最好的交流方式。通过控制你的进攻性的情绪，不但可以赢得自爱而且可以提高说服力。这样无论你是在同事、朋友还是陌生人面前，你都会知道采取平和的态度而不是轻易发火的重要性。这是情绪智商的一个基本原则。

那些容易生气的人，其实有的时候并没有意识到他们在做什么。举例来说：有的时候，你发威并不意味着真的发火。当然，在某些情况下，突然提高你说话的声音是必要的。但这不应成为生活中的习惯，除非你想看着你身边的人都和你对立起来。

总的来说，听要比争吵好。想象一下你遭受到了语言攻击并且完全失去了对愤怒的控制。练习对着“进攻者”把这些说出来，即使这并不是很容易。有的时候，你的对手会放弃争吵，因为这不像网球比赛：如果没有人接球，那么比赛就不存在了！开导你的情绪。如果一点小的误会就会使你轻易生气，那么如果你在一个雕刻师的位置上，可以想象你将做出什么反应。这并不是说闭上嘴就好了，而应该试着去解决问题并来思考是不是值得为此要争吵。

提高你的声调是你不能够很好的控制自己的表现。如果大声笑，那没有任何问题，但是当你生气大叫的时候是在浪费呼吸。用下面这个经常被使用的小窍门：当你的对手大叫时，你降低你的声音。说话越来越慢，并且声音越来越小。那么你的对手在没有意识到的情况下就已经跟随你降低了声音。谁会在温柔的声音下发怒呢?

现代生活充满了压力，在各种复杂的关系中，人们会在没有什么实际原因的情况下就发火。放松，做自己感兴趣的事情，并且学着如何在和外界失去联系的情况下放松。当怒气上升时，做做深呼吸并用一点时间来分析考虑一下应该如何去做。

第六章

追求幸福的自己

◎女性的心理需求：女人究竟想要什么

【虽然我花了30年时间研究女性的灵魂，但有个大问题我仍然无法回答：女人渴望得到些什么？——弗洛伊德】

随着社会经济的发展和社会理念的革新，女性的心理需求变得复杂多样，不仅要求得到男性想得到的一切——爱情、婚姻、子女、幸福、满足、金钱、权力、地位、成功，还具有许多出乎男性意料之内的特性需求。

1. 事业心强

现在大多女性渴望男女平等，追求事业成功，希望丈夫或男友认真看待她们的工作，就像重视他们自己的事业一样。

年轻女性黄某，是一位护士。丈夫是某公司的销售经理，整天全国到处跑，她也不得不屡次调整工作以跟随丈夫。丈夫不以为然，认为妻子有没有工作无所谓，只要自己挣钱够多就行，完全不了解这位现代女性的事业心。终于有一次，她因工作获了奖，继而当众进行了一番催人泪下的演讲，在场的丈夫总算明白了妻子对于事业成功的渴望，心里充满了愧疚。他回忆道："真是惭愧，所有的人都在为一位女强人鼓掌欢呼，而我竟然根本不了解多年的妻子。"从此，他对妻子的工作分外敬重，夫妻关系也比以前稳固、亲密得多了。

2. 渴望真诚交流

以往的女性嫁人，看的是对方有没有钱、够不够富裕，结婚后大多安心地靠男人挣钱度日，全身心地生儿育女、照顾家人，至于有无夫妻感情似乎无所谓。现代女性不同，她们渴望真正的爱情，渴望真诚的交流，不像以前那样只看重对方是不是富裕。而且，她们对男人的赠予十分警惕，不喜欢男人将自己看作是可以收买的商品。

3. 喜欢恭维

现代女性喜欢恭维，无论年龄多大，都喜欢别人恭维自己长得漂亮、年轻。这是因为她们心底里还是认为年轻貌美才能讨人喜欢，才能占得先机。年轻、漂亮的渴望使女性对于体重多了几公斤、脸上爬上了少许皱纹都难以忍受，以至于变成了巨大的心理压力。

4. 需要倾听

现代男性和女性对于交谈的认知和感受可能迥然不同。男性爱讲理、爱较真，将交谈作为解决问题的手段，因而他会打断对方的谈话而摆出自己的道理。而女性和人交谈，很多时候只是需要一只倾听的耳朵，不需要什么忠告。她们更多地将交谈看作分享感情的渠道，往往说个不停，直到觉得好受为止。

5. 有时需要独处以作休整

女人和男友或丈夫生气的时候，往往拒绝对方的解释或道歉而要求单独待一会儿，男性对此通常不甚理解而感到很不安。独处对于一个女人非常重要，可大多数男性都认知不到这一点。女性的独处并非对缺少爱的抗议，而是在表达一种自主的需求，并且可借助独处完成某些心理上和精力上的调节，使自己能够在生活中更适应自己的角色。

6. 爱情实际、执著

女性的爱情是实际、执著的，不像男性那样容易动情且满足于一时的浪漫，远比男性更善于让自己的头脑去把握自己的激情。她们择偶时，看重伴侣身上的长期品质——诚实、有才干、富于同情心等等，而且通常会想到结婚以后的事情。

7. 浪漫爱情始于厨房

在很多女性眼里，分担家务比性生活和谐更有利于维持健康稳固的婚姻关系。她们需要丈夫和自己一起料理家务，这样会感到更幸福。专家指出，夫妻在厨房里的亲密无间跟卧室里的亲密和谐一样重要。

◎为情所困：婚姻是爱情的坟墓吗

【相比男人而言，女人的共性之一就是重爱情。所以在很多时候，女人更容易为情所困，不仅怀春少女如此，已婚女性也不例外。】

有人说，情感生活和谐，女人自身、女人与男人乃至人与自然的关系才会和谐。然而，许多已婚女性没有找到应对婚姻生活的积极、合理、有效的生理、心理及行为模式，并且在认知上存在种种误区，因此导致了各种不同程度的“为情所困”。

误区一：结婚了就什么都定型了，不用再在男女问题上费神了。

很多已婚女性认为，结婚了他就是自己的了，为自己服务是理所当然的，不用再去经营双方关系了。其实这是一个心理误区。结婚不是爱情的终点和坟墓，而是爱情的现实满足方式。把一切视为应该或必需的想法，无疑会把动感的生活“定型”，使其僵化，使夫妻双方都因结婚而失去自我。要记住，天下没有什么事情是“应该”的；婚姻需要经营。

误区二：夫妻之间无需敬待，说话可以无所顾忌。

有些已婚女性无意中把丈夫当成了孩子、动物或机器，不懂得尊重或者不够尊重丈夫，说话肆无忌惮。

有一对夫妻，丈夫的姐姐曾经因外遇而离婚，妻子就经常拿此事来说三道四，还讽刺丈夫，说他们家风气不正、风水不好，并警告他不要学姐姐等等。她自己倒没把这个当回事，认为夫妻之间说什么都不过分，何况公公也经常这样说。然而“说者无心，听者有意”，丈夫深受其痛，因此和妻子断绝了关系。

误区三：强加于人。

很多已婚女性总是用女人的标准来要求男人，喜欢把自己的意志强加给丈夫。

比如，要求丈夫必须喜欢做家务，必须喜欢喂养小动物，必须每天洗头发，必须每天换一件衬衫，必须……如果丈夫不喜欢多说话，她就会说："你怎么这样？哪个男人像你一样不喜欢交际？"如果男人喜欢多说几句话，她又会说："你怎么这样？啰哩啰唆，像个女人一样。"……结果使丈夫在家里非常有压力，体验到了太多的失败感，对妻子的感情也越来越淡薄。此时，妻子倒困惑起来："这个家伙怎么不喜欢回家了？怎么对我越来越冷淡了？难道是有了情人……"

误区四：错误理解夫妻快乐的责任。

很多妻子认为，让自己的男人快乐就是尽到了妻子的责任。其实这完全是一种误解。男人是很容易达到兴奋点的，而且快乐、满足了之后就会找不到南北而忘记了作为一个丈夫的责任。合乎男女生理和心理特点的夫妻快乐责任分配机理是：男人负责让自己的妻子快乐，女人负责告诉男人如何才能让女人快乐。

误区五：对丈夫看管太严。

这是妻子的通病，就是对丈夫看管得太严，什么事都要过问，什么事都想控制，即使自己根本力不能及。妻子喜欢搞出丈夫的电话清单来研究，甚至亲自或雇人对丈夫进行跟踪。其实这样只能把丈夫推得远离或更远离自己，本来没问题也搞出问题来。妻子需要控制，但不要乱来，控制不了的事情就不要管它，否则换来的只是自己的惶恐不安和丈夫的冷目以对。

误区六：主张"女主内，男主外"。

很多妻子仍抱着传统观念不放，主张"女主内，男主外"，包办生活中所有的家务，且不论观念的对错，至少犯了固执的毛病。夫妻分工格外明确，结果丈夫在家成了闲人，事业忙的时候倒也无所谓，比如创业阶段，很多妻子为了支持丈夫而把所有的家务都承担下来，让丈夫把更多的精力投放在事业上，这很好。可等丈夫事业有成，多余的精力就放在了寻花问柳的事情上了。

误区七：付出就应该得到回报。

很多已婚女性，认为自己怎样对丈夫好，他就应该怎样对自己好，即付出就应该得到回报。比如，丈夫在外面有了情人，有的妻子就会这样抱怨："当初这个家伙穷的时候，我跟他好，家里人都反对，我仍然和他结了婚。可现在他发达了，没有良心的在外面找了'狐狸精'，把我当年的好忘得一干二净！我不想活了我……”这种心理误区，很容易导致妻子的心理失衡。其实，既然选择了嫁给一个男人，就应该明白这是选择了他的一切，就应该做好承受可能的不幸的心理准备，如此才不至到时候心里那么困顿。

◎惧内：男人为何怕老婆

【怕老婆，古代有个很文雅的说法：惧内。《辞海》解释为“妻有内或内子之称，因谓怕妻为‘惧内’”。如今的怕老婆有了新称谓，叫“气管炎(妻管严)”、“床头柜”，听起来似乎比“惧内”还要惨点儿。】

中国人怕老婆是出了名的，从上古时代起就产生了“怕老婆基因”。翻开古代野史，我们会发现各种怕老婆的生动事例。

唐朝有一位御史大夫裴炎以惧内的名声闻于朝野，人称“惧内御史”。据说裴炎的妻子长得十分美，但性情凶悍，以至于这位御史大夫见了妻子如同见了阎罗，终日如临深渊、如履薄冰，尽管时时小心，仍常受夫人的训斥。裴炎在这种“使我不得开心颜”的情况下，便欲寻求精神寄托，于是转而信了佛教。后来，一谈起往昔的妻子，裴炎就像讲佛经故事似的把妻子作了三种比喻：她年轻时，貌若天仙，美如菩萨，使人眷恋，然而却不敢仰视；到了子女满堂，妻子又整天吆五喝六，吵嚷不绝，厉害得如同九子魔母，更是令人失魂落魄；好不容易等到孩子们长大了，妻子也老了，由穿红戴绿变为青脂黑粉，貌似吸人精血的鸠盘茶鬼，让人看了仍是心惊胆战。

怕老婆不仅仅是中国的特色，古希腊哲学家苏格拉底也是一位著名的怕老婆者。苏格拉底在外面讲课或论辩回来，往往兴致颇高，老婆常常在这时大吵大闹，并且迎面就是一盆冷水浇过去，苏格拉底立刻就冷静了下来，一点不恼，慢慢说道：“我早知道，雷霆之后必有甘霖。”

日本人管怕老婆叫“母天下”，另有一叫法叫“屁股垫”，就是把老公坐在屁股底下当垫子，这似乎不太好，要是老婆太肥硕的话，弄不好还会出人命，实在不如我们的“气管炎”叫得得体而形象。

大名士胡适不仅把怕老婆当做一句口头禅，还喜欢收集世界各国怕老婆的故事和有关证据。有一次，一位朋友从巴黎捎来10枚铜币，上面铸有“P·T·T”的字样。这使他顿生灵感，说这三个字母不就是“怕太太”吗？于是他将铜币分送朋友，作为“怕太太会”的证章。后来我国台湾省某报刊把这件事当做趣闻披露，他看到后还很高兴。

也许是为了表明自己怕老婆怕得非常彻底吧，胡适还号召男人们要像旧时代女子那样，恪守“三从四德”，即：太太出门要跟从，太太命令要服从，太太说错了要盲从；太太化妆要等得，太太生日要记得，太太打骂要忍得，太太花钱要舍得。

对于怕老婆有怎么个怕法？自古以来，已经有很多人研究过——怕老婆有假怕、真怕、明怕、暗怕之别。假怕的人精明，凡不利于己的事均以怕老婆为托辞；真怕的人懦弱，雌威之下，俯首帖耳；明怕的人达观，行不改名坐不改姓，怕了就怕了，有啥了不起；暗怕的人最糟，在外要面子，在家又斗不过老婆，里外难做人。

清朝有位名为“五色石主人”的小说家在他的短篇小说集《八洞天》中做过有趣的阐释和分类：有“势怕”，有“理怕”，有“情怕”，概括精辟。

“势怕”有三：一是畏妻之贵，仰其阀阅；二是畏妻之富，资其财贿；三是畏妻之悍，避其打骂。攀龙附凤之人自古就有，才智一般的小伙子若能攀上一门高亲，便能飞黄腾达。那些生活在权势熏天的丈人丈母身边的小伙子，自得小心异常，要像对待自己的三辈祖宗一样恭敬着泰山泰水，并对老婆言听计从，生怕一点小事惹得她发怒而引火烧身。若遇开通一点的还能有一些自由，有些老婆干脆来个约法三章，他也只能敢怒不敢言。在外面狐假虎威，回到家里则连纸老虎都不是！这种怕老婆被称为三流怕老婆，因为他并非怕老婆而是怕权，此乃因势而怕也。一旦等到他忍辱负重苦尽甘来，必将小人得志一反常态，老婆的地位也随之盛极而衰。

“理怕”有三：一是敬妻之贤，景其淑范；二是服妻之才，钦其文采；三是量妻之苦，念其食贫。人非圣贤，孰能无过？终其一生，难免会在男女之事上迷茫徘徊，最起码在思想上也会有所松动。当其回到老婆身边时，就会因老婆一如既往地悉心照顾而心生愧疚，从而越发怕老婆发现自己内心深处的隐秘。一来怕老婆发现后影响家庭的稳定，二来怕老婆发现后到单位闹事而影响到自己的前程。于是在家里便小心翼翼地应付老婆，尽量做出新好男人的样子。自己在外面陷得愈深，在家怕老婆之心愈盛。这种怕老婆好歹也能算二流怕老婆。虽然对自己的老婆不忠，但总算顾及夫妻情分，不管从哪方面考虑都是诚心维护家庭的稳定。只要老婆一辈子没发现他的龌龊，或者即使发现了但为了维持关系而装聋作哑，那么这种男人的怕老婆就能一直持续下去，弄好了也许会真的被老婆感化而迷途知返，最终升入一流怕老婆之列。

“情怕”亦有三：一是爱妻之美，情愿奉其色相；二是怜妻之少，自愧屈其青春；三是惜妻之娇，不忍见其颦蹙。为情而困者自古有之，多情种子更是历朝历代就没断过。小两口新婚燕尔、恩恩爱爱，郎看佳人粉黛，自是欣喜异常。做饭怕粗手，铺床怕闪腰，恨不得供将起来，哪还舍得妻子干活？就算年岁稍长，那份挚爱却不褪色。到老更是如此，老伴老伴就是为了老来有伴儿。相爱一生便怕老婆一世。此等怕老婆才是一流的怕老婆，也是怕老婆之极品。

◎情绪郁结：将痛苦和委屈通过眼泪发泄

【医学专家发现，泪水中含有一种十分复杂的化学物质，它的组成会随人体罹患疾病和服用药物情况的不同而变化。于是，专家能在受检者没有任何痛苦的情况下取出他们的眼泪，进行极其精密细致的分析，发现疾病，寻找病因。】

自古就有男儿“流血不流泪”的戒律。不过，如果一位男子汉真的从来不会哭，那么他是不幸的人，最好去看医生。因为心理学家把这种不会哭的现象看成是一种心理障碍。

晓峰已值而立之年，他说从他记事以来，他就没哭过。由于种种原因，晓峰几个月大时被父母送到乡下外婆家，从小就被大他12岁的正值青春期的舅舅教训，还有他的小姨，特别爱掐他。在晓峰的记忆中，被外婆一家追着打的那一次他才7岁……小学毕业后，晓峰终于被父母接回身边。父母逐渐发现，面对任何事情，晓峰都不会掉一滴眼泪。他们知道，晓峰一定有心理上的问题，却又不知如何是好。

眼泪不但是情绪的缓解，还有其他重要的生理功能。从医学角度来看，眼泪是泪腺分泌出来的一种液体，泪腺位于眼球的外上方。一般人平均每分钟眨眼13次左右，每眨一次眼，眼睑便从泪腺带出一些泪水来。当人们眨眼时，泪水对眼睛便有清洁作用，如可以冲掉异物、刺激物等。

现在，有些专家正在研究眼泪的其他作用，比如眼泪与情绪的关系。众所周知，当一个人非常伤心痛苦的时候，就会泪流满面，而且会表现为“一把鼻涕一把泪”。这是因为过多的泪水经过泪小管、泪囊和鼻泪管通过鼻腔排出体外的缘故。美国圣保罗—雷姆塞医学中心精神病实验室专家研究发现，眼泪可以缓解人的压抑感。他们通过对眼泪进行化学分析发现，泪水中含有两种重要的化学物质，即亮氨酸—脑啡肽复合物及催乳素。有趣的是，这两种化学物质仅存在于受情绪影响而流出的眼泪中，在受洋葱等刺激流出的眼泪中则测不出来。因而他们认为人体排出眼泪，可以把体内积蓄的导致忧郁的化学物质清除掉，从而减轻心理压力，保持心绪舒坦轻松。试验结果还表明，男性哭的能力显然不如女性，他们哭的次数只有女性的五分之一，并且有百分之四十五的男性哭时，眼泪只在眼圈里打转而掉不下来，可绝大部分女性的眼泪都能夺眶而出，只有极少数的女性眼泪掉不下来。

专家认为，一味抑制哭泣的做法是不可取的。男性由于习惯于控制感情和眼泪，所以，他们比女性更容易患与精神压力有关的疾病，如溃疡病等。所以说，人们应该转变对哭泣的态度，因为哭泣是一种极其自然的生理现象，强忍眼泪，对健康是有害的。哭泣和欢笑一样，是宣泄感情的途径。

我们在人生中，难免会遇上生活变故，天灾人祸，心理素质好的，能控制和调节自己的情绪，使自己心理平衡。但意志比较脆弱、情绪容易失控的人，就会引起较大的情绪波动，进而形成心理疙瘩。心理疙瘩也就是心理情结，如果这些情结越结越深，不能及时排解，会使正常的心理功能受到干扰，受到损害，致使心理功能失调、障碍、紊乱，进而影响到生理功能的波动、异常，使植物神经功能紊乱，内分泌失调、免疫功能下降，各种各样的疾病随之而来。医学上的心因性疾病这个概念，通俗地说，就是心病。医学研究证明，心理状态对于疾病的发生关系很大，癌症、冠心病、高血压、糖尿病等。

排解和疏泄心理郁结的方法有很多，将痛苦和委屈通过眼泪发泄出去是最有效的方法之一。有专家称，眼泪是缓解精神负担最有效的“良方”。最明显的例子，如有一种叫神经性胃炎的消化道疾病，当情绪紧张的时候，胃就开始一阵阵痉挛性的疼痛。这实质上是胃在“消化”你的紧张情绪，是一种心病。假如这时你能大哭一场，把委屈连同眼泪一起挥洒掉，这个病自然会不药而愈。

相反，把痛苦和委屈强忍在心里，害处可就大了。医学家们通过化验人的情绪性眼泪，发现它含有一种有毒的生物化学物质，会引起血压升高，心跳加快和消化不良。这些有毒物质，其实就是心理情结的产物。因此进一步证明，人的心理和生理是有着绝对的关系的。此外，人在哭的时候，会不断地吸一口口短气和长气，这大大有助于呼吸系统和血液循环系统的工作。泪液的分泌还会促进细胞正常的新陈代谢，不让其形成肿瘤。不要以为不会哭，就是真的坚强。能及时把痛苦和委屈哭出来，身心都会健康。

哭与笑都是人们情感的流露。哭，往往是由于内心感到委屈或精神受到重大刺激，如亲人死亡或遇到灾难等，在这种情况下，人们往往会哭泣流泪。该哭不哭，一味地忍，闷在心里时间久了，心中的压抑就会越积越重，精神负担也就越来越大，进而出现精神萎靡、情绪低落，导致失眠，影响食欲，出现悲观厌世甚至轻生的念头，反应性抑郁症往往就是这样造成的。

哭，会使心中的压抑得到不同程度的发泄，从而减轻精神上的负担。亲人或好友亡故，悲痛之极，痛哭一场，就会觉得好过一些；受了委屈之后，总想找上级或同情自己的人倾诉一番，倾诉时难免流泪甚至哭泣，但哭过之后便觉得心里舒服一些。所以有的心理学家主张，该哭你就哭吧，强忍着你的眼泪等于自杀。这句话不是没有道理的。

然而，哭也得要适当。压抑的心情得到发泄、缓解后就不要再哭了，否则对身体反而有害。因为人的胃肠机能对情绪极为敏感，忧愁悲伤，哭泣时间过长，胃的运动减慢，胃液分泌减少，酸度下降，会影响食欲，甚至引起胃炎或胃、十二指肠球部溃疡。有的还会诱发麻疹。所以心理学家主张哭不宜超过15分钟。

◎心理遗传：把健康基因遗传给孩子

【父母亲都身心健康是孩子心理健康的必要条件，但是父亲的身心健康对孩子的心理健康有着不可忽视的影响。】

美国的研究人员发现，同心理有问题的父母生活在一起的儿童与同心理健康的父母生活在一起的儿童相比，会产生更多的行为或情绪方面的问题。然而，根据《儿童与青少年医学档案》中的研究资料，研究人员发现：如果父亲心理健康，母亲心理有问题不会对孩子的心理健康造成很大影响。

研究表明，如果母亲情绪抑郁，那么她的孩子出现抑郁、行为问题和哮喘病的概率会很高。那么父亲是否能够调节这些抑郁的母亲带给孩子的影响呢？为了得到答案，凯恩博士和他的研究小组对822名3~12岁同父母生活在一起的孩子进行了研究分析。

研究人员通过让这些父母回答一系列的问题，以测量他们的心理健康水平。比如，是否他们感到绝望、沮丧、没有价值或非常不安等。调查人员发现：如果父母心理都不健康，他们的孩子更容易有行为问题，包括欺骗、撒谎、欺负弱者、容易冲动、具有破坏性。父母心理不健康还会增加孩子出现情绪问题的概率，如过于焦虑、感到沮丧、总是担忧或恐惧。然而，如果孩子生活在只有母亲心理不健康的家庭中，那么他们出现行为和情绪问题的风险会明显降低。

凯恩博士解释说，父亲可以通过支持母亲和帮助照料孩子来缓解母亲心理问题带来的负面影响。此外，健康的父亲可以有好的健康基因遗传给孩子。

在日常生活中，很多父亲往往认为，母亲是婴幼儿教育的主力，自己的强大教育作用要等到孩子上学之后再发挥。其实，当父亲不在家、与家人疏远或繁忙时，孩子失去的不仅仅是一位“助理母亲”。父亲哪怕是把孩子放到自己肩上“骑大马”，或是将孩子高举在空中旋转“坐飞机”，对孩子幼小的心灵都会产生巨大的冲击。许多心理学家认为，父亲这种“粗野”风格的玩闹，可以为孩子提供一个情绪培养的重要途径。对孩子来说，他爱母亲，但更需要父亲。

1. 父亲和社会化

从男性和女性在我们社会中的社会化过程中，不难看出，除了在气质上具有差异外，父亲和母亲在能力和兴趣上也有很大的不同。比如，父亲可能比较倾向于武断和自主，而母亲则倾向于高水平的人际感受性和情感传达能力。

对于孩子来说，父亲有很多教育和社会化的功能，他对外部世界的经历和知识身体力行地为孩子提供关键性的保护和支持，能给予孩子一种超越家庭范围的宽广的、竞争性的社会意识，同时，在帮助孩子解决道德品质发展、自我控制和成就感等方面的问题时，父亲又是一个特殊的重要榜样。一个具有高成就期望的父亲介入是非常重要的。在持久性、成功动机和分析问题解决问题的能力方面的教育中，父亲的影响是比较大的。

2. 父亲与性别角色

在孩子性别角色的发展以及性别适应行为发展方面，父亲有着特别重要的影响。一般地，有一个被动的、没有影响力的父亲的男孩比起有一个在家庭中乐于作出决断的父亲的男孩要少男子汉气概。父亲为儿子提供了一个活生生的、具有男子汉气概的榜样。父亲对女儿的影响也非常重要，父女关系不仅提供给女孩一个与不同性别之间相互作用的榜样，也促进女孩积极的女性化自我概念的发展。

父亲缺失的孩子可以从朋友、亲戚和其他男人那里找到合适的父亲替代者，而有一个不介入抚养的父亲的孩子，只能发现一个刻板的成年男性形象。这种不适合的父亲导致孩子对成年男性产生偏见，因为他对积极的男子汉气概榜样的寻找是在一个狭小的范围内进行。

有不合格父亲的孩子日后在与异性交往时，会出现很多问题。性问题往往在父爱丧失的孩子中频繁发生，因为这些孩子与母亲的关系相当密切，但缺乏观察合适的男女之间交流的机会。他们成年后，不协调的行为也经常在恋爱和婚姻关系中出现，而这些总与不合格的父亲有关。父亲与子女的交往，比起父亲仅仅花时间待在家里要重要得多。父亲在他的朋友或工作中可能是有动力和活力的，但如果在家里创造出一种他“不存在”的气氛，如仅仅是独自看报纸、电视或在睡椅上打瞌睡等等，而没有发展与孩子的相互交流，这种父爱丧失很可能会导致孩子在性别角色的发展上产生各种心理障碍。

3. 父亲与家庭互动

要强调的一点是，父亲行为不是发生在真空里的。如家庭的形式和文化，孩子的年龄、性别和发育状况都是重要的影响因素。父母之间的关系在很大程度上决定了父亲在孩子人格发展中的作用。父母关系给孩子提供了一种重要的男女关系的模式。在一个功能良好的家庭中父母之间是互相接受的，他们会去面对每个人的不同需要，并合理地分担抚养孩子的责任。不和谐的父母关系往往会给孩子带来负面影响，如一个有强烈控制欲的父亲会严重阻碍孩子的自主性和独立性的发展。孩子的心理功能是在被父母双方的热情接受下才展起来的。

◎不要溺爱：让孩子健康成长

【一些家长忽视了父母作为教育者对孩子应有的教导社会规范的职责，在家庭中以孩子为中心，造成孩子也以自我为中心，后果是长大以后难以适应社会。】

苏联教育家马卡连柯说过：“父母对孩子爱得不够，子女就会感到痛苦，但是过分的溺爱虽然是一种伟大的感情，却会使孩子遭到毁灭。”

现在的家长们，对孩子的智力教育上舍得花费时间和金钱，却舍不得让孩子干一点家务活，自己统统包揽或者全部交给保姆。其实，家庭教育的最终目的是帮助孩子脱离父母走向独立，成功地构筑自己的生活。而干家务活正是增强他们的能力、自信与责任感的有效途径。在对孩子教育中，许多父母在“爱”的名义下，剥夺了子女健康生存的能力。

作为家长，都有望子成龙的心情，都想把孩子教育好，但是，在教育的过程中，许多家长都存在着心理误区，为避免家庭教育的误区，心理学家给了以下几个方面的建议。

1. 身教重于言教

有些家长对孩子要求十分严格，却从不注意发挥自己的榜样作用，不能以身作则。这样不仅教育不了孩子，还会让孩子深刻地认识和学习到虚伪的不良品质。这种环境下成长的孩子，性情多半会孤独、冷淡，学习、生活懒散，没有上进心和求知欲望。

2. 和孩子交朋友

独断专行之下培养出来的孩子，要么抵触心理特别严重，要么依赖心理过强，缺乏独立决断的能力，很容易在复杂的社会环境中迷失自己，受到伤害。

3. 培养责任感

有时候出了事情，家长是不必急于出面的，让孩子学会自己的事情自己做、自己的责任自己担。比如，把小伙伴的东西弄坏了，不必掏钱给他赔，让他自己出零花钱；玩具弄丢了，不要急着给他买，让他承受丢三落四的后果。多承担些责任，孩子才会长大。

4. 教育意见要一致

教育孩子时的互相拆台，会使教育功效事倍功半。所以家庭在教育孩子的问题上要预先协商，达成一致，绝不可当着孩子的面相互指责。而且，教育孩子时家长的态度不可朝令夕改、反复无常，否则孩子往往不去关注教育的内容，而是小心地揣摩家长的情绪。

家庭教育对一个人的心理成长起着几乎是决定性的作用。家长应该保持科学、客观的心态，将教育孩子视为一项事业，才能不辜负作为家长的责任。

◎培养爱心：增加孩子“爱的能力”

【以自我为中心的孩子在日常处事中唯我独尊，极少顾及别人的感受。这种自我倾向过于严重或超过5岁，就很难再改变，因此，作为父母必须对孩子进行及时的引导。】

4岁的大壮和妈妈出去，看到一个小朋友摔倒在地上，摔破了腿，小朋友在哭，他却在一边幸灾乐祸地大笑；妈妈带他到餐厅时，只要看到自己喜欢吃的菜，他就伸手将菜端到自己跟前，根本就不知道让妈妈和他一起分享；回家的路上，他遇到一个残疾人，不但没同情和帮助的意思，还大声取笑这个残疾人。对此，妈妈虽然看不惯，但也不知道从哪下手来教育他，只是提起大壮这些行为就发愁。

大壮这种行为在很多孩子身上都能发现，很多孩子都是“以自我为中心”的，而这也导致了他们缺乏爱心，同时，这也成为阻碍孩子心理健康发育的拦路石。

父母应该意识到，培养孩子爱心和让其学习其他技能同样重要，甚至爱心比学习技能更重要，因为爱是为人的根本。父母应该让孩子多与小朋友接触，在集体活动中，能让孩子体验到和他人合作的意义，从而走出以自我为中心的观念，增加孩子“爱的能力”。

以自我为中心本来是幼儿阶段心理发展的主要特点，进入童年期，随着孩子认知水平和交际水平的发展，慢慢会变得不再以自我为中心，并且发展出良好的伙伴关系。可是，因为独生子女特殊的家庭结构和教养方式，使得部分孩子的自我中心一再受到强化而“持之以恒”，从而形成一种人格发展的缺陷，并表现出自私和狭隘等缺点。这些孩子不懂得换位思考，缺乏同情心，他们看不起比自己差的人，也不愿帮助这些人，可是在自己需要帮助的时候，却会毫不犹豫地请求帮助。在这种孩子看来，父母和其他人为他服务是天经地义的，根本无需感恩。这种孩子只知索取不知道回报，而且受不得一点儿委屈，不能吃亏，只能占便宜，不懂谦让，只懂抢先。而这种以自我为中心的做法又导致孩子的爱心缺乏，而这终究会让不懂得去关心爱护他人的孩子在以后的社交中经常碰壁。

自我中心是孩子早期自我意识发展的一个必然阶段，在此阶段，孩子以自我为中心观察世界，不懂考虑别人。可以说“以自我为中心”的想法每个孩子都有，如果在这一阶段，父母给予他们积极诱导，孩子自然会从这个圈子中跳出来。假如父母对此不加以引导，孩子的自我倾向过于严重或超过 5 岁，就很难再改变了，这类孩子常常把注意力过分集中在自己的需求和利益上，对于和自己认识不同的信息，一定不会接受，这便是一种病态的心理。

造成孩子以自我为中心的原因很简单：父母从小把孩子放于中心位置，孩子自然就习惯自己是中心。而父母的过分满足也是孩子自私的催化剂，父母给的太多，孩子就认为是理所当然，自私的孩子是感觉不到自己自私的，他们为了满足自己的利益，往往谁都顾不上，其中也包括自己的父母。父母不在意孩子的自私，然而当孩子接触社会时，他们已经习惯了“主宰”他人，这种主宰行为会让他们处处碰壁，同时会让孩子的心理变得脆弱和敏感，应对挫折的能力薄弱，不能及时缓解心理压力，以致稍有不顺就难以承受，从而诱发心理问题。

想让孩子戒除以自我为中心的心理，最主要的还是培养孩子的爱心。很多父母为孩子设计种种人生目标，却唯独没对其进行爱心教育。心理专家认为，培养孩子的爱心和其他技能学习同样重要。孩子自我中心和爱心缺乏的形成常常和父母不恰当的教育方式有关。帮助孩子走出自我中心和爱心缺乏的心理误区，需要父母改变自己的教养方式。

首先，转移家庭注意的焦点。父母对孩子的爱和保护要有一个度，只有注重孩子独立平等的人格，才会让孩子身心健康发展。为了避免孩子的自我中心，父母应有意识地转移家庭注意的焦点，把孩子视为一个和其他家庭成员平等的人而不是需要照顾的对象。这样就会让孩子正确地认识自己，同时也看到别人的存在。

其次，父母可运用移情方法，教孩子换位思考。孩子走出自我中心，需要父母引导。父母可以通过讲故事和做游戏等方法引导孩子认识别人、理解别人、同情别人，促使孩子从“自我”走向“他人”。

最后，父母应该让孩子多参加集体活动。过度保护、封闭会让孩子失去和别人接触的机会，也会使孩子失去认识别人价值的机会。在集体活动中，能使孩子品尝到成功带来的喜悦，体验到和别人合作的意义，从而走出自我中心的圈子。父母还可以多带孩子参加一些公益活动，这对克服自我中心和增加孩子“爱的能力”很有帮助。

◎控制与反控制：为什么孩子不听话

【孩子们好像总听不到你的话，是吗？其实，他们并不是故意想惹父母生气，只是不能和父母一样有紧迫感而已。他们在按照自己的时间表生活，而父母则是按照成年人的时间表生活。】

让五六岁的孩子听进父母的话很难，这是通病。当孩子对你的话充耳不闻的时候，你该怎么办？怎么样才能使你的孩子竖起耳朵听到你说的每一句话呢？

五六岁的孩子听不见你对他说的话，多数情况下是因为他对自己正在做的事情太全神贯注了。这个年龄段的孩子比更小的时候的兴趣范围更加广泛、程度更加强烈、注意力维持的时间也更长了，这就很难让他们马上停下手里正在做的事情，更何况他们还乐在其中呢。有时，父母对孩子的期望值也过高：父母看到孩子在幼儿园里能够集中注意力听老师讲话，就理所当然地断定他在家里也同样能够做到。而真实情况是：孩子一回到家，就会很放松、很安逸，他觉得对父母没有必要像对老师一样总是听从。有时候，你的孩子行为懒散，注意力不集中，正是他感觉自己具有控制能力的一种体现，他想通过不理睬的方式告诉你：“我想按自己的想法做事，我想做的时候再去做。”当然，在孩子累了、饿了、发脾气的时候，他也不会听从父母的要求。父母应该体谅孩子的情绪，给孩子机会让他放松下来。

具有讽刺意味的是，你越责备孩子对你的话不理不睬，他就越听不见。如果父母换位思考一下，对孩子的这种行为也就可以容忍了。你可以设想一下，当你正在专心观看一个电视节目的时候，你的妻子打断你说："把电视关了吧。该吃饭了。"但是，你并没有任何行为反应，那么你的妻子就会生气，口气也开始不耐烦："该吃饭了。如果你还不关电视，那我明天晚上就不和你去看电影了。"听了这些话，你会有什么样的感受？你会乖乖地顺从吗？

让他明白前因后果，让他看着你的眼睛，他就会明白你在和他说话，你的话很重要。专家们建议，让孩子学会倾听的最好方法就是让他明白前因后果，比如，告诉他如果他现在不能马上去洗澡，过一会儿就没有时间看书和讲故事了。这个年龄段的孩子逐渐能够懂得一些做事情的理由了，也开始考虑将来会发生什么事情了。比如，为了让孩子明白为什么他必须准时到幼儿园，你可以告诉他："老师希望你们都能按时到幼儿园，这样谁都不会错过听连续故事的下一集了。如果你迟到了，我上班也就迟到了。"

如果面对你的要求，你的孩子总是没有任何回应，那么你就有必要先问问自己，是不是自己一次对孩子提出的要求过多了。父母一下子对孩子提出几个要求并不罕见。有的父母会这样要求自己的孩子："时间到了，先把玩具收好，然后去刷牙、洗手、洗脸。别忘换上睡衣再上床。"但是，对孩子来说，他很难记住所有的要求。所以，父母首先要使自己的要求简单化，提出要求后还要等30秒钟，看看孩子是否有回应，如果没有就再重复一遍。日常生活中，所有的父母都希望自己的孩子听到要求后马上行动，不要浪费时间。但这样的理想并不可能成为现实。不过，父母可以想办法让孩子缩短拖延的时间。为了节省时间，也为了达到更好的效果，父母需要改变那种隔着很远命令孩子做这做那的习惯，而是要让孩子看着你的眼睛，这样他才能明白父母说的话是很重要的，不能当耳旁风。

让孩子倾听有8个办法：

1. 父母保持冷静

孩子也像成年人一样，别人命令他做事或者威胁他的时候，他总是故意拖拖拉拉。所以父母需要保持冷静。为了避免自己被激怒，父母在提出要求的时候，可以事先给孩子一些时间，可以对他说："再画5分钟你就必须去洗澡了。"

2. **让孩子重复一遍你说过的话**

这样，你马上就能弄清楚孩子到底有没有听见你所说的那些话了。如果你的孩子确实不知道该如何去做，比如，他不会关上收音机，那么当你让他重复你的要求时，他就能趁这个机会告诉你他不会做。

3. **在游戏中让孩子顺从**

你的孩子是不是喜欢把自己装扮成故事书里的人物？孩子一旦成为故事中的人物，反而能更加认真地倾听父母的讲话了。而且，每一个孩子都喜欢幻想。父母与其在睡觉问题上和孩子发生冲突，还不如和孩子一起张开幻想的翅膀。先顺着孩子的思路设想：“如果我们从来都不需要睡觉，那该有多好啊。那我们能很多天都不睡觉吗？……”你的孩子一定很高兴和你一起无边无际地遐想，然后，他很可能去考虑和接受现实生活的安排了。

4. **认真倾听孩子的讲话**

当孩子告诉你一些事情的时候，父母应该把报纸放下，专心听孩子讲话。如果父母以身作则，做一个好听众，那么孩子就会跟父母学着做。

5. **免去责备，直接描述你所看见的现状**

不必抱怨孩子做得不好，父母应该尽量避免责备孩子。比如，当你看到孩子把玩具扔得到处都是的时候，与其质问他“为什么你把房间弄得这么乱”，还不如描述一下你所看见的现状并给出建议：“我看见玩具到处都是，一不小心就会踩着、碰着。来，现在我们把玩具收好吧。”

6. **避免在短时间内让孩子开始做花费时间的事情**

在孩子马上就要去上幼儿园或者去上学之前，最好不要让他开始画画；在不久就要出门的时候，父母不要同意孩子去看动画片。因为这些事情肯定做不完，到那时，想让孩子结束就难了。

7. **写明要做事情的清单**

如果你感觉早上时间紧张，那么就告诉孩子早上出门前都需要做哪些事情，而且把每一件事情都写下来，或者用图形表达清楚。然后让你的孩子自己核对都做了哪些事：穿衣服、刷牙、洗脸、吃早饭。父母要把记录的清单放在显眼的地方，以便经常给孩子提醒。

8. **夸奖你的孩子是个好听众**

五六岁的孩子总是希望自己不受约束，但他们也想使父母高兴。当你的孩子听到你对他的行为表示赞赏的时候，他也会非常高兴，他感觉自己既没有受到约束又使父母高兴了。

◎单亲家庭子女：如何培养出一个坚强的好孩子

【单亲家庭中的孩子照样可以成长为健康成功的人，所以，不必自卑，也不必自怜，正确地看待困难、挫折，“化悲痛为力量”，用困境激励自己，迎难而上，培养出一个坚强的好孩子。】

在现代社会，单亲家庭越来越多，每年大约有 150 万对夫妻离婚。“幸福的家庭总是相似的，不幸的家庭却各有各的不幸。”夫妻不和，离婚并没有错，错的是不应该对孩子造成伤害。

在女儿萍萍五岁的时候，老王和妻子离婚了，从此老王一个人又当爹又当妈地照顾女儿，日子过得很辛苦。做家长不容易，做单亲家长更不容易，尤其是老王，他的工作压力也很大。虽然老王竭尽全力地想为女儿创造良好的生活，但没有妈妈的关心、疼爱，萍萍还是过得有些孤单。不知不觉中，老王发现，萍萍长大了，变得更加内向，平时在家里也不苟言笑。一次，老王无意中看到萍萍的日记本上写着，“既然我没人疼，为什么还让我来到这个世界上?”的话，让老王心里非常难过，也感到非常委屈。

不难发现，有些单亲家庭中的孩子，由于得不到全面的爱而变得孤独自闭，胆小畏缩，生活在压抑的情绪中不能释放；也有的孩子因生活在父母双方的仇恨和谩骂中而变得性格暴躁，悲观厌世；还有的孩子因父母离异而对爱情和婚姻产生恐惧，进而对整个人生产生怀疑，生活在一种深深的危机感中，感觉不到幸福。

所以，做家长的要爱护自己的婚姻，非离婚不可时也要想办法努力把这种对孩子的伤害降到最低。不同层面的孩子对父母离婚会有不同的心理反应：婴幼儿时期的孩子，虽然还不太会说话，但他们的心理非常敏感，能觉察到周围人和环境的改变。因此对这个时期的孩子，大人的生活作息尽量不要有大的变动。如果非改变不可，也要循序渐进让他们慢慢适应，尽量避免大变动给他们带来困扰；幼儿园时期的孩子，是想象力高度发展的时期。他们常常分不清哪些是真实的，哪些是想象的，所以往往会认为是由于自己不懂事惹父母生气，父母才离婚的，他们往往把责任归咎于自己而陷入深深的自责之中。对于这个时期的孩子，必须告诉他们，父母离婚是大人之间的事，与他们无关。小学阶段的孩子处于最无法接受父母离异的年龄，所以他们受到的伤害也最大。首先，他们此时不能像小时候那样用想象来安慰自己，另外，他们还不够成熟到有能力驾驭自己焦虑、恐惧的情绪。尤其是当继母或继父或新的兄弟姐妹闯入家里时，他们更感到恐惧和担忧，唯恐失去大人的爱，这时大人要反复地告诉他，你永远是他的爸爸或妈妈，你会永远爱他。这时让他们有安全感，体会到温暖和爱是非常重要的。对于处在中学阶段的孩子，这时已经能够明白事物的变化是正常的，但他们还是无法摆脱不良情绪的困扰。亲情的不完整，加上青春期的焦虑与困惑，会让他们陷入深深的苦恼之中，进而怨恨、仇视父母，恨他们怎么自私地抛弃了自己。所以对这个时期的孩子，父母最好齐心合力，制定一个科学的教育方法。切忌相互埋怨，给孩子心里埋下仇恨的种子。

那么，生活在单亲家庭中的孩子，人格和心理一定会出现问题吗?

据国外的心理学家统计，35%的诺贝尔奖获得者都出自单亲家庭，54%的美国总统和英国首相出自单亲家庭，比如：林肯、丘吉尔、克林顿……可见，单亲家庭的孩子不仅有容易出问题的一面，更有容易成才的一面。

对于单亲家庭，我们要一分为二地看，单亲家庭既有消极的方面，也有积极的方面。在欧美，有很多单亲家庭的孩子很幸福、很成功，没有出现任何问题。我们的传统是容易给一个事物下定义，久而久之，形成一个思维定式，认定了单亲就是不幸的，单亲的孩子肯定会出问题。由于这种思维，本来可以健康成长的孩子都变得不正常了。实际上，无论是单亲的孩子，还是正常孩子，关键在于我们怎样对待和看待。建立现代的观念，走出思维的误区很重要。

◎逆反心理：孩子为什么爱“顶牛”

【青少年逆反心理常有如下多种表现：对宣传做不认同、不信任的反向思考；对先进人物、榜样无端怀疑，甚至根本否定；对不良倾向持认同感，大声喝彩；对思想教育蔑视对抗等等。】

老张夫妻俩工作都很忙，对儿子阳阳要求严格，说一不二，缺乏关心和理解。张阳小时候不敢顶嘴，但现在一听到父母唠叨就发脾气，甚至一回家就进自己的房间，打个招呼都很难。最近一年来，上了高中的张阳成绩退步了，老张和妻子无论问他什么，都是“是”或“不是”三两个字。最近老张听说，张阳在学校常因为头发不符合要求，不按时完成作业及考试成绩不理想而受到老师的批评，但他不仅不承认错误，还和老师顶嘴。老张想问问他在学校的情况，但每次一提到这个话题，张阳就很反感地大声嚷嚷：“说个没完没了的，烦不烦啊。”然后“砰”地躲进自己的房间。

这件事让人想起苏联心理学家普拉图诺夫在《趣味心理学》一书的前言中，特意提醒读者请勿先阅读第八章第五节的故事。大多数读者却采取了与告诫相反的态度，首先翻看了那些内容，这就是逆反心理在作怪。所谓逆反心理，就是指人们出于维护自尊的目的，对他人的要求偏偏采取相反态度和言行的一种心理状态。逆反心理作用下，人们常与要求者“顶牛”、“对着干”，常做出以反常的心理状态来显示自己的“高明”、“非凡”的行为。

根据心理学的解释：逆反心理是客观环境与主体需要不相符合时产生的一种心理活动，具有强烈的抵触情绪。因此，逆反心理的客观条件有两个，即主体和客体。可以说，有思维能力的人存在于社会就会有逆反心理、逆反现象的存在，人的一生都存在着逆反心理。

由于青少年学生正处在身心发育成长的不稳定时期，思维的发展和逆向思维的形成、掌握，为逆反心理的产生提供了心理基础和可能。因此，逆反心理在成年前程上升状态。

青少年学生的逆反心理有消极性，也有积极性。当逆反心理得不到合理调适就会呈现消极作用，使家庭教育、学校教育不能顺利进行，进而转化为矛盾，严重者会造成事故，甚至酿成悲剧。青少年学生的逆反心理往往具有求异思辨的特点，是孩子智慧的火花，创造的源泉。积极的逆反心理却是一面明镜，如能加以正确地利用和引导，既能收到良好的教育效果，又能促进学校和家长改进教育工作的方式方法。因而，面对青少年学生的逆反心理问题，应采取积极的态度，科学地分析，做到扬长避短。

逆反心理的产生原因包括以下几点：

强烈的好奇心。由于阅历和经验的不足，青少年们不迷信、不盲从，具有较强的求知欲、探索精神和实践意识。但家长或教师在教育孩子时，为了让孩子不走弯路，常用自己的所得经验阻击孩子的好奇心。孩子受好奇心的驱使，听不进大人们忠告，对于越是得不到的东西，越想得到，越是不能接触的东西，越想接触。这样，孩子不听劝告的逆反行为就形成了。

自我肯定的心理需求。对于青少年尤其如此。他们正处于性格形成和自我认识的时期，通过否定权威和标新立异可以满足自我肯定的心理需求。青年人不会满足于适应社会，他们还希望社会承认他们的价值和地位。因此他们往往有意采取逆反行为，以引起别人的注意。

施教者的不足。施教者的可信任度、教育手段、方法、地点的不适当，更容易引发受教者的逆反心理和行为。在当今，各行各业竞争激烈，家长为了让孩子打好基础，教师为让学生出成绩，家长和教师多方加压，恨铁不成钢，教育方法失当。这样青少年学生的成长压力很大，成长历程被压变了形，失去了自由、失去了欢乐、失去了童趣。当压力超过青少年学生的承受能力时，矛盾必然产生，就会产生出逆反行为，甚至敌视父母、教师。

不良精神刺激。有的人遭受过种种挫折，受到了不良精神刺激，逆反心理变得十分严重。比如，有的人多次失恋，便认为人世间没有真正的爱情，如果谁说爱情美，他们就会大加否定。还有，当青少年学生的自尊心受到伤害时，往往会给对方加以反驳，以维护自己的尊严。如：老师在教室里或当着全班同学的面批评某个学生；家长在朋友家或在孩子的朋友面前数落孩子的缺点。这些不当的教育方法也是引发孩子逆反心理的主要原因。

青少年学生的逆反心理是正常心理，也是问题心理。在社会中，在青少年学生的成长道路上逆反心理是必然存在的，它是一种正常的心理形态。同时逆反心理也给家庭教育、学校教育带来了一系列问题，是一个急需解决的心理问题。

对于家长而言，孩子进入青春期最大的变化是从儿童期依恋父母，转向依恋朋友。因此产生了亲子关系冷淡，甚至有子女脱离家庭的倾向。此时，父母应善于引导，不仅关心他们的衣食住行，更要深入细致地观察他们的内心世界，经常与他们交流，同时也要尊重孩子“独立自主”的权利，允许他们有自己的一方天地，这样，才会使青少年顺利渡过这段情感不稳定的时期。

1. 家长要了解、顺应孩子生理、心理成长的规律

有了爱心的同时更应具有童心，对于孩子的好奇心，家长应适当给孩子提供探索实践的机会，不要以过来人的身份告诫孩子而阻击其好奇心，孩子在实践中虽然走了弯路，但其成长经验远比家长的说教强上百倍。随着孩子的成长，家长不要老是采用抚育婴幼儿的那种包办、监护的方式，要留给孩子一定的独立空间，给他们一定的自主权利。

2. 家长要与孩子平等相处，不要用命令、训斥的口气，不要用粗暴和强制的方法管教孩子，真诚做好孩子的知心朋友

特别是当孩子提出一些要求、见解时，家长不要搪塞了事，使自己在孩子心目中丧失信赖度，阻塞心灵的通道。

3. 家长要树立正确的教育观，要看到孩子的长处，多体谅孩子的难处，应善于理解孩子

不要给孩子加压，不要老是以榜样与孩子作比较，如果榜样起不到作用就会伤害孩子的自尊而欲速则不达。只有让孩子有愉快轻松的心境，孩子才能健康、快乐地成长。

◎不良结婚心理：你的结婚动机健康吗

【婚姻是一种非常高的思想，它的解决需要我们做出许多的努力和创造活动，不是身心健康的人是很难负起这个重担的。——阿德勒】

热恋中的男女，头脑常常是不清醒的。许多自认为信奉“爱情至上”的青年，结婚的动机其实并不是真正的爱，而是掺入了许多其他的因素。在这种情况下，不必要的离婚悲剧和家庭危机便频频上演。研究发现，常见的不健康的结婚动机有如下几种：

1. 为逃避不愉快的家庭

阿光的父亲喜欢喝酒，喝醉了就和阿光妈妈吵架，家里战火不断。阿光很讨厌这种家庭生活，经常借故不回家。他开始想早点结婚，摆脱这个战火弥漫的家。于是在朋友介绍下，结识了一个女孩，了解没几天就匆匆结婚。可婚后才发觉自己对妻子一点都不了解，两个人性格相差太远，战火比自己的父母还厉害。可是，后悔不也晚了吗？

为逃避不愉快的家庭而匆匆结婚，耽误了一辈子的大事。

2. 出于同情

文坛“二萧”不知道你听说过没有。萧军和萧红是我国文坛名家，他们的爱情纠葛为文人们所津津乐道。萧军侠义心肠，毅然将萧红救出困境，后两人在一起的文字耕耘和生活中渐生情愫，结为夫妇。但他们彼此的性格并不适合做夫妻，后来长时间分居两地。萧红去世时，也没有看到萧军最后一眼。

他们之间的婚姻很大程度上建立在萧军对萧红的同情心之上，因而导致了最后的悲剧性结局。富于正义感的人看到异性处于困境时，容易冲动地用婚姻去拯救，可结果往往是伤人又害己。同情心是可贵的，但不能作为婚姻的动机，这样是不会幸福的。

3. 报恩心理

伟最近感到非常痛苦，因为他发现自己的婚姻里没有爱。妻子是爱他的，可他对妻子至今未产生过真正爱的感觉。伟与妻子是一个单位的同事，当初她对他格外关心，经常主动给他打饭，还主动给他洗衣服，令他倍加感动。于是在报恩心理的驱动下，他接受了她的爱意，结为夫妻。可是他们的婚姻并不幸福。

报恩心理和同情心理是相对应的一种结婚心理动机，也是不可取的。

4. 一气之下的冲动

慧在毕业时收到男朋友的一封分手信，十分痛苦，也十分仇恨他。工作后，带着赌气情绪，她主动和单位的一位男同事接近，并结为夫妻。可婚后很多年里，她仍然放不下原来的男朋友，与丈夫过着同床异梦的生活。后来，她调动工作，和原男友不期而遇，多年的情愫再度迸发，引发双方家庭与婚姻的剧烈动荡，最终酿就了一场悲剧。

由于爱情受了挫折，很多人为了赌气而匆匆与人结婚，以为这样可以忘记前人，洗去屈辱或伤害到那个负心人。殊不知，这种缺乏理智的结婚心理，不仅伤害了无辜人的感情，也可能就此了结了自己一生的幸福。

5. 屈从于外界的压力

华出生在干部家庭，父母都是当地政府要员。华读大学时自己谈了女朋友，漂亮聪慧又善良，他们感情很好。可是华的父母却极力反对，因为那个女孩家在农村，无权无势又没钱，跟华家没法比。他们给华找一个“门当户对”的官家公主，全然不顾华的感受，并威胁说如不答应，就和他断绝亲子关系。慑于强大家庭压力，华让步了，痛苦地和心爱的女友分手，极不情愿地和那个千斤确定关系，不久后结婚。

门当户对又如何呢？无非是官运亨通、有钱有势，可这些不一定能换来发自内心的幸福感。华的懦弱使他失掉了真正的幸福。

6. 冲动心理

有个小伙子和一位姑娘互有好感，可是任凭姑娘怎么暗示和催促，他始终不肯和她明确关系。姑娘急了，就和另一位小伙抛起了媚眼。这下那个小伙可忍不住了，急匆匆和姑娘确定了关系，谈起了恋爱。这就是一种冲动心理。就像买东西一样，当正在犹豫不决时，如果别人加入到购买的行列中来，你就会赶紧买下来。但拿回家后，冷静下来一想，才发觉这个东西对自己可能没什么用。

性冲动也是一种促使结婚的冲动心理。有些男性，为了满足性欲望而匆匆与并不十分了解的女性结婚。婚后，性欲望满足了，可其他方面却可能暴露出不可弥合的矛盾和差异，可能导致婚姻失败。正如著名心理学家霭理士所言：“婚姻不止是一个性爱的结合，这是我们常常忘却的一点。在一个真正理想的婚姻里，我们所发现的，不止是一个性爱的和谐，而是一个多方面的、与日俱增的协调发展，一个生育子女的可能的合作场合，并且往往也是一个经济生活的单位集团。婚姻生活在其他方面越来越见融洽之后，性爱的成分反而见得越来越不显著。性爱的成分甚至会退居背景以至于完全消散。而建筑在相互信赖与相互效忠基础之上的婚姻还是一样的坚不可摧。”

7. 年龄偏大

小刘是一个漂亮又高学历的姑娘，工作很不错，家庭条件也好，所以对于对象的要求自然很高。看着同学或同事一个个踏上婚姻殿堂，她却还没有找到一个心满意足的对象，可标准仍然不肯降一点。熬到 30 岁出头了，她终于挺不住了，标准不得不一降再降，最后匆匆嫁给了一个远不如当初相过亲的小伙子们条件好的人，好歹结束了大龄单身生活，父母也松了口气。可这匆匆的婚姻怎么能好的起来呢？婚后不久，丈夫的各种缺陷让小刘无法忍受，虽然有车有房，可一点幸福感也没有。可有什么办法，如果离婚，不但大龄而且属于离异族，再婚不会舒服，单身过一辈子更承受不起。懊悔当初挑剔的同时，她不得不忍受不满婚姻的折磨。

大龄青年在选择结婚对象的时候，要面对的一个现实是年龄的增长使可选择的对象越来越少，但即使是这样，也不能仓促做出决定。因为选择和谁结婚是短暂的，但今后的长相厮守却是漫长的，因此，不能为了结婚而结婚，不能为了结束单身生活而结婚。

8. 因恋人怀孕不得已而结婚

性欲望的驱动下早尝了禁果，生米煮成了熟饭，并操作不慎致女友怀孕，你不娶她谁娶她？你不负责谁负责？至于性格、人品、学历、家庭条件等等各种其他因素，已经容不得你细细考虑了。许多年轻人匆匆结婚就是出于这个原因。碰巧了，除了性生活和谐，其他方面也合得来算是幸运；若合不来，那只有慢慢品味自己酿的苦酒了。

◎婚姻期望：结婚是奔向幸福人生的出发点

【结婚是青春的终点，也是奔向幸福人生的出发点。为了让它结出美好果实，千万不要焦急，要慎重，要有诚意。——池田大作（日）】

在一项婚后男女心理特征调查中，男性有诸多值得肯定的方面，但所占比例各不相同，比如90%的男性对爱情专一，80%男性关心妻子遇到的困难，70%有事同妻子商量，69%生活上关心妻子，56%能注意妻子感情需要，52%主动干家务，41%较节省，38%经常鼓励和安慰妻子。但也有许多应该否定的方面，并且调查得分高于女性，比如有感情转移或第三者介入的男性所占比例是女性的5.5倍，喜新厌旧者为女性的3.6倍，不主动干家务者为女性的3倍，自私、遇到困难抱怨妻子、不注意配偶感情需要、有事独断专行、花钱大手大脚者为女性的1.6~2倍。调查结果说明，部分男性在婚前为了追求女性而通常卖力表现，而婚后达到了追求目的，逐渐放松了对自己的要求，表现不佳，令妻子失望。根据1~4年的追踪调查，发现男性对婚姻不和谐负有较大责任。

调查中发现，婚后女性在注意爱人感情需要、生活上关心爱人、处理家务、生活较节俭、对爱情专一、有事同爱人商量、经常鼓励安慰爱人等家庭生活方面优于男性。不足之处是女性在家中爱使性子、耍脾气。调查还发现，女性对婚姻的失望程度普遍高于男性，比如，数量3倍于男性的女性感觉爱人在婚后由完美变得平庸，2倍于男性的女性认为婚姻是爱情的坟墓，同样2倍于男性的女性认为婚后生活由婚前浪漫变得平淡无味。这表明，女性在婚前期望值和对婚姻的理想化程度高于男性，因此失望程度自然也高于男性。

婚后，夫妻虽然朝夕相处，但并未见得能够“知己知彼”。夫妻之间的心理差异不可忽视，了解这种差异有助于夫妻生活的和谐、美满。

1. 丈夫持家意识比较弱，妻子比较强

妻子的持家意识主要体现在两个方面：首先是亲自操持家务。大部分妻子在家总是忙个不停，一会儿洗衣服，一会儿做饭，吃完还收拾碗筷，然后又是擦地板。纵使现在越来越多的丈夫开始主动或被迫做家务了，妻子往往也不会闲着，常对丈夫干过的活说三道四，或者干脆又把丈夫干过的活重新干一遍，结果挫伤了丈夫做家务的积极性："干了半天最后还落了个不是，以后你就一个人干吧，我不干了。"操持家务应该是夫妻双方的义务，妻子应调动丈夫的积极性，即使丈夫笨手笨脚，也要耐心教导，所谓熟能生巧嘛。其次，妻子的持家意识还体现在对家庭收支的管理上。妻子往往愿意掌管财政大权，尤其是在现在的农村，丈夫大多外出打工，妻子则在家全面照料家务与家庭财政。不过不管当家理财的是妻子还是丈夫，在遇有重大家庭支出时，最好两个人共同决定。

2. 婚姻生活中，丈夫通常刚毅、精力充沛、有意志力、情绪强烈、易冲动，有时候还很暴躁，妻子则往往表现得温柔、细腻、内向、含蓄

日常生活中经常可以看到，当孩子因为淘气而惹爸爸生气的时候，爸爸会大声斥责孩子，甚至要打孩子，妻子则会赶紧出面护着，并细声细语地埋怨孩子两句，之后还会埋怨丈夫对不疼孩子。其实，双方做得都不怎么对：妈妈不应该溺爱孩子，爸爸不应该动辄打骂，都应该对孩子晓之以理。妻子的情感比较细腻，想得比较多，遇到了什么问题或心里有什么不满不愿意说出来，往往憋在心里生闷气，给家人脸色看，这就更需要丈夫充分理解女性的心理特点，平时注意观察妻子的情绪，及时加以开导、关心和体贴。

3. 丈夫的情绪较为稳定，而妻子的情绪容易波动

无论在外面遇到高兴的事还是倒了霉，丈夫回家后比较沉得住气，喜怒往往不溢于言表，不急于向妻子述说。而妻子则不然，遇到高兴的事回家就会喜形于色、手舞足蹈，会把事情从头到尾说一遍，甚至还会反复重复好几遍；遇到不高兴的事回家就会向丈夫大倒苦水乃至伤心落泪。

4. 丈夫自尊心比较强，而妻子虚荣心有些强

丈夫往往有意或无意地表现出男子汉的尊严，而妻子特别愿意别人欣赏自己的穿着、容貌或者夸奖自己的孩子、丈夫。比如，丈夫给妻子买了一件衣服回家，觉得实惠、耐穿也好看，妻子则可能觉得不漂亮，一点也穿不出去。这时候，妻子可能把丈夫数落一顿，或者是让丈夫退掉，或者是满脸冰霜不理丈夫，或者是违心地夸奖丈夫几句。妻子应当理解丈夫和自己之间的审美差异，更应当理解男人最需要尊严。如果满心欢喜买给妻子，而回家就遇到一盆冷水，丈夫会感到伤害自尊。最好的方法就是违心地夸奖丈夫几句，穿上转几圈，然后说温柔地跟丈夫说自己不是十分喜欢，但因是丈夫买的就不一样了。

5. 丈夫有时候显得反映比较迟钝，而妻子敏感又喜欢联想

比如，妻子满心欢喜地穿上一件新衣服给丈夫看，丈夫却呆呆地说："你穿这件衣服不好看，穿在你妹妹身上才好看呢！"说者无心，听者却有意。因为一句话，妻子心里会翻江倒海、联想起伏，认为丈夫看不上自己了，嫌弃自己了，于是好几天不理丈夫，或者在丈夫面前又哭又闹，而丈夫往往不知道是何缘故。这种事情多了之后，丈夫就会很反感，赌气少说话或干脆对妻子不加评论，夫妻之间的交流就会有问题了。这种情况下，丈夫应该理解女性的心理特点，不要和妻子计较，妻子也应该理解男人的马大哈毛病，不要想得太多，许多矛盾就会不复存在了。

6. 丈夫遇事通常比较冷静、理智、有主见，而妻子则容易受外界的影响，容易情绪化

比如，在买东西的时候，丈夫比较理智，想买就买，不容易受外界干扰，即使买了之后发觉是伪劣产品也不会表现出很后悔的样子，认为无所谓。妻子则不同，买东西喜欢挑来拣去，或者和丈夫、同事或朋友商量，老拿不定主意，容易受他人左右。特别是买回一件东西，如果有人说不好，她们会感到后悔，而且在一段时间内老耿耿于怀。因此，在处理一些事情上，妻子最好能听取丈夫的建议。

7. 丈夫胸襟比较豁达，而妻子度量狭小，遇事往往想不开

妻子在家中用她那双灵巧的手料理全家的生活，细心周到，可是这种细致的心理特点，往往也表现为度量狭小。如果妻子遇到什么不顺心的事，会在一段时间里放不下，一想起来就会唠叨，甚至会无缘无故地冲丈夫发无名火。这时候，丈夫最好对妻子采取忍让的态度，并适时加以劝导，如果丈夫针锋相对结果只会引火烧身。

以上所述的夫妻心理差异只是些共性的，当然可以因人而异。无论具体差异如何，夫妻双方都应该懂得互相取长补短，促进夫妻生活的美满。

◎爱情厌倦症：什么原因让你厌倦爱人

【爱情是两个相似的天性在无限感觉中的和谐的交融。——别林斯基】

许多人都有过这样的体验，若长期接触同一事物或从事同一工作，就会产生疲劳感。即使是一幅很美的画、一首很动听的乐曲，如果反复看、反复听，原先的美感也会逐渐消失，而代之以单调乏味的感觉。同样，毫无变化、索然无味的婚姻生活也会产生这样的心理反应，这就是“爱情厌倦”心理。

老李越来越不愿意回家，他正处于人到中年、在事业上冲刺的阶段，在外面享受着金钱、地位带来的荣耀，虽然付出了艰辛的代价，但总的来说，他觉得很值得。

唯一令他不满的地方，是家庭生活很冷淡。妻子是一位职业女性，工作起来不比他逊色。由于作息时间不一致，夫妻俩已经分床数年。他们很少有时间交流，难得在一起吃饭，家里的豪华厨房还是崭新的。

老李常常叹息自己很孤独，他也觉得自己的婚姻出现了问题，却不知道该如何面对。

婚姻问题专家指出：孤独感、生活单调、缺乏情感交流和吸引的消失是产生“爱情厌倦”心理的主要因素。

孤独感常是产生这种心理的主要原因。一个人如果没有人与他分享生活中的乐趣与感受，就会产生孤独感。由孤独感而转成对婚姻的失望及至愤怒，原先的情感也就随之消失殆尽了。

长期单调贫乏的生活是促成“爱情厌倦”心理的第二个重要原因。家庭生活如果总是在同样的时间以同样的方式进行就会失去乐趣。而外遇却能提供新鲜感和刺激感，并带有许多吸引人的冒险因素，这对于不甘单调的一方自然构成了巨大的诱惑，继而对原有的婚姻更为不满和厌倦。

夫妻间若长期地缺乏感情交流是滋长“爱情厌倦”心理的第三个因

素。事实上，夫妻间的和谐关系是靠思想信息的交流而形成并维护的。它包括互相的尊重与欣赏，夫妇若缺乏情感交流，其隔阂便会渗透到生活的各个方面，使双方渐渐疏远，由相互看不惯直到相互厌倦，“爱情厌倦”心理就由此产生。

至于吸引力，这是夫妇双方保持相互爱慕所不可缺少的重要因素。而不少做妻子的却认为，自己同丈夫一起生活多年，互相熟悉也无什么生理上的秘密可言，就无需保持端庄的仪态，因而失去了女性特有的魅力，使丈夫逐渐产生厌倦的心理。还有一些女士则认为，只要自己有功于丈夫和家庭，丈夫就不会（至少从道义上讲是不敢）嫌弃自己，因而不注意自身的修养和提高，使夫妻间拉大差距，造成情感的不和谐。此时，“爱情厌倦”心理也就在所难免。

若要防止产生“爱情厌倦”心理，就要保持婚姻生活的新鲜与活力。

1. 树立配偶第一的原则。

2. 尽量使家庭生活丰富多彩。

记得生日、结婚纪念日等有纪念意义的节日。这样，双方就会燃起对爱情、对生活的新的追求。

3. 经常地赞美对方。

事实上，这是给对方的精神支柱，是对方获取幸福的源泉，交流情感为什么要吝啬赞美之词?

4. 努力提高自己各方面的修养，是保持吸引力的重要手段。

别林斯基说：“爱情是两个相似的天性在无限感觉中和谐地交融。”夫妻既是一个共同生活的整体，又是两个独立的人。它不会因一方的提高而“带高”另一方，只有双方共同提高，才是婚姻稳固和谐的基础。

◎婚外恋四阶段：婚外恋中的心理变化过程

【在决定离婚之前，有一段漫长的、痛苦的、艰难的思索理由的过程，即从个人的需要、利益、见解、价值观的角度全面为自己的决定提出根据的过程。】

“婚外恋”从字面上它是一场恋爱，但从实质上它不过是一次偷情、偷性的过程，这是由男女性别不同，生理心理不同所带来的必然区别。在婚外两性交往之中，男人往往重性，女人则习惯于重情。人们在婚外恋中的心理变化大体上可以分为以下几个阶段：

1. 心理准备阶段

已婚的人一开始通常都不是刻意去找婚外恋，只是出于冲动和幻想，不自觉地对异性献殷勤，希望能吸引对方，不觉已越陷越深。大多数已婚的人都会有那种刺激的幻想，但并不是每个人都会付诸行动：有的会出于对爱人和婚姻的许诺及道德的自我约束，挣扎一段时间后放弃实际行动；有的人体有了暂时的热情后，又迅速消退，也不会有再进一步的发展。

在这个阶段，人们其实大都希望能得到一种不同于婚姻之爱的浪漫、野性爱。但要真正进入身心投入的阶段，恐怕离不开与婚外恋对象较为长期的日常接触与慢慢熟悉，离不开对新感觉的一个适应过程。这时候，人们通常会发觉她或他才是自己苦苦寻求的真正的梦中情人和红（蓝）颜知己，而家中的妻子或丈夫则只是生活的伴侣，并且已经青春不在，早已没有激情可言。

就这样经过一个“幻想—接触—融合”的过程，感情逐渐深入，为步入婚外恋做好了心理准备。

2. 身心投入阶段

这个阶段的最初时候，他们大多还没有发生性关系，没有太多的负罪感，也遇不到什么抗争，两人名正言顺地一起，比如多在餐厅、办公室、旅途中等较为公开的场合接触，享受那种暧昧又兴奋的感觉。

随着时间的推进，总会有一些特殊的机会来临，例如一方遇到困难或遭受挫折，另一方必然会给予贴心的安慰与帮助，或者一起出公差，在异乡感觉只有他们两人的存在，仿佛又回到了浪漫年华……于是，两人的亲密接触就不可避免了。

这时候，两人会感到兴奋、刺激、浪漫，但同时也夹杂着焦虑、担忧和愧疚，因而可能有忽近忽远、若即若离的现象。可是都已经身不由己了，此时现实暂时被抛在脑后，眼中只有了彼此，于是在适当的环境中、男方的主动冲击中，两人突破了最后的防线，发生了第一次性行为。

第一次之后，大多会期望进一步滋长爱情，会继续亲密接触，但也有其他的情况。大致可以分为四种反应类型：

（1）死心塌地型。这种反应类型的人会对情人全心全意地投入，并准备和对方再结婚姻。他们会感到自己当初娶错或嫁错了人，尽管也尽量避免离婚，但发现已经不可能，可是婚离得也不会轻松。

（2）两全其美型。有些人确实深爱自己的情人，但也离弃不了家庭与婚姻，总想两全其美。他们常说的话是："我不能没有家庭、孩子，但我更不能没有你，真的爱你。"

（3）回归本位型。有些人事后发现对方原来并非自己的梦中情人，与其发生关系只是一时冲动，甚至发觉情人还不如原配好。因此他们会重新安定下来，回到原配身边。

（4）另有他图型。有些当事者发现情人不是自己梦寐以求的，但也对现有婚姻不满，因此婚外恋成了其利用来跳出婚姻的工具。

3. 发展分化阶段

婚外恋时间长了，难免东窗事发，于是一场战争在所难免，给当事者莫大的压力。就情人本身来说，尤其是女性情人，开始可能只满足于拥有爱情，但随着感情深入，嫌男方陪自己的时间不多、不能公开露面、也想有个新家等等抱怨就多了起来，也给对方施加了压力。这种情况下，多半人会两处敷衍、皆给承诺，但都无法兑现。

另外，时间长了，婚外恋者会发现当初的新鲜、刺激的感觉越来越淡，与原婚姻越来越像，于是逐渐开始重新认识问题：要么想再换情人，要么想回到家中，要么都扔了省心。

4. **最终结局阶段**

前面已经提到，婚外恋通常有三种结局：与情人再婚、维持现状和分手。

对于第一种结局，显然是情人胜过原配，家庭最终破裂。这种结局，情人虽然获得最终胜利，但以后的路并不轻松，比如与对方父母、亲戚、孩子的相处就是一件不容易的事。

第二种结局，双方都妥协，继续维持婚外恋现状，但舒服不到那儿去。

第三种结局，双方分手后，男方可能回到家中，与原配复合，或者成为单身汉，最终再觅新缘；女方处境就艰难了，难免离婚，再觅新缘也不容易，甚至最终一无所有。

◎婚外恋应对心理：如何争取最好的结局

【和爱情、婚姻一样，婚外恋似乎也是一个永远说不完的话题，而且就像魔鬼一样永不离爱情、婚姻之左右。】

男女携手步入婚姻的殿堂后，应该互尊互敬、互亲互爱、互帮互助，为了家庭并肩战斗，共同提高对婚姻的道德意识和对家庭的责任意识，共同致力于夫妻关系的调适和婚内爱情的保鲜。如此一来，可以尽量减少婚外恋滋生的土壤。

如果爱人一旦发生了婚外恋，要保持冷静，妥善处理，尽量争取最好的结局。

1. **冷静分析**

配偶有了外遇时，当事人难免会感到天旋地转、肠断心裂或者暴跳如雷。此时，人最容易丧失理智，干出鲁莽的事来。正确的做法应该是先冷静分析一下事情的原委：到底是如何发生的？他们两个人的关系到了什么程度？自己的反应有助于解决问题吗……

2. **不要到处哭诉**

爱人发生了婚外恋，再痛苦也不要到处哭诉与指控爱人的背叛。有的人就偏偏如此，尤其是做妻子的，向父母亲陈情、跟邻居诉苦还不够，甚至还要到爱人的领导那里去折腾。殊不知，如此一来，只会让你的爱人无地容身、甚感羞辱，更坚定了离开你的决心，你的情敌也会躲在一边窃喜。

3. 不要一哭二闹三上吊

尤其是女性，丈夫有了外遇的时候，通常会大肆哭闹。如果哭能使丈夫悔过，当然不妨用哭取胜。可是哭多了不仅没有实际效用，而且可能使对方厌烦，更不愿回家，因此产生反作用。上吊更不可取，如此丈夫会觉得你远不如情人，即使因此回到你身边，心也会离你更远；另外，假如你不慎真的丧命，想想你的情敌该有多高兴呢？所以，千万别采用此下策。

4. 不要以牙还牙

有些人在发现配偶有外遇的时候，自己竟也去寻找婚外情以报复和“惩罚”配偶，这是处理婚外恋问题的最愚蠢的行径。事情变得复杂、涉足人增多，不仅问题不能解决，两人关系会更加恶化，而且本该属于原配的权益（如赡养费、子女生活费，甚至于在道德面前的“地位”）也会完全消失。自己损失惨重，还贻笑大方，万不可取。

5. 不要轻易有成人之美、放弃婚姻的想法

爱人有了外遇，很多情况下是可以回头的，不致家庭破裂。如果你主动放弃婚姻，那么家庭破裂不可避免，日后最不幸的只是你自己或你和你的孩子。无辜的孩子其实是离婚最大的受害者，你的轻率决定会害了孩子一辈子。要有绝不放弃婚姻的决心，这样不仅让自己有更大的空间去努力挽回，而且可让你的背叛者和第三者出现关系危机，使第三者趋于死心。

6. 学会宽容，以退为进

掌握了证据而一味紧逼，本想认识错误的爱人也会表示厌烦，容易有“一不做，二不休”与你彻底决裂的心态。此时，如果摆出宽容的姿态，则较能使配偶有“愧疚感”，深觉对不起你，不忍心再伤害你，这样无疑增加你的向心力。然后，两人可一起找个合理的方式把自己受到的伤害和委屈宣泄。

7. “出口转内销”

最明智的做法是“出口转内销”，和风细雨地交流思想、解决问题。

回忆当初，哪对夫妻都有一段令人陶醉与向往的日子，只是时间的长与短而已；检讨当前，分析矛盾与冲突的根由，各作自我批评；展望未来，探讨夫妻重新契合的途径。这样做的目的，在于用加倍温暖的心去弥合对方心田的创伤，去唤回对方的离散之心。“拉”字当头，不计前嫌，允许“离”心，也允许“回”心。一般说，将心比心、以心换心，精诚所至、金石为开，婚外恋者尽管婚外恋时感情炽热，但他们的内心始终为罪恶感和羞耻感所扰，只要阶梯搭牢，他们是会下楼的。如果对方一意孤行，视“内销”为软弱，视宽容为无能，则不得不诉诸法律。

8. 不要把孩子当做砝码

孩子是无辜的，针对婚外恋的夫妻争吵，请不要让孩子看见或听见，更不要将孩子拉来扯去，当做谈判的砝码。可是现实情况是人们常犯这样的错误，要么用物质利益来收买孩子，希望孩子站到自己一边，要么是故意在孩子面前揭发配偶的丑事，好让孩子能了解事情的真相，和自己一起憎恨背叛者。如此一来，不但使孩子学会了要挟大人以取得物质利益的不良行径，更会造成孩子的困惑、自卑及无所适从等不良心理，对孩子的成长贻害无穷。

9. 清醒认识，当离则离

如果已经尽了最大努力来挽回婚姻、避免家庭破碎，但背叛者就是屡教不改，视原配的宽容为无能，则原配要清醒认识，当离则离，不可一味姑息纵容。到了这一地步，尤其是女方，要先做到在经济上、心理上不依附于丈夫的准备，尽可能减少因离对自己的物质和精神生活造成的伤害。

第七章

遇见从容的自己

◎积极应对：新上司不是你职业生涯的终点

【当生活像一首歌那样轻快流畅时笑颜常开乃易事；而在一切事都不妙时仍能微笑的人才活得有价值。——威尔科克斯（德）】

当原本雇佣你，甚至提携你的老板忽然离职，有个陌生的脸孔走进你的办公室，说明他是你的新老板，以后有事你要直接向他汇报。这时候，你要怎么办？你是否觉得只有你的前老板才最器重你，你是否还想到了“一朝天子一朝臣”。这是不是表示，你的工作生涯开始出现了某种危机？

根据《华尔街日报》的报道，尽管处在这样紧张的情况下，只要以正确的态度应对，让自己成为新老板不可或缺的帮手，即使更换老板，也不一定会对你的职业生涯产生负面影响。这里有一个例子，希望我们从中能学会怎样应对这种情况。

乔丹曾经是英孚美公司的总经理。一天，一位她素未谋面的董事突然走进她的办公室，对她说：“你好，我叫基尼斯，我是你的新总裁。”原来，乔丹以前的老板已经被公司革职了。

自从基尼斯接任英孚美公司的总裁以后，他一直鼓励乔丹继续留任，并且决定对公司大力改革，而他很需要乔丹的协助。于是，乔丹以自己丰富的经验，每天花 14 小时，帮助新总裁详细检查公司，并且迅速做出改变，甚至重新安置公司的总部。

重整的结果是，英孚美公司被拆成两家公司。面对这样的结果，乔丹认为她的阶段性任务已经完成，因而提出辞呈。结果被老板大力挽留。显然这位新总裁已经将她当成不可或缺的左右手。

另外一个例子发生在《读者文摘》的盖威身上。盖威担任行销主管时，遇到了总裁被更换的情形。新上任的总裁迅速撤换了三个主管，换上自己的人马。而盖威正是前总裁最后引进的高阶主管。

盖威采取了主动出击的策略。他主动向新总裁简短扼要地提出建议，表示他同意新领导人的意见，认为《读者文摘》应该更注重传统的力量。另一方面，他也表示反对前总裁的某些政策，例如在深夜的电视上做广告。他告诉新总裁，他并不觉得这样可以在短期内获得报酬。新总裁马上决定要盖威与他一同整顿公司。

这种做法是不是对以往的总裁不忠诚？其实，盖威以前就常常和他的总裁有激烈的讨论，他的态度前后并没有差异，不过是新总裁更认同他的意见罢了。盖威不断地贡献出自己的经验，帮助新总裁管理公司，也获得了提升，从行销主管升为规划及新事业发展部门的资深副总裁。

以上两个例子中的主人公盖威和英孚美的乔丹，最后都离开了公司。虽然如此，但他们在面对新总裁时的态度，都为他们留下了良好的印象，更使他们成为新总裁重用的对象。

当总裁离职时，并不是你职业生涯的终点，只要掌握自己的经验与实力，持续对公司有贡献，不管在什么总裁的带领下，你都会是总裁不可或缺的好帮手。

面对不同总裁的不同态度，你该如何处理？以下几个案例，或许对你能有所启迪和帮助。

1. 严谨型老板——大会小会总是批评人

审计局的晓和办一个案件，少了一道程序，差点被人家投诉。幸亏局长发现得及时，才没有造成重大失误。其实晓和心里很感激局长，但不明白局长怎么总是抓住自己的小辫子不放？动不动就提到这件事，有时候开大会也丝毫不给他留面子。晓和心里有点委屈：我不就是犯了一个小错误吗？

制胜绝招：洗耳恭听

要诀一：听得进——失误总是难免的，身为普通职员，最忌讳的就是听不进领导的批评。在人才济济的大单位，能被领导留意不容易，如果你不能用斐然的成绩吸引领导的青睐，那就应尽量减少失误。

要诀二：忍得住——领导总是批评你，提醒你的过失，其实也是对你的留意和关心。要保护自己的自尊，先要培养自己的耐心。面对领导的批评，你应该有心理上的厚度和韧性。

要诀三：改得快——防止伤害的最好办法是积极地去解决问题，争取好印象。你要学会保护自己，再见到局长时，你可以主动对局长说：“我现在做事已经用心多了，不信您看我现在做的几件事。”

2. 情境型老板——新官上任老要她泡茶

在报社工作的文丽近来一直很烦。她的前任主编于上个月退休，现在由一位30岁的年轻主编全权接管。文丽的工作本来是版面设计，但新主编却一天要与她会面五六次，有时候竟会对她说：“泡两杯茶，我们谈谈。”文丽觉得这样的事情令人尴尬，可又不想撕破脸拒绝，所以很烦恼。

制胜绝招：洒脱不羁

要诀一：谨慎点——年轻貌美的女职员，难免会被同事和上级喜欢，但并不是每一位上级都是这样，有时候他们也许只是因为感觉孤独，想找人聊聊，如果你一味用有色眼镜看人，说不定你的小肚鸡肠会令他也很尴尬。新主编刚刚上任，对报社现状不太了解，自然渴望找一位熟悉这里的员工谈谈。

要诀二：洒脱点——虽然你是女孩子，但也要像男子汉那样洒脱一点，用平常心对待上级的亲近，即使是一位花心的老板，在一位大大方方只谈公事的女职员面前，也会敬畏三分。

要诀三：正派点——对异性上级的亲近，千万别往邪处想！你要除去心里的疑虑，借喝茶的机会，与新主编谈谈报社的从前和你对报社的期待，甚至可以谈谈报纸版面的更新或者工薪制度的改革。

3. 稳重型老板——大功告成竟然冷处理

杨娟终于将公司一笔30万元的应收款收回了，这足以使她在接下来的一个星期里沾沾自喜。杨娟想，经理肯定会表扬我，甚至给我升职、加薪。可是，真奇怪，这个星期，经理非但没有夸奖杨娟，甚至连例行的办公室谈话也没叫她去。杨娟终于忍不住了，借着送文件的机会，想打探一下虚实。可是经理只是低头写文件，淡淡说了一声：“下去吧。”杨娟知趣地出门了，可心里那个火呀，直往上冒。

制胜绝招：沉着冷静

要诀一：别急躁——换你做经理，面对工作出色的下属，你会喜形于色吗？一个人的升迁就意味着另外的人失去机会，而且也不是每件事都可以让你升职。经理需要时间仔细考虑这件事情。再说，你的出色表现已经够让同事们注意了，如果他也明显地表现出对你的喜爱，那岂不是帮你招惹嫉妒？从这个角度看，经理的冷遇也是在保护你。

要诀二：要冷静——就算不能冷静，现在你也必须保持沉默。你应该与经理隔开一点距离。这距离可以展示你成熟的心理素质。

要诀三：多努力——如果逾期两个月仍未见提升，或是经理把职位给了别人，那只能说明你还不够资格得到那个位置。你还得继续奋斗！

4. 权威型老板——出国商谈突然器重人

筱辰做梦也没想到，她这么一个默默无闻的小职员会得到董事长的看重，竟点名要她陪同前往日本进行商务谈判。虽然那是人人都垂涎的机会，既可以展示才能，又可以接近老总，还可以顺便旅游看风景，但筱辰还是觉得不大可能。她心里有不少疑虑：董事长是不是开玩笑？这么好的事为什么轮到我？会不会临走又换别人？

制胜绝招：缜密仔细

要诀一：别自卑——是金子总会发光的，或许你的某方面潜质吸引了他，比如有无懈可击的口才和一口流利的外语。不论董事长出于什么原因对你委以重任，都说明这是一件好事，你得给予相应的重视。相信经验和智慧都比你强得多的老总，不会心血来潮地决定某个人的工作，他一定有他的道理。

要诀二：要认真——在这个时候，你要拿出最慎重和一丝不苟的态度，在短时间内精心做好准备。如果出错，丢丑的是你；如果成功，则人人有份。在整个谈判的过程中，你要展示你的才华和智慧，使出浑身解数，为老总赢得主动、赢得利益、赢得所有人的称赞。

要诀三：会暗示——工作结束后，如果老总问你：“你在工作上还有什么理想？”你千万别直接说：“我想升职。”但可以不失时机地给老总一个暗示：“如果有更多的挑战，我会有更多的创造。”等待你的肯定是另有重用。

◎态度支配行为：行为体现着人生态度

【生活中，遇到不顺心的事是“十有八九”。为什么晋升名单里没有你？为什么孩子的学习成绩仍然不见起色？甚至家里的小狗都出了问题，不再一见你就欢快地摇头摆尾……让你不由地气馁——人一倒霉，狗都嫌弃。】

所谓态度，体现的是一个人的主要价值观和自我概念。比如一个人如果认为生命的意义在于对美的追求，那么他对艺术就会持有积极肯定的态度；一个人喜欢维护正义，性格刚毅，他可能选择当一名法官；一个人如果原则性不强，就会显出与世无争、事不关己高高挂起的态度……

态度支配和左右着人的行为。或者说，行为往往体现着一个人的人生态度。

俄国著名作家果戈里一直以勤奋写作著称。他每天都坚持写作，废寝忘食。他曾说过：“一个作家，应像画家一样，经常带着铅笔和纸张。一个画家如果虚度了一天，没有画成一幅画稿，那很不好。一个作家如果虚度了一天，没有写一个思想，一个特点，也很不好。”

有一次，果戈里请一位朋友到饭馆用餐，一份菜单引起了他的兴趣，他于是拿起笔来，在笔记本上抄写。饭菜上齐了，他还在埋头抄写，早把朋友忘到九霄云外。朋友见他如此冷淡，嘟囔着：“你是请我来吃饭，还是请我来陪你抄菜单的？”气呼呼地离开了饭馆。后来这份菜单被用在了果戈里的一篇小说中。

果戈里为什么会有这样与众不同的行为呢？从心理学来讲，他的行为体现了他的态度：就是把写作视为生活中最重要的。

态度往往决定着我们对外界影响的判断和选择。

国外有人曾做过实验，把普林斯顿大学和达得毛斯大学两校的足球赛录像，分别播放给两校学生看。结果普林斯顿大学的学生发现，达得毛斯球队犯规次数比裁判指出的多两倍。可笑的是，达得毛斯大学的学生则更多地指出，普林斯顿球队有许多次犯规而没有受罚。

这两种不同的判断，是因为两校学生维护各自学校荣誉的立场和期望本校球队获胜的态度造成的。

有时候态度会增强我们的忍耐力。比如一个人对自己所属的群体有认同感、荣辱感和忠诚感，就会表现出巨大的能量和惊人的耐力。历史上许多革命者和爱国者身上惊人的耐力和牺牲精神，就是和他们崇高的信念和对祖国人民的忠诚态度分不开的。

在学习中，态度会影响到学习的效果好坏。一般说来，对学习的意义了解得比较清楚，对学习怀有兴趣的人，会对学习采取认真、积极的态度，也能有更好的学习效果。

同样，态度对工作效率也有影响。人们如果喜爱自己所从事的工作，了解自己的工作意义，就会认真努力地工作，也容易取得更大的成就。

据哈佛大学的研究发现，一个人如果得到一份工作，85%取决于他的态度，而只有15%取决于他的智力和业务知识。

一位女孩从化工学大学毕业后，被一家橡胶公司聘用，试用期为6个月。4个月后公司要裁掉一人，因为她的资历较浅，被选中了，再有3天，她就要走人。

本来，女孩可以和公司把工资结清就走，但她认为，她还是公司的职员，就有义务把工作做好。最后那天，同事们让她下午不必来了，活由她们包了。但女孩没有同意，仍然和平时一样认真地工作。她把工作台洗刷得一尘不染，把用过的烧杯和试管摆放得整整齐齐。

第二天，劳资部负责人告诉她，她被留下来了。就是因为她突出的敬业精神和良好的工作态度。

米卢·蒂诺维奇在调教国足时，也一再强调“态度问题”。正是因为重视了“态度问题”，才使国足在2001年十强赛中一飞冲天，踢进了日韩世界杯，而米卢也成了2001年世界十佳教练。

可以说，态度决定一切。有认真的态度和兢兢业业、一丝不苟的作风，做任何事都会有更大的成功概率。

◎审时度势：具备看准时机的能力

【莎士比亚曾经写道："人间万事都有一个涨潮时刻，如果把握住潮头，就会领你走向好运。"一旦你明确了"看准时机"的重要意义，你就会朝着这个目标而努力。】

有位记者曾经问好莱坞著名演员查尔斯·科伯恩一个问题："一个人如果要想成大事，最需要的是什么？大脑？精力？还是教育？"

查尔斯·科伯恩摇摇头。"这些东西都可以帮助你成大事。但是我觉得有一件事甚至更为重要，那就是：看准时机。"

"这个时机，"他接着说，"就是行动——或者按兵不动，说话——或是缄默不语的时机。在舞台上，每个演员都知道，把握时间是最重要的因素。我相信生活中它也是个关键。如果你掌握了审时度势的艺术，在你的婚姻、你的工作以及与他人的关系上，就不必去追求幸福和成大事，它们会自动找上门来！"

科伯恩是正确的。如果你能学会在时机来临时识别它，在时机溜走之前就采取行动，再繁杂的问题就会大大简化。

把自己的目标深深地埋在心里，然后静待时机，也是职场智慧的体现之一。

某公司调来了一位新主管，大多数的员工很兴奋，因为据说新来的主管是一个能人，所以被派来专门整顿业务。

可是，日子一天天过去，新来的主管却毫无作为，每天彬彬有礼地走进办公室，然后便躲在里面难得出门。那些紧张得要死的懒员工，现在反而更猖獗了。"他哪里是个能人，根本就是个老好人，比以前的主管更容易唬"，大家几乎都这么认为。

三个月过去了，新来的主管却发威了，工作不合格的员工一律开除，能者则获得提升。下手之快，断事之准，与三个月中表现保守的他，简直像换了一个人。

年终聚餐时，新来的主管在酒后致辞：相信大家对我新上任后的表现和后来的大刀阔斧一定感到不解，现在听我说个故事，各位就明白了：

我有一位朋友，买了栋带着大院的房子，他一搬进去，就对院子全面整顿，杂草杂树一律清除，改种自己新买的花卉。

某日，原先的房主回访，进门大吃一惊地问，那些名贵的牡丹哪里去了。我这位朋友才发现，他居然把牡丹当成野草给割了，他很后悔，觉得自己不该不分良莠一起除掉了。后来他又买了一栋房子，虽然院子更是杂乱，他却是按兵不动，果然冬天以为是杂树的植物，春天里开了繁花；春天以为是野草的，夏天却是花团锦簇；半年都没有动静的小树，秋天居然红了叶。

直到暮秋，他才认清哪些是无用的植物而大力铲除，并使所有珍贵的草木得以保存。

说到这儿，主管举起杯来："让我敬在座的每一位！如果这个办公室是个花园，你们就是其间的珍木，珍木不可能一年到头都开花结果，只有经过长期的观察才认得出来啊。"

这位新来的主管是真正懂得做大事的人。他能在新来的三个月中充分地摸清底细，熟悉办公室的环境和员工的能力大小，然后再在合适的时机，采取重大的措施，实施自己的管理方案。既保证了公司的精英员工得到重用，也清除了公司的不合格的员工。

许多人以为会看时机是一种天分，是生来就具备的能力，就像是具有音乐细胞的耳朵一样。但事实并非如此，观察那些似乎有幸具备这种天分的人，你会发现这是一种任何人只要努力培养就能获得的技能。

要具备看准时机的能力，就应注意以下几点：

1. 学会忍耐

你必须明白，过早地行动往往是欲速则不达。当你被愤怒、恐惧、嫉妒或者怨恨的漩涡所驱使时，千万不要做什么或者说什么。

2. 增强自己的预见能力

未来并不是一本关闭上了的书，大多数将要发生的事都是由正在发生的事所决定的。所以，要对当前的形势和情况做准确的分析和把握，设计今后的计划和方案，预测计划和方案的可行性。

◎分享荣耀：把荣耀送给别人是聪明的做法

【悲伤可以自行料理；然而欢乐的滋味如果要充分体会，就需要有人分享才行。——马克·吐温】

有一位主管很有能力，他负责的项目很受推崇。有一年他得到了大奖，一开始他还很快乐，但过了个把月，却失去了笑容。他说，部里的同事，包括他的上司，都在有意无意间和他作对。

这是为什么呢？原因是他犯了“独享荣耀”的错误。事情是这样的：

他得了大奖，老板另外给了他一个红包，并且当众表扬他的工作成绩。但是他并没有现场感谢上司和属下们的协助，更没有把奖金拿出一部分请客，所以大家虽然表面上不便说什么，但心里却感到不舒服，和他产生了隔阂，所以就和他做对了。

就事论事，他的项目之所以能得奖，这位主管的贡献最大，但是当有“好处”时，别人并不会认为哪一个人才是唯一的功臣，总是认为自己“没有功劳也有苦劳”。所以他“独享荣耀”，就会引起别人的不舒服。尤其是他的上司，更因此而产生不安全感，害怕失去权力，为了巩固自己的领导地位，这位主管自然就没有好日子过了。

由于上司的白眼，同事间关系的冷漠，两个月后，这位主管就因为待不下去而辞职了。

其实，造成最后这种局面的根源还是在于他自己。谁让他忽略了别人的感受呢？既然每个人都认为别人的成功总有自己的功劳和苦劳的一份，而他却傻乎乎地独自抱着荣耀不放，别人当然不会为他如此自私的做法而感到不舒服了。

1931 年，因为卢瑟福在科学界的地位而被英国政府授予“勋爵”称号。他本人从来不把这些荣誉当做包袱，他声明说：“我并不看重这个勋爵形式，因为它对我这样的科学家有明显的不利。”

卢瑟福从不掠人之美，他总是怀着无限感激的心情来记述那些曾经帮助过他的朋友和团体。

例如1932年，他在《麦克吉尔新闻报》上发表的一篇文章中强调说："关于原子转变的第一个确切证明的荣誉是属于麦克吉尔大学的。"他还进一步指出，1902年至1904年两年间所积累的实验证据是索迪和他本人一起取得的，并且明确指出，"这个近年来激动人心的发现，它的第一步是在蒙特利尔完成的。"

卢瑟福从来都不把一切荣誉和成就记到自己的功劳簿上，他认为："科学家不是依赖于个人的思想，而是综合了几千人的智慧，所有的人想一个问题，并且每人做它的部分工作，添加到正在建立起来的伟大的知识大厦之中。"

卢瑟福就是靠着集体的智慧而在科学研究中才取得一个又一个的成就。

卢瑟福在皇家文学学会（该会后来授予他艾伯特奖章）的一次演讲中，详细论述了玻尔的原子结构学说，并且指出，在他看来，25年来，精确地说，从19世纪末开始算起，总共只有三个基本的发现，那就是：1895年的8射线、1896年的放射性和1897年为汤姆生所证实的电子。

按照卢瑟福的这一看法，后来的一切科学研究工作，实际上都是来源于这三大发现。他所列举的三个重大的发现，竟然没有一个是属于他本人的——从这里，人们也可以再一次看到他那谦虚、纯朴的思想作风和高尚的情操。

把荣耀送给别人是一个聪明的做法，独自贪功是自私和愚蠢，它会给你带来人际关系上的危机。

为了让荣耀为你带来益处，你需要做好这样几件事：

1. 感谢

感谢同仁的鼓励、帮助和协作。不要认为这都是自己的功劳，尤其要感谢上司，感谢他的提拔、指导、授权。如果实际情况果真是如此，那么你的感谢就是应该的；如果同仁的协助有限，上司也不值得恭维，你也有必要感谢他们，这样做虽然勉强一些，但却可以使你避免成为靶子。

2. 分享

口头上的感谢也是一种分享，这种"分享"可以无穷地扩大范围。另外一种是实质的分享，别人倒也不是要分你一杯羹，但是你主动的分享却让旁人有受尊重的感觉。如果你的荣耀事实上是众人鼎力协助完成的，那么你更不应该忘记这一点。“实质”的分享有很多种方式，小的荣耀请吃糖，大的荣耀请吃饭，分享了你的荣耀，就不会有人和你做对了。

3. **谦卑**

人往往一有了荣耀就“忘了我是谁”地自我膨胀，这种心情是可以理解的，但旁人就遭殃了，他们要忍受你的嚣张气焰，却又不敢出声，因为你正在风头上。可是慢慢地，他们会在工作上有意无意地抵制你，不与你合作，让你碰钉子。因此有了荣耀，要更谦卑。要不卑不亢不容易，但“卑”绝对胜过“亢”，别人看到你的谦卑，会说：“他还满客气的嘛!”当然就不会找你麻烦，和你做对了。

谦卑的要领很多，但做到两点就差不多可以了：对人要更客气，荣耀越高，头要越低；别再提你的荣耀，再提就变成吹嘘了。事实上，你的荣耀大家早已知道，又何必再提。

◎承担责任：抢先一步承认自己的错误

【尽可能少犯错误，这是人的准则；不犯错误，那是天使的梦想。尘世上的一切都是免不了错误的。错误犹如一种地心吸力。——雨果】

松下幸之助说：“偶尔犯了错误无可厚非，但从处理错误的态度上，我们可以看清楚一个人。”老板欣赏的是那些能够正确认识自己的错误，并及时改正错误以补救的职员。那些一犯错误就辩解开脱的员工，只会引起老板的反感。

有一个毕业于名牌大学的工程师，有学识、有经验，但犯错误后总是自我辩解。他应聘到一家工厂时，厂长对他很信赖，事事让他放手去干。

结果，却发生了多次失败，每次失败都是他的错，可他都有一条或数条理由为自己辩解，说得头头是道。因为厂长不懂技术，常被他驳得无言以对，理屈词穷。厂长看到他不肯承认自己的错误，反而推脱责任，心里很恼火，只好让他卷铺盖走人。

作为一个职员在工作上难免会犯一些错误。面对错误，大多数人虽然认为自己错了，但没有勇气承认，或把犯错的理由归结于别的因素。只有极少数人能够站出来，勇敢地坦白：“这件事没成功，是我的错……”在下属看来，承认错误意味着要受责罚；在领导则认为沉默和“合理的托词”意味着逃脱责任。

有的人喜欢好高骛远，不能踏踏实实地工作，工作中出现一些小问题也不愿深究。他们的观点是：如果我所犯错误性质十分严重，我一定会承认的；如果是芝麻大的一点小错，再那么认真地计较，难免有点小题大做，依我看根本没有这个必要。如果你也是这样看待错误的，那就大错特错了。工作无小事，更无小错，1%的错误往往就会带来100%的失败。

假如你犯了错且知道免不了要受责，抢先一步承认自己的错误，不失为最好的方法。自己谴责自己总比让别人骂好受得多。如果领导发现之前，就承认了自己的错误，并把责备的话说出来，十有八九他会宽大处理你，而原谅你的错误。

某公司在开会时，发给每位与会者的资料中，因人为的因素少印了几张重要的文件，虽然这几张文件对该会议并没有造成严重的影响，但事先负责影印这份文件的年轻女职员，却被她的上司叫去狠狠地骂了一顿。

这位女职员在郑重道歉后，要求她的上司让她重新影印一次，把完整的资料补发给与会的人。

听到她的这项要求，上司对她的印象突然改变了。因为她不只用道歉来弥补此次工作的过失，还设法用实际的行动来弥补自己的过失，表现了强烈的责任感。从此上司对这位女职员就留下了深刻的好印象。

犯了错误之后，不要采取消极的逃避态度。你应该在发现错误的时候，马上想一想自己应该怎样做才能最大限度地弥补过错。只要你能以正确的态度对待它，勇于承担责任，错误不仅不会成为你发展的障碍，反而会成为你向前的推动器，促使你不断地、更快地成长。

任何事情都有它的两面性，错误也不例外，关键就在于你从什么样的角度去看待它，以怎样的态度去处理它。

当我们犯了错时，如果我们对自己诚实，就要迅速而诚恳地承认。这样不但能产生惊人的效果，而且比为自己争辩好得多。如果你总是害怕向别人承认错误，那么，你不妨试试下面的办法：

1. 如果你的错必须向别人承认，与其找借口逃避，不如勇于认错，在别人还没有来得及把你的错到处宣扬之前，尽早对自己的行为负起责任。

2. 如果你在工作上出错，应该立即向领导汇报，这样虽有可能被大骂一顿，可是在上司的心目中你将是一个诚实的人，将来会更加信任你，你所得到的将比你失去的多。

3. 如果你的错误影响到其他人的工作成绩，无论他是否发现，都要主动向他道歉、承认错误，不要自我辩护、推卸责任，否则只会令对方更加恼火。

◎面对缺陷：缺憾并不是自卑的理由

【很多人都有缺陷，来自身体或心灵的缺陷，遗憾的是，人们常常会试图掩饰它，而不是用难得的勇气来面对它。】

世界上没有任何东西是十全十美的，生活中也应该是这样的。我们应该学会接纳这一切不完美的事实。俗话说“金无足赤，人无完人”，每个生命个体都不可能是完美无瑕的。如果我们抱着寻找完美的自己的态度，那生活将会一团糟，到处充斥着不满的抱怨声。

一位很有学问的科学家得知死神正在寻找他，他很害怕，又不想死，便使用克隆技术复制出了十二个自己，想在死神面前以假乱真保住自己的性命。直到那一天，死神来了。死神大人面对十三个一模一样的人，一时分辨不出哪个才是真正的目标，只好悻悻离去。但是好景不长，没过多久死神又回来了，脸上微笑着，说：“先生，您是个天才，能克隆得如此完美。但是很不幸，我还是发现了有一处瑕疵。”那位真正的科学家一听，便暴跳如雷地大叫：“哪里有瑕疵?！我的技术是完美的！”

“就是这个。”死神说道，他便抓住那个说话的人，把他带走了。

寓言故事中的死神对人性的弱点了如指掌，他知道人们都不敢正视自己的缺点，只知道逃避，只知道做作，来掩藏自己的缺点和不足。反过来，一句奉承的话又常常让人变得得意忘形、沾沾自喜。

人生不如意之事十之八九，谁也不能一辈子都活在成功胜利之中。真正的成功者往往是能够接受自身缺陷的人。他们都是因为自己的缺陷而不宜从事自身工作的人，可他们又在那些工作中作出了杰出的成就，说来容易，但其中的艰辛却是常人无法想象的。

下面这个例子是美国心理学家纳撒尼雨·布兰登的亲身经历：

在很多年前，正在花样年华的洛蕾丝无意中读了他的一本书，找他来进行心理治疗。洛蕾丝有一副天使般的面孔，可骂起街来却粗俗不堪，她曾吸毒，卖淫。

布兰登说，我讨厌她所做的一切，可我又喜欢她，不仅因为她的外表相当漂亮，而且因为我确信在堕落的表象下她是个出色的人。起初，我用催眠术使她回忆她在初中是个什么样的女孩子，当时她很聪明，学习成绩优秀；她在体育上比男孩强，招惹来一些人的讽刺挖苦，连她哥哥也怨恨她。

她于是力图在各个方面都表现得超人一等，一旦发现自己在某些方面并不完美甚至跟别人还有较大差距时，她又走向另一个极端，无限夸大了这些不完美之处，并把自己的长处也放弃了。

布兰登费了很大力气让她明白，每个人都是长短互济，并不完美的整体，应该学会欣赏自己的不完美之美。

一年半后，洛蕾丝考取洛杉矶大学学习写作，几年后成为一名记者，并结了婚。10 年后的一天，布兰登和她在大街上邂逅相遇，布兰登几乎认不出她了：衣着高贵，神态自若，生气勃勃，丝毫不见过去的创伤。

一些总感到自己不如人的人都是没有看到自己长处的人，老爱拿自己之短比别人之长。要知道事实是：你的一些缺陷却有可能成就你。

事实上，缺憾并不是自卑的理由。一个人要敢于正视自己的缺点，尤其是年轻人，不要因为自己的一些缺憾而放弃成功的信心，要让自己的缺点成为自己上进的动力。

海伦·凯勒是位全世界都知道的盲人作家，她是如何站在信念的天平上的呢？换句话说，当她的生理和生存开始面临不幸的时候，她是如何成大事的呢？

海伦刚出生时，是个正常的婴孩，能看，能听，也会牙牙学语。可是，19 个月大时，一场疾病使她变得既盲又聋又哑。

生理的剧变，令小海伦性情大变，成了一位十恶不赦的“小暴君”。父母在绝望之余，不断地聘请能照顾她的家庭教师，直到小海伦的光明天使——安妮·沙莉文女士的出现。

在安妮·沙莉文的帮助下，既聋又哑且盲的少女海伦，终于领悟到语言的存在！那种喜悦、那种令人感动的情景实在难以描述。海伦曾写道：“在我初次领悟到语言存在的那天晚上，我躺在床上，兴奋不已，那是我第一次希望天亮——我想再没有其他人可以感觉到我当时的喜悦吧。”

就是这位失明的海伦，凭着触觉——指尖去代替眼和耳——学会了与外界沟通。她10岁多一点时，名字就已传遍全美，成为残疾人士的模范。1900年，这个20岁的残疾女孩进入了哈佛大学莱德克利芙学院学习。4年后，她作为世界上第一个受到大学教育的盲聋哑人，以优异的成绩毕业。海伦不仅学会了说话，还学会了用打字机著书和写稿。

海伦·凯勒也曾经彷徨、痛苦过，但她终究与不幸的遭遇和解，不再将关注的焦点集中在人生的缺陷上。

坦然面对自己缺陷的人是强者，也是智者，他们摒弃了不必要的自欺欺人，选择从容与毫不畏惧的态度，于是幸运之神才有可能降临到他们的身上。

即使最完美的人也有缺陷。缺陷为什么与人形影不离呢？心理学家的答案是才智有其缺陷。智力非凡的人，缺陷最多——或最引人注目。不是他本人没有察觉这些缺陷，而是因为他喜欢它们。这是两种恶汇合在一起：对缺陷怀有非理智的情感。它们是完美者脸上的黑斑。它们令别人厌恶，但我们自己却将其视作美人痣。这是战胜自我的一种勇敢的方式。

一定要认识自己的不完美，然后去接纳它，而不是回避它，排斥它，或者故意夸大它。不要把自己的缺点夸大成面了，不要让自己一味地停留在这种自责当中。我们应该学会接纳这一切不完美的事实。只要把握住自己价值取向，坦然面对自身缺陷，进而弥补缺点，完善自我，展现出自信风采的一面。

◎告别忧虑：不能总是忧心忡忡地活着

【诺贝尔医学奖得主卡瑞尔博士曾经说过："无法处理忧虑的企业主管，往往英年早逝。"事实上，这句话对任何人都适用。】

世界卫生组织在一份报告中说，全世界居民中有20%的人存在心理卫生问题和精神障碍。联合国国际劳工组织在发表的一份调查报告中认为："心理压抑现在已经成为21世纪最严重的健康问题之一。"

现代人终日忙忙碌碌，正遭受到一种慢性的、低度沮丧情绪的困扰，有些人根本不知道快乐是什么滋味。

曾经获得诺贝尔医学奖的亚历克西斯·卡锐尔博士说："不知道抗拒忧虑的人都会短命而死。"忧虑是禁锢人心灵的枷锁，困扰人们不能在现实的世界中调适自我，只能渐渐退缩到自己的小天地里，来逃避忧虑。

著名的海宾医师在美国医师协会年会上宣读的一份报告中指出，他研究的176位平均年龄44．3岁的企业主管，约有三分之一的主管受到紧张所引起的三种病痛的困扰——心脏病、消化性溃疡以及高血压。想想看，三分之一的企业主管在活到45岁前就受到这些毛病的折磨。成功的代价何其高昂！可悲的是还换不到真正的成功，你能想象一位以胃溃疡或心脏病换取成就的人是真正的成功者吗？一个人失去健康，即使赢得全世界又有什么用？即使他拥有全世界，他一个人也只能睡一张床，一天也不过吃三餐。

一位世界知名的烟商在加拿大森林中只不过从事一点休闲活动，即因心脏衰竭而亡。他家财万贯却活不过61岁。大概所谓的事业成功是以他的寿命换来的。

忧虑像一个恶魔，它到处作乱，使人们不能在现实的世界中调适自我，只能像躲避瘟神一样躲避它。恐惧使你忧虑，忧虑使你紧张，并影响到你胃部的神经，使胃里的胃液由正常变为不正常，因此就容易产生胃溃疡。

在谈到忧虑对人的影响时，一位医生说，有 70% 的人只要能够消除他们的恐惧和忧虑，病就会自然好起来。

约瑟夫·蒙塔格博士曾写过一本《神经性胃病》的书，他也说过同样的话："胃溃疡的产生，不是因为你吃了什么而导致的，而是因为你忧愁些什么。"

忧虑也容易导致神经和精神问题。著名的梅奥兄弟宣布，在病床上躺着患有神经病的人，在强力的显微镜下，以最现代的方法来检查他们的神经时，发现大部分都非常健康。

他们"神经上的毛病"，都不是因为神经本身有什么异常，而是因为情绪上有悲观、烦躁、焦急、忧虑、恐惧、挫败、颓丧等情形。

医学已经大量消除了可怕的、由细菌所引起的疾病。可是，医学界一直还不能治疗精神和身体上，那些不是由细菌所引起、而是由于情绪上的忧虑、恐惧、憎恨、烦躁以及绝望所引起的病症。这种情绪性疾病所引起的灾难正日渐增加，日渐广泛，而且速度快得惊人。

精神失常的原因何在？没有人知道全部的答案。可是在大多数情况下，极可能是由恐惧和忧虑造成的。焦虑和烦躁不安的人，多半不能适应现实生活，而跟周围的环境隔断了所有的关系，退缩到自己的梦想世界，以此解决他所忧虑的问题。

"让自己忙着"这一件简单的事情，就能够把忧虑赶出去。心理学上一条最基本的定律就是：一心不能二用。人们不可能既激动、热诚地去想令人兴奋的事情，又与此同时陷入忧虑当中。

"没有时间去忧虑"，这是丘吉尔在战事紧张、每天要工作 18 个小时的时候说的话。当别人问他是否为自己肩负的重任而忧虑时，丘吉尔说："我太忙了，没有时间去忧虑。"

"让他们忙着"这句话，曾被医生用来治疗心理上的精神衰弱症。除了睡觉的时间外，每一分钟都让这些在精神上受到打击的人充满了活动，比如钓鱼、打猎、打篮球、打高尔夫球、种花以及跳舞，等等，根本不让他们有时间闲着。

有许多刚被查出有癌症的病人，本来依靠及时的治疗是完全可以控制住的，但他们就会不断地忧虑，认为自己好景不长，于是就真的如他们所设想的一样了。

忧虑不仅会令我们这样的普通人生病，它甚至会使最强壮的人生病。在美国南北战争的最后几天中，格兰特将军发现了这一点。故事是这样的：

格兰特围攻里奇蒙德有9个月之久，李将军手下衣衫不整、饥饿不堪的部队被打败了。有一次，好几个兵团的人都开了小差。其余的人在他们的帐篷里开会祈祷——叫着、哭着，看到了种种幻象。眼看战争就要结束了，李将军手下的人放火烧了里奇蒙德的棉花和烟草仓库，也烧了兵工厂，然后在烈焰升腾的黑夜里弃城而逃。格兰特乘胜追击，从左右两侧和后方夹击南部联军，而由骑兵从正面截击，拆毁铁路线，俘虏了运送补给的车辆。

由于剧烈头痛而眼睛半瞎的格兰特无法跟上队伍，就停在了一个农家。“我在那里过了一夜”，他回忆录里写着，“把我的两脚泡在加了芥末的冷水里，还把芥末药膏贴在我的两个手腕和后颈上，希望第二天早上能复原。”

第二天清早，他果然复原了。可是使他复原的，不是芥末药膏，而是一个带回李将军降书的骑兵。

“当那个军官到我面前时，”格兰特写着，“我的头还痛得很厉害，可是我一看到那封信的内容，我马上就好了，奇怪的是精神比平日里更佳。”

所以说，人的忧虑完全是心理疾病，当这种疾病变成一股强大的力量的时候，它反过来就会将我们的身体打垮，因为我们都知道身心是一体的。

“人之生也，与忧惧生”，每个人都有七情六欲，忧虑也是一种人之常情，是每个人生活中无可避免的情绪。但忧虑过度，就不再是一种常情，而是一种病态。

那么如何与忧虑告别呢？

美国心理学家罗兰德的一项治疗忧虑的措施很独到。他不是让忧虑者不去忧虑，而是让忧虑者来个“欲擒故纵”，每天拿出一定的时间性来忧虑。当然，其他大部分时间就不要去忧虑了。

心理学家建议这样做：1. 平时用转移注意力等到方法来打断忧虑。告诉自己：会有专门的时间进行忧虑的。2. 每天专门用于忧虑的时间最好为30分钟。（专门忧虑时不要坐自己平时常坐的座位，以免以后一坐上就产生忧虑，也不要在晚上睡觉前去忧虑。）3. 不能“偷工减料”，要保证时间，专心致志。这样做的结果是，人往往不能一门心思地去忧虑，反而使忧虑渐渐地悄然消失。

生命如此短暂，不懂得拒绝为小事忧虑的人，必将会后悔他的这一习惯，因为我们每天都有是忧心忡忡地活着，还是快乐、洒脱地存在的选择。有些小事不会因为我们的忧虑就停止发生，或改变结果，既然如此，我们就应采取积极有效的方法来对待它。

◎积极主动：没有信念，就没有力量

【你若希望，你就年轻；你若绝望，你就衰老。——美国五星上将麦克·阿瑟】

你最近还好吗？

心理学家告诉我们，无论在怎样绝望的情况下，你都要保持一份信念。信念能使你释放出几近神奇的能量。没有信念的人，就没有力量，也就无法改变人生的困境。

艾森豪威尔13岁时曾遭遇到一场几乎毁了他一生的灾难。有一天，在放学回家的路上，他不小心摔了一跤，当时只是擦破了一点皮，连疼痛的感觉都没有。可到了晚上，那膝盖突然疼了起来。他毫不理会这疼痛，默默地忍受着，没有告诉任何人。第二天早晨，他的腿已经疼得非常厉害，但他仍照例按时起床，吃完早饭，喂好牲口，然后若无其事地去上学。

第三天早晨，他的腿疼得连走路都十分困难，更无法去牲口棚喂牲口了。他母亲发现了，看到他那条肿得不能脱下靴子和袜子的腿，伤心地哭了：“你怎么不早说呢？”母亲一边用刀把靴子和袜子从他的脚上割下来，一边哭喊着：“快去叫医生来！”医生看了那条腿，连连摇头：“太晚了，只能锯掉这条腿了。”“不！”男孩大叫起来，“我不让你锯，除非我死！”

医生无奈地离开了房间，男孩忍着伤痛，对他哥哥说：“如果我神志不清的话，千万不要让他们锯我的腿。你要替我发誓，发誓！”

哥哥答应了他的要求，两天两夜一直守护在他身旁。他的体温越来越高，并开始胡言乱语。但他还是没有任何退让的迹象，嘴里咬着毛巾，不让自己疼得叫出声来。全家人都守在他的身边，含着眼泪看着他痛苦而顽强地挣扎着。

医生一次次过来，又一次次回去。最后，出于一种无助而又无奈的气愤，医生大喝一声："你们都在看他死！"可是，奇迹偏偏在不久后发生了。当医生又一次过来时，他看到了一个惊人的变化，那条腿的肿胀正在消退下去。三个星期后，男孩终于战胜了腿残和死亡的危险，奇迹般地站了起来。

这次能奇迹般地从灾难中站立起来，对艾森豪威尔的一生来说，意义非常重大，这也是他人生中最大的两个转折点之一（另一个转折点是他后来当选了美国总统）。

拥有希望，就能改变命运。让心中充满上进的力量，慢慢培养自己坚韧的个性，顽强的精神，逐渐成为自己希望成为的样子，这其实也是一个令人享受的过程，没有什么比看着镜中的自己一天天成长更高兴的事情了。

每天给自己一个希望，会让你更加的自信，会让你迎接到幸运的降临。

我们每一个人的头脑、身体也是一样，它们可以做到的极限，完全取决于我们需要它们做什么：内心的希望越大，它们的本领就会越强。

在人生的旅途中，我们常常会遭遇各种挫折和失败，会身陷某些意想不到的困境。这时，不要轻易地说自己什么都没了，其实只要心灵不熄灭信念的圣火，努力地去寻找，总会找到能渡过难关的那"一个苹果"。攥紧信念的"苹果"，就没有穿不过的风雨、涉不过的险途。

积极主动这个词最早是由著名心理学家维克托·弗兰克推介给大众的。弗兰克本人就是一个积极主动、永不向困难低头，积极改变自己命运的典型。

弗兰克原本是一位受弗洛伊德心理学派影响颇深的决定论心理学家，但在纳粹集中营里经历了一段凄惨的岁月后，他开创出了独具一格的心理学流派。

弗兰克的父母、妻子、兄弟都死于纳粹魔掌，而他本人则在纳粹集中营里受到严刑拷打。有一天，他赤身独处于囚室之中，突然有了一种全新的感受——也许，正是集中营里的恶劣环境让他猛然警醒：“即使是在极端恶劣的环境里，人们也会拥有一种最后的自由，那就是选择自己的态度的自由。”

弗兰克的意思是说，一个人即使是在极端痛苦、无助的时候，依然可以自行决定他的人生态度。在最为艰苦的岁月里，弗兰克选择了积极向上的态度。他没有悲观绝望，反而在脑海中设想，自己获释以后该如何站在讲台上，把这一段痛苦的经历讲给自己的学生听。

消极被动的人总是在等待命运安排或贵人相助。对一件事情，他们总认为是事情找上他们，而自己无法主导或推动事情的进展。积极主动的人对自己总是有一份责任感，认为命运操纵在自己的手里，自己可以主导事情的发生和发展。

有一个人，他22岁做生意失败；23岁竞选议员失败；24岁重入商海再次失败，而且赔得一无所有；39岁再次竞选国会议员又再次失败；46岁竞选参议员失败；47岁竞选副总统失败；49岁再次竞选参议员又再次失败。而他的生活信念是：永不言败。他始终相信他终有一天会成功的。最终，他在51岁时竞选总统成功，干成了一番永垂史册的伟业，成为美国历史上与开国元首华盛顿齐名的最伟大的总统。他就是亚伯拉罕·林肯。

人生的道路不可能一帆风顺，德国哲学家尼采如是说：“假若一切的梯子使你失败，你必须在自己的头上学习升登。”法国思想家鲁索说：“信念是抱着坚定不移的希望与信赖，奔赴伟大荣誉之路的热烈感情”。的确如此，古今中外，凡成功者，都是始终“抱着坚定不移的希望和信赖”，永不屈服于失败的厄运，坦然面对困难与挫折，在坚定不移的信念支撑下，勇敢地战胜了各种风浪，困难和艰险，“在自己的头上学习升登”，从而，才最终到达了成功的彼岸的。

所以，无论在什么情况下，无论你的境遇有多糟糕，只要你能够始终保持积极主动的心态，始终坚信自己，你就能够改变自己的命运。因为，只要你有希望，你就能改变命运。

◎相信自己：没有不可能，想到就能做到

【这个世界充满了伤痛和苦难。有人在烦恼，有人在哭泣。面对命运，任何苦难都必须勇敢面对，如果你对自己说“一切已经不可能了”，那么你必输无疑。】

面对生活中的困境，很多人都被“不可能”这三个字囚禁着，不敢正视现实中的困难和挑战，导致自身的潜能得不到充分的发挥。心理学家告诉我们，在人生的成长过程中，不能轻易使用“不可能”这个词。最好你能在内心之中把“不可能”这个观念铲除掉。谈话中不提它，想法中排除它，态度中去掉它。抛弃它，不再为它提供理由，不再为它寻找借口。使用它你就为自己设了限制，你的梦想也将远去。把这个词和这个观念永远地抛开，而用光明灿烂的“可能”来代替它。一旦将“我不能”埋进坟墓，以一个积极的心态来面对一切，很多困难就能迎刃而解了。

亨利·福特是美国汽车行业历史中一位了不起的人物。他于1863年7月生于美国密歇根州。他的父亲是个农夫，觉得孩子上学根本就是一种浪费。老福特认为他的儿子应该留在农场帮忙，而不是去念书。

自幼在农场工作，使福特很早便对机器产生兴趣，于是用机器去代替人力和牲畜的想法经常在他的脑中出现。

福特12岁的时候，已经开始构想要制造一部“能够在公路上行走的机器”。这个想法，深深地扎在他的脑海里，日日夜夜萦绕着他。

旁边的人，都“劝导”福特，放弃他那“奇怪的念头”，认为他的构想是不切实际的。老福特希望儿子做农场助手，但少年福特却希望成为一位机械师。他用一年多的时间就完成人家需要三年的机械师训练，从此，老福特的农场便少了一位助手，但美国却多了一位伟大的工业家。

福特认为这世界上没有“不可能”这回事。他花了两年多的时间用蒸

气去推动他构想的机器，但行不通。后来，他在杂志上看到可以用汽油氧化之后形成燃料以代替照明煤气灯，触发了他的“创造性想象力”，此后，他全心全意投入汽油机的研究工作。

福特每一天都在梦想成功地制造一部“汽车”。他的创意被大发明家爱迪生所赏识，爱迪生邀请他当底特律爱迪生公司的工程师，让他有机会实现他的梦想。

终于，在1892年，福特29岁时，他成功地制造了第一部汽车引擎。而在1896年，也就是福特33岁的时候，世界第一部汽车便问世了。

从1908年开始，福特致力于推广汽车，用最低廉的价格，去吸引越来越多的消费者。今日的美国，每个家庭都有一部以上的汽车，而底特律则逐渐变成美国的大工业城，成为福特的财富之都。

亨利·福特在取得成功之后，便成了人们羡慕的人物。人们觉得福特是由于运气，或者有成功的朋友，或者天才，或者他们所认为的形形色色的福特“秘诀”——这些东西使福特获得了成功，但他们并不真正知道福特成功的原因。有一位研究心理学的专家后来说过：也许在每10万人中有一个懂得福特成功的真正原因，而这少数人通常又耻于谈到这点，因为这个成功秘诀太简单了。这个秘诀就是“没有不可能”。事实上，在一定程度上，只要能想到就一定能办到。

有人说：“越是一般人认为不可能的事，越有可能做到。”此言不无道理。

古今中外，很多事实证明，“不可能”的事通常是暂时的，只是人们一时还没有找到解决它们的方法。所以，当你遇到难题或困难时，永远不要让“不可能”束缚自己的手脚，有时只要再向前迈进一步，再坚持一下，也许“不可能”就会变成“可能”。而成功者之所以能成功，就是因为他们对“不可能”多了一股不肯低头的韧劲和执著。

◎情绪困扰：换个角度，海阔天宽

【有一句禅语叫掬水月在手。苍天的月亮太高，凡人的力量难以企及，但是换个角度、换个思路，掬一捧水，月亮美丽的脸就会笑在掌心。】

美国心理学家艾里斯曾提出一个叫“情绪困扰”的理论。他认为，引起人们情绪结果的因素不是事件本身，而是个人的信念。所以，许多在现实中遭遇挫折的人，往往认为“自己倒霉”，“想不通”，这些其实都是个人的片面认识和解释，正是这种认识才产生了情绪的困扰。实际情况是，人们的烦恼和不快，常常同自己看问题的角度有关。能否战胜挫折，关键在于任何情况下都能找到理性看待事物的视角，不被一时的失意和不快左右，永远怀着希望和信心，就能从逆境和灾难中解脱出来。

概而言之，任何事情都不是绝对的，就看你怎么去对待它。换个角度看问题，常能海阔天空。生活中，许多人也许习惯了抱怨，但我们必须清醒地认识到，每个人都会有不尽如人意的地方。我们不妨跳出习惯的认知模式去看，你会发现，你自己什么也不缺，你应该羡慕你自己。

有个年轻人为贫所困，便向一位心理学家请教。老者问：“你为什么失意呢?”

年轻人说：“我总是这样穷。”“你怎么能说自己穷呢？你还这么年轻。”“年轻又不能当饭吃。”年轻人说。心理学家一笑：“那么，给你一万元，让你瘫痪在床，你干吗?”“不干。”“把全世界的财富都给你，但你必须现在死去，你愿意吗?”“我都死了，要全世界的财富干什么?”心理学家说：“这就对了，你现在这么年轻，生命力旺盛，就等于拥有全世界最宝贵的财富，又怎能说自己穷呢?”

年轻人一听，又找回了对生活的信心。

任何一个困难都是可以解决的，一个问题就是一个矛盾的存在，而每一个矛盾只要找到了合适的中介点，都可以把矛盾的双方统一。这个中介点在不停地变幻，它总是在与那些处在痛苦中的人玩游戏。转换看问题的角度，就是不能用一种方式去看所有的问题和问题的所有方面。如果那样，你肯定会钻进一个死胡同，离那个中介点越来越远，处在混乱的矛盾中而不能自拔。

活着是需要睿智的。如果你不够睿智，那至少可以豁达。以乐观、豁达、体谅的心态看问题，就会看出事物美好的一面；以悲观、狭隘、苛刻的心态去看问题，你会觉得世界一片灰暗。

有一位银行家，在51岁的时候，财富高达数百万美元，而到52岁的时候，他失去了所有的财富，而且背上了一大堆债务。面临巨大打击，他没有颓废也没有悲观失望，而是决定要东山再起。不久，他又积累了巨额的财富。当他还清最后300个债务人的欠款后，这位金融家实现了他的承诺。有人问他，他的第二笔财富是怎样积累起来的。他回答说：这很简单，因为我从来没有改变从父母身上继承下来的个性，就是积极乐观。从我早期谋生开始，我就认为要以充满希望的一面来看待万事万物，从来不要在阴影的笼罩下生活。我总是有理由让自己相信，实际的情况比一般人设想和尖刻批评的情况要好得多。我相信，我们的社会到处都是财富，只要去工作就一定会发现财富，获得财富。这就是我生活成功的秘密，记住：总是要看到事物阳光灿烂的一面。

“这个世界应该更加光明，更加美好，如果人们懂得保持快乐是他们的责任，懂得开开心心地完成自己的职责也是他们的责任，那么，这个世界就会美妙多了。每天都快乐的生活，也是让别人幸福的最好保证。”

换个角度看问题，暂时的失败，只是上帝见你太辛苦，特意让你静下心来，慢慢地把关键之处想清楚，不久的将来，让你品尝到更大的幸福与甜蜜。你的生活是幸福还是抑郁，关键就在学会换个角度看问题，换个角度，就是给心情一把调节的钥匙，前进中，你就永远不会迷失自己。

换个角度看问题，是一种突破、一种解脱、一种超越、一种高层次的淡泊宁静，从而获得自由自在的乐趣；换一个角度看世界，世界无限宽大；换一种立场待人世，人世无不轻安。换个角度看人生，你就会从容坦然地面对生活。当痛苦袭来的时候，不会悲观气馁，而是寻找痛苦的成因、教训及战胜痛苦的方法，勇敢地面对多舛的人生。

活着需要睿智，需要洒脱，如果这些你做不到，至少还可以勇敢。生活也许到处都是障碍，同时也到处都是通途，只需大胆地向前走。

换个角度看问题，在任何一个看起来是负面的事物中，也都存在着美好的一面。我们要善于看到别人的长处，发现自己的短处。敢于承担责任，改正自身的不足。不足之处纠正得越多，优点就会越多。

◎机遇效应：危机也是机遇

【西班牙著名作家塞万提斯的作品《堂·吉诃德》中有一句经典台词："有关着的门就有开着的门。"那扇为我们敞开着的大门，就是机遇。】

如果试着走入失败者的队伍，你会发现他们之所以失败，不是因为不能得到别人所具有的机遇，不是没有人帮助他们、提拔他们，而是他们没有足够的勇气，敏锐的观察力、判断力，去创造机遇。所以有位智者说，"没有机遇"永远是那些失败者的推托之词。

不同于失败者，成功者只是迈步向前，他们依靠的是自信。现今世界需要但缺少的，正是那些能够制造机遇并牢牢把握机遇的人。如果等待机遇成为一种习惯，那将是一件最危险的事——所有的热情与精力，都在这种等待中消失。

希尔顿32岁时到得克萨斯州准备干最热门的职业，但他的资金只有37000美元，用于采油显然不够。他带着失望和疲惫进入一家旅店，发现旅客爆满，而老板却不愿意继续经营。希尔顿仅仅在与老板谈了几句话、喝了一杯酒后，就断然决定买下这家旅店，开始了庞大的希尔顿集团的创业史。一次偶然的机会，成为希尔顿命运的转折点。

靠着这次偶然的机会，希尔顿改变了自己的命运。一生中能获得特殊机会的可能性非常小，然而，机会无处不在，你可以把握住机会，将它变为有利的条件。要想成功，你必须行动起来。当机遇到来时，如果你麻木不仁就会和它失之交臂。人们只要抓住机遇，利用机遇，努力奋斗，才可以获得真正幸福的人生。

让我们来看看这样一个人物——

他是一连串矛盾的复合——一个白人单亲妈妈，一个肯尼亚父亲，两岁多时父母离异，童年里没有父亲，母亲也经常不在身边。在夏威夷和印度尼西亚度过童年，在美国最好的大学——哈佛大学受教育，在芝加哥最贫穷的社区工作，是最年轻的黑人参议员……

他在印度尼西亚接触了第三世界的贫穷，又回到夏威夷在一所白人学校受到了很好的教育。在学校，他喜欢高尔夫、扑克和篮球，但在这所以白人为主的学校里，他也曾深受肤色的困扰。在他的第一本书《我父亲的梦想》中，他记述，为了找回自信，他曾吹嘘父亲是非洲的王子。

他有过一段放浪不羁的日子——抽过大麻，吸过古柯碱，抽烟和酗酒，随意交女朋友……他回忆“中学时候的我是每一个老师的噩梦，没人知道该拿我怎么办”。

在洛杉矶上大学的时候，他开始涉足政治，并参加反种族隔离的演讲。大学毕业后，他在华尔街的咨询公司待了一段时间，然后做出一个惊人的选择，到陌生的芝加哥，受聘于一家民权组织，以1.3万美元的年薪做起了社区组织工作。他后来回忆这三年是“我接受过的最好的教育”。

离开芝加哥的南郊，他考入哈佛大学法学院，成为《哈佛法学评论》历史上第一任黑人学生主编。他早熟、聪明、小心翼翼，这段经历似乎预示着他将有极好的前程。但他毕业后，又回到了芝加哥，加入一家小的律师事务所。

他没有显赫的身份背景，虽然有聪明的头脑，但在众多的高材生中也并不显得出众。所以，谁也没有想到，会将这个年轻人跟美国总统这个闪亮的光环联系在一起。但他做到了，他就是美国现任总统巴拉克·胡赛因·奥巴马。

在参选的道路上，让我们来看看奥巴马所击败的那两个最主要的对手，你便知道他是怎样一个的人。

第一个对手，希拉里·克林顿——大名鼎鼎的联邦参议员、前总统克林顿的夫人。在许多美国人眼中的，希拉里是一位勇敢的妻子、性感的女人、聪明智慧的女强人。她拥有12年州长夫人生涯，8年美国第一夫人生涯，是美国史上第一位赢得公职（美国国会参议员）的第一夫人——与她竞争，是一场贵族与平民的角逐！但奥巴马胜出了。现在希拉里任奥巴马内阁中的国务卿一职。

另一个对手，共和党候选人麦凯恩——是美国的政治家、相当具有影响力的共和党人物，并且是来自亚利桑那州的资深参议员，被喻为“一座撼不动的大山”。麦凯恩出生军人世家，父亲和祖父皆曾担任美国海军的上将。麦凯恩在安那波利斯的美国海军学院接受教育，随后他担任海军的飞行员，在越战执行战斗任务，被俘并拘禁了长达五年半的时间，由于麦凯恩拒绝向北越提供任何的情报，他经常被拷打至失去意识为止，这也使他成为全国知名人物，被誉为美国人心目中的英雄。获释回国后，麦凯恩在1982年当选亚利桑那州第一选区的众议员，并在1986年当选参议员。他目前已经连任至第四届参议员任期了。担任国会参议员的时候，奥巴马还在读书——奥巴马与他竞争，就像一场比赛，一场巴西足球队与中国足球队的比赛。没人会问巴西队会不会输，没人会那么傻去问这个问题。可结果出来了，“巴西队”输了。

尽管奥巴马只有12年从政管理经验（1996－2008年），这成了他的优势，选民们不喜欢经验丰富的政治家们，选民们感觉不应该继续被政治家玩于鼓掌之中，奥巴马抓住了他们的心理。他在竞选中以“变革”为主题，强调结束伊拉克战争、实现能源自给、停止减税政策和普及医疗保险等，并承诺实现党派团结、在国际上重建同盟关系、恢复美国领导地位。最重要的是，他抓住美国经济出现危机，大打经济复苏这张牌，可以说，奥巴马的当选是他的幸运，但这种幸运绝不是偶然，而是他懂得巧妙掌握住机遇的必然，也是这个时代的必然。

危机也是机遇，每个国家在面对时，都不得不自我改善，自我调整。反省得彻底的，不惜与过去的顽疾决裂；不彻底的，依然抱着侥幸的心理想靠表面工夫挨过关。这大环境，投射到个人身上，也是一次改变的契机。原先拟定的计划赶不上变化，这两年的目标重新选择，从长远来看，也未必不是件好事。两年前的奥巴马，谁也想不到会成为美国总统，两年后的幸运儿，现在还说不定在书斋里蓄势待发。

选举中的奥巴马赢得了年轻人的支持，聪明、雄辩以及英俊外表，使他成为“美国梦”的新象征。美国文化推崇传奇式的英雄人物，对一举成名，一夜致富的故事十分向往，而奥巴马正好是这种文化的典型写照。从传统看，奥巴马几乎没有当选美国总统的资格，但如果他能做到，美国人

民将热情拥抱他，全球的青年人也将热情拥抱他。奥巴马完成了一个不可能的任务，不但让美国政治向前跃进了一大步，甚至也让美国的全球形象向上大大提升了一步。

奥巴马的成功经历说起来，让人感到不可思议。出身于平凡家庭的子弟，虽然没有背景却野心勃勃，渴望成功。正因为如此，他抓住了难得的机遇，因此他成功了。他的成功也告诉了人们，幸运的眷顾对每一个人都是平等的，哪怕是底层出身，只要能够抓住机遇，也能靠着自己的努力，一步一步地走向成功。

所罗门说过："智者的眼睛长在头上，而愚者的眼睛是长在脊背上的。"心灵比眼睛看到的东西更多。只有那些富有理解力的眼光才能穿透事物的现象，创造机遇，并抓住机遇。

对于机遇，有时也意味着它需要你忍受无穷的艰苦和穷困，以及你献身工作的漫漫长夜。为获得成功，你必须明白只有在你寻找机会时，只有你为所从事的工作有充分的准备时，机会才会来临。

拿破仑·希尔说，任何人只要能够定下一个明确的目标，坚守这个目标，时时刻刻把这个目标记在心中，那么，必然会获得意想不到的结果。

◎果断行动：从现在开始做起

【威廉·詹姆斯说，灵感的每一次闪烁和启示，都让它像气体一样溜掉而毫无踪迹，这比丧失机遇还要糟糕，因为它在无形中阻断了激情喷发的正常渠道。如此一来，人类将无法聚起一股坚定而快速应变的力量以对付生活的突变。】

在我们的现实生活中，多数人天生是懒惰的，都尽可能逃避工作。他们大部分没有雄心壮志和负责精神，宁可期望别人来领导和指挥，也不肯自己奋斗，就算有一部分人有着宏大的目标，也缺乏执行的勇气。

心理学知识告诉我们，人性本身是放纵、散漫的，其表现就是对目标的坚持、时间的控制等做得不到位，事情不能按时完成。如果拖延已开始影响工作质量，就会蜕变成一种自我贻误的形式。当你肆意拖延某个项目，花时间来削大把大把的铅笔，或者计划“一旦……就开始某项工程”时，你就为自我贻误落下基石。巧妙的借口，或有意忙些杂事来逃避某项任务，只能使你在这种坏习惯中愈陷愈深。今日不清，必然积累，积累就拖延，拖延必堕落、颓废。延迟需要做的事情，会浪费工作时间，也会造成不必要的工作压力。

成功者真正的才能在于他们审时度势之后付诸行动的速度，这才是他们出类拔萃、真正成功的秘诀。什么事一旦决定，马上付诸实施是他们共同的本质，“现在行动，马上就干”是他们的口头禅。

有一位心理学家多年来一直在探寻成功人士的精神世界，他发现了两种本质的力量：一种是在严格而缜密的逻辑思维引导下艰苦工作；另一种是在突发、热烈的灵感激励下立即行动。当可能改变命运的灵感在世俗生活中喷发时，绝大多数人习惯于将它窒息，而后又回到原来的生活常轨：什么时候该做什么照常做什么。他们并没有意识到，内在的冲动是人类潜意识通向客观世界的直达快车。

沃尔特·B·皮特金在好莱坞时，有一次，一位年轻的支持者向他提出了一项大胆的建设性方案。在场的人全被吸引住了，它显然值得考虑，不过他们可以从容考虑，然后讨论，最后再决定如何去做。但是，当其他人正在琢磨这个方案时，皮特金突然把手伸向电话并立即开始向华尔街拍电报，用电文热烈地陈述了这个方案。当然，拍这么长的电报所费不菲，但它转达了皮特金的信念。

出乎意料的是，一千万美元的电影投资立项就因为这个电文而拍板签约。假如他们拖延行动，这项方案极可能就在他们小心翼翼的漫谈中自动流产——至少会失去它最初的光泽。然而皮特金立刻付诸行动了。在他一生中，他培养了灵感，信赖它，将它当成他最可靠的心理顾问。

很多人羡慕他办事如此简明，然而事实是，他之所以办事简明，就是因为他在长期训练中养成了“现在行动，马上就干”的习惯。

歌德说：“把握住现在的瞬间，从现在开始做起。只有勇敢的人身上才会赋有天才、能力和魅力。因此，重要的是做，而不是拖延，只有在做的过程中，你的心态才会越来越成熟。”对一个勤奋的艺术家而言，当他突然间有了一个新的灵感时，如果不想让它借机溜掉，最好的办法就是立即行动，把它记录下来。将今天该做的事拖延到明天，或者到明天也没有做好，这样的人最容易养成懒惰、拖延的毛病。

我们正处在一个讲究效率的时代，在瞬息万变的现代社会中，存在着很多不确定因素，稍有迟疑，就可能使原来非常杰出的构想，在片刻之间变得一文不值。因此，今天想好的好主意今天就得实行。

令人懊恼的是，我们每个人在工作中都或多或少、或这或那地拖延过。拖延的表现形式多种多样，其轻重也有所不同。比如：琐事缠身，无法将精力集中到工作之中，只有被上司逼着才向前走，不愿意自己主动开拓；反复修改计划，有着极端的完美主义倾向，该实施的行动被无休止的“完善”所拖延；虽然下定决心立即行动，但就是找不到行动的方法；做事磨磨蹭蹭，有着一种病态的悠闲，以致问题久拖不决；情绪低落，对任何工作都没有兴趣，也没有什么人生的憧憬。

事实上，拖延绝不是一种无所谓的耽搁。一个公司很有可能因为短暂的拖延而损失惨重，这并非危言耸听。

1989年3月24日，埃克森公司的一艘巨型油轮在阿拉斯加触礁，原油大量泄漏，给生态环境造成了巨大破坏，但埃克森公司却迟迟没有做出外界期待的反应，以致引发了一场“反埃克森运动”，甚至惊动了当时的布什总统。最后，埃克森公司总损失达几亿美元，形象严重受损。

无论是公司还是个人，没有在关键时刻及时做出决定或行动，而让事情拖延下去，这会给自身带来严重的伤害。

拖延并不能使问题消失也不能使解决问题变得容易起来，而只会使问题深化，给工作造成严重的危害。我们没解决的问题，会由小变大、由简单变复杂，像滚雪球那样越滚越大，解决起来也越来越难。而且，没有任何人会为我们承担拖延的损失，拖延的后果可想而知。

世间永远没有绝对完美的事。“万事俱备”只不过是“永远不可能做到”的代名词。一旦延迟，愚蠢地去满足“万事俱备”这一先行条件，不但辛苦加倍，还会使灵感失去应有的乐趣。以周密的思考来掩饰自己的不行动，甚至比一时冲动还要谬误。

企盼“万事俱备”后再行动，你的工作也许永远没有“开始”。人们往往在事情到来之时，总是先有积极的想法，然后头脑中就会冒出“我应该先……”，这样一来，你的一只腿就陷入了“万事俱备”的泥潭。一旦陷入，你将顾虑重重，不知所措，无法定夺何时开始，时间一分一秒地浪费了，你陷入失望的情绪里，最终只有以懊悔面对悬而未决的工作。

很多时候，你若立即进入工作的主题，将会惊讶地发现，如果拿浪费在“万事俱备”上的时间和潜力处理手中的工作，往往绰绰有余。而且，许多事情你若立即动手去做，就会感到快乐、有趣，加大成功几率。

马上去做、亲自去做是现代成功人士的做事理念，任何规划和蓝图都不能保证你成功。很多企业之所以能取得今天的成就，不是事先规划出来的，而是在行动中一步一步经过不断调整和实践出来的。因为任何规划都有缺陷，规划的东西是纸上的，与实际总是有距离的，规划可以在执行中修改，但关键还是要马上去做！根据你的目标马上行动，没有行动，再好的计划也是白日梦。

◎缔造人脉：人脉是通往财富成功的入门票

【法国某集团前总裁，每年都定下目标，要与一千个人交换名片，并跟其中的两百个人保持联络，五十个人成为朋友……其实，职业和事业上的贵人就在身边，关键是要有人脉资源经营的意识，用心寻找，用心经营。】

美国著名杂志《人际》在2002年发刊词中有这样一段话：

“如果不信，你可以回忆以往的一些经验，就会发现原本你以为是自己独立完成的事，事实上背后都有别人的帮助。因此，在社交场合你应该尽量表露真正的自我与自己真正的才华，它们将会给你许多有用的建议。绝不可低估人脉的力量，否则将白白失去许多有利的帮助之力。”

一个人的发展道路不可能一马平川，坎坎坷坷是自然的事。如何将这些坎坷踏平？假设没有运气，那可能要重复愚公移山的话题；可如果有运气的垂爱，那你的路则可能又是另一番风景，不能说平步青云也至少走了捷径。那这个运气又是谁赐予你的呢？

美国大牌影星寇克·道格拉斯年轻时落魄潦倒。包括许多知名大导演

在内，没有人认为他会成为明星，更没有人会想到他能有后来的成功。事情的缘由还要回到寇克·道格拉斯乘火车的时候，漫漫旅途，时间难以打发，于是，寇克·道格拉斯便主动与身边的一位女士攀谈起来。没想到这一聊就给寇克带来了扭转乾坤的运气，从此，他的人生开始改变。没过几天，寇克·道格拉斯被邀请到制片厂报到——原来，这位女士是位知名制片人。寇克·道格拉斯因为结交了这位女制片人，沟通了人脉，才获得了一个良好的展现表演才能的机会，一切美梦才成真。

可见，人脉的力量是巨大的。“大”在何处？任何一个人不管能力有多强，如果在他的人生道路上，没有幸运女神的光临，要想办成一件事会比登天还难，其中会有很多的不如意是你想都不敢想的。

如果你希望自己在成功的路上快马扬鞭，毫无疑问，人脉必不可少。实际上，所谓的“走运”多半是由畅通的人脉带来的。一个能认同你的做法、想法与你的才华的人，一定会在将来的某一天为你带来好运。

究竟谁会对你伸出援助之手？这个问题没有人能够猜得到答案。从心理学角度只能这么说：任何人都有可能成为对你施予援手的友人，他可能是你工作上的伙伴或上司，可能是学校里的同学，甚至有可能是一位从不曾相识的陌生人。但一般来说，人脉的范围愈广，则开创成功未来的几率愈大。

就人脉这方面来看，运气往往是从你意想不到的地方降临的，譬如你的顾客、同事，或朋友的朋友等等。

法国小说家莫泊桑是19世纪著名的批判现实主义作家。他的《羊脂球》、《俊友》和《项链》等许多优秀作品，至今广为流传。小时候的莫泊桑是个调皮捣蛋的学生，曾因盗窃被学校开除。后来，文学巨匠福楼拜发现了莫泊桑的文学天赋，并将他引向文学的正道，莫泊桑因此得以永载史册。

莫泊桑，1850年出生于法国北部的诺曼底。父母在他幼年时分居，由母亲抚养成人。普法战争结束后，莫泊桑服兵役来到巴黎，先后担任海军部和文化部的公职。在此期间，他去拜访了母亲的朋友——著名作家福楼拜，并成为福楼拜的正式弟子。

福楼拜以一部《包法利夫人》奠定了自己在文坛的地位，他一直想找一个有培养前途的高足。莫泊桑则一直想找一个德高才高的恩师。两人在彼此的渴望中相遇，结为师徒也就很自然了。此后在福楼拜的指导下，莫泊桑勤奋写作。在那漫长的7年中，每逢星期日莫泊桑就带了诗稿、剧本和小说来找福楼拜求教，当面看着恩师怎样用蓝铅笔修改他的稿子。

在亲密的交往中，福楼拜教给莫泊桑一个达到文学成就的三重定理："观察，再观察，再观察。"1880年，30岁的莫泊桑发表短篇小说《羊脂球》，这部作品受到福楼拜极大的赞赏，从此莫泊桑在法国文坛站稳了脚跟。又过了三年，莫泊桑的《一生》发表，得到俄国大作家托尔斯泰的肯定，成为世界性的当红作家。

虽然莫泊桑因病早逝，只活了43岁，但他创作了6部长篇小说、3部游记和270篇短篇小说，在世界文坛有很高的地位。在莫泊桑的成长历程中，很显然，他的成功受益于恩师的点拨与提携。如果没有福楼拜的引导和悉心指教，他很难取得如此成就。

在好莱坞，流行一句话："一个人能否成功，不在于你知道什么（what you know），而是在于你认识谁（whom you know）。"这句话并不是叫人不要培养专业知识，而是强调："人脉是一个人通往财富、成功的入门票。"

◎感情投资：在人情世故上多一分关心，多一份相助

【虽然很少有人能达到"人饥己饥，人溺己溺"的境界，但我们至少可以随时关注一下别人的需要，时刻关心朋友，帮助他们脱离困境。】

古语云："下者用己之力，中者用人之力，上者用人之智"，善于利用他人力量才能取得成功。然而，人际关系网并不是一朝一夕就能建立起来的，它需要长久的时间来培养。

所谓"感情投资"，说简单点，就是在人情世故上多一分关心，多一份相助。即使遇到大风大浪的情况，也能够相互体谅，"生意不成人情在"。

专家指出，一个人事业的成功，80%归因于与别人相处，20%才是来自于自己的心灵。人是群居动物，人的成功只能来自于他所处的人群及所在的社会，只有在这个社会中游刃有余、八面玲珑，才可为事业的成功开拓宽广的道路。

人类都难逃脱一个“情”字。尽管当今社会崇尚一句话：“认钱不认人。”但是“人情生意”从未销声匿迹。人既然能够为情而生、而死，那么为情投资又有何不可呢？所以，在拓展人际交往中要注意“感情投资”。

即使是有“缘”人，彼此能够一见如故，但要保持长期相互信任、互相关照的关系也不是一件容易的事，仍然需要不断进行“感情投资”。尤其在商战上，各自都为各自的利益，很容易互相起疑心，结果“缘”就会由相投转为反目为仇，人情变成了敌情。情场上，最爱的人也会变成最恨的人，这在世间也屡见不鲜。相互最仇视的对手，往往原先是形影不离的伙伴。反目为仇的根源恐怕谁也说不清，留下的都是互相指责和怨恨。

为什么会这样呢？因为很多人都觉得，一旦关系稳定了，就不需要去保护它了，往往忽略了双方关系中的一些细节问题。例如，该告白的实情没告白，该解释的情况不解释，总认为“反正我们关系好，解释不解释无所谓”，结果日积月累，矛盾越积越深，友谊自然出现裂痕。

感情来自交流。平时多加强联系，是拓展人际关系网的最佳润滑剂。

注重感情是人性的一大弱点但也是一大优点，中国人尤其看重“生当陨首，死当结草”、“女为悦己者容，士为知己者死”，无一不是“感情效应”的结晶。为官者大都深知其中的奥妙，不失时机地付出廉价的感情投资，对于拉拢和收买部下往往能收到异乎寻常的效果。

你要想拓展人脉存折赢得人们的拥戴，调动起朋友的积极性，让他们无怨无悔地为自己付出，只有靠感情。俗话说：“将心比心。”你想要别人怎样对待自己，那么自己就要先怎样对待别人，只有先付出爱和真情，才能收到一呼百应的效果。

日本著名的企业家松下幸之助就是一个看重感情投资的人，他曾说过：“最失败的领导，就是那种员工一看见你，就像鱼一样没命地逃开的领导。”他每次看见认真工作的员工，都要亲自上前为其沏上一杯茶，并充满热情地说：“太感谢了，你辛苦了，请喝杯茶吧！”正因为在这些小事上，松下幸之助都不忘记表达出对下级的爱和关怀，所以他获得了员工们一致的拥戴，他们都心甘情愿地为他效力。

不管是工作中还是生活中，这是一样的道理，感情是打动人心最有力的工具，丢掉感情的人，不仅生活没有味道，连生存都会成为问题。

“感情投资”就如同做生意，必须舍得花血本，所以一定要懂得“事先投资”与“事后回报”的必然性。

1. 事先投资：给对方一些好处

在求对方办事时，对方并不情愿为你白忙乎，他等待你也能帮他做些事情，有的甚至希望在他办事之前，你得为他先做点牺牲。如果你了解对方这种心理，主动满足他的欲望，他就会很乐意地帮助你。

尽管有时对方没有什么需要帮忙的事情，但是你要让对方精神上得到满足，表现出对对方的仰慕和尊敬，不断地赞赏对方的能力。

2. 事后回报：甩掉你的人情包袱

如果你与对方关系很不一般，求他帮忙时，他会提出条件来，那你也要多为对方考虑，尽力多为对方解决一些困难。不论关系多密切，你总求人家，而没有回报，时间长了也就行不通了。

帮助他人不能居功自傲，在人际交往中，当我们帮助了他人时，不必以此沾沾自喜，自鸣得意，更不能摆出一副救世主的面孔，因为我们的帮助应该是无私的、诚恳的、不存在半点利益纠葛的。如果总记得自己有恩于他人，这样活着岂不是很累吗？居功自傲的人也常常因为其粗蛮的态度而招致别人的不满，人们甚至对他的帮助拒之门外，这样的人也不会拓展人脉。

借助别人的力量为自己办事的最好方法就是感情投资、真诚合作、利益共享。没有永远的敌人，只有永远的利益！这条国际政治游戏的准则同样适合于我们的人际关系准则。

◎打破常规：传统的想法会冻结你的心灵

【人生之中，前人踩出的路固然好走，但你若想有非凡的成就，就一定要尽力开辟一条不寻常的路。】

心理学家的研究结果表明，我们所使用的能力，只有我们所具备能力的2%～5%。这就有必要提倡打破常规的创造性思维。在一般情况下，按常规办事并不错。但是，当常规以及不适应变化了的新情况时，就应解放思想，善于创新，另辟蹊径。只有这样，才可能化缺点为优点，化腐朽为神奇，在似乎绝望的困境中寻找到希望，创造出新的生机，取得出人意料的胜利。

1916年，犹他州的小镇弗纳尔非常渴望修建一座砖砌的银行。这座银行将是小镇上的第一家银行。镇长买好了地，备好了建筑图纸，万事俱备，只差砖还没有着落。

这时，障碍出现了。这是一个致命的障碍，由于它，整个工程将无法进行下去：从盐湖城用火车运砖，每磅要2.5美元。这个昂贵的价格将断送掉一切：不会有足够的砖，也不会有银行了。一位商人绞尽脑汁，想出了一个近乎愚蠢的主意：邮寄砖！

结果是：包裹每磅1.05美元，比用火车运送便宜了一半的价钱。事实上，不仅是价格便宜了一半，所谓邮寄过来的砖和火车货运过来所用的是同一班列车！而就是这么一个货运和邮递之间的价格差异使情况完全不同了。

几周之内，邮寄的包裹像洪水般涌入小镇。每个包裹7块砖，刚好可以不超重。这样，弗纳尔镇的居民很骄傲地拥有了他们的第一家银行。而且，这家银行全部是用邮寄过来的砖盖起来的。

每一个人都具有想象力，而想象力正是创造力的泉源。将梦境中所见的尽量描绘出来，就是一种想象力的运作；发明一样东西或创造一样东西，也都是在发挥想象力。

突破常规不仅要求打破传统思想，建立理性的思维，还要求人们敢于幻想。不要以为“打破常规”是代表着一种新潮的反叛，恰恰相反，这种“打破”是与“回归”紧密相连的。打破是为了更好的回归，回到一种人性化的管理之中，这种“打破与回归”和崇尚自然的老庄思想有着极为契合之处，都是顺其自然、发挥天性。

曾经，一艘远洋海轮不幸触礁，沉没在汪洋大海里，幸存下来的九位船员拼死登上一座孤岛，才得以幸存下来。

但接下来的情形更加糟糕，岛上除了石头，还是石头，没有任何可以用来充饥的东西，更为要命的是，在烈日的暴晒下，每个人都口渴得冒烟，水成为最珍贵的东西。

尽管四周是水——海水，可谁都知道，海水又苦又涩又咸，根本不能用来解渴。当时九个人唯一的生存希望是下雨或别的过往船只发现他们。

几天过去了，没有任何下雨的迹象，他们的周围除了海水还是一望无边的海水，没有任何船只经过这个岛。渐渐地，八个船员支撑不下去了，他们纷纷渴死在孤岛。

当最后一位船员快要渴死的时候，他实在忍受不住地扑进海水里，“咕嘟咕嘟”地喝了一肚子。

船员喝完海水，一点儿觉不出海水的苦涩味，相反觉得这海水又甘甜、又解渴。他想：也许这是自己临死前的幻觉吧，便静静地躺在岛上，等待着死神的降临。

他睡了一觉，醒来后发现自己还活着，船员非常奇怪，于是他每天靠喝这岛边的海水度日，终于等来了救援的船只。

当人们化验这水时发现，由于有地下泉水的不断翻涌，实际上，这里的海水是可口的泉水。

传统的想法会冻结你的心灵，阻碍你的进步，干扰你的创造能力。以下是对抗传统性思考的方法。

乐于接受各种创意；

主动前进，而不是被动后退；

摒弃“不可行”、“办不到”、“没有用”等思想渣滓。

……

成功的人总是喜欢问：“怎样才能做得更好？”

想一想，如果公司的经理们总想“今年我们的产品产量已达极限，进一步发展是不可能的。因此，所有工程技术的实验以及设计活动都将永久性地停止。”用这种态度进行管理，即便是强大的公司也会很快衰败下去。

一个人如果缺乏好奇心，却想做一位出色的实业家，那是相当困难的。好奇心强烈的人，不但对于吸收新知识抱有高度的热忱，并且经常搜寻处理事物的新方法。因此，一个人如果没有了好奇心，就不可能花心思研究新事物，只是遵循前人的步伐原地踏步而已，更不用说会有惊人的成就出现了。

◎变更心境：摔倒是难免的，关键要能重新站起来

【在困难面前摔倒是难免的，最关键的是你能够重新站起来，并且承受一次又一次的摔倒，即挫折、失败或迷惘，这样坚持到底，才能取得胜利。】

心理学家认为，一个人具有什么样的心态，他就可以成为一个什么样的人，他就能够拥有一个什么样的人生。事情往往是这样，你相信会有什么结果，就可能会有什么结果。这说明一个人可以通过变更自己的心境来变更自己的生活。

伟大的心理学家阿德勒毕生都在研究人类及其潜能，他曾宣称他发现人类最不可思议的一种特性——“人具有一种反败为胜的力量”。

著名的思想家爱默生说过：“真正的快乐不见得是愉悦的，它多半是一种胜利。”是的，快乐来自一种成就感，一种超越的胜利，一次用积极心态战胜消极情绪的经历。

身处逆境，积极乐观的人，看到什么都是明媚的，而悲观的人看什么都是暗淡的。即使是悲观的人，如果肯动手去创造，也会发现太阳并不总是被乌云遮住的。

卡尔森原是一个身无分文的穷光蛋，但他从没对自己有一天能成为富翁产生过怀疑。即使在十分被动和不利的条件下，他依然顽强进取，积极

寻找成功的机会，这种积极的心态使他最终创富成功。

起初，卡尔森借钱办了一个制造玩具的小沙漏厂。沙漏在时钟未发明前用来测量时间；时钟问世后，沙漏完成了它的历史使命，于是卡尔森把它作为一种古董玩具来生产、销售。

作为玩具的沙漏，趣味性不大，孩子们并不喜欢它，因此销量很小。但卡尔森一时找不到其他比较适合的工作，只能继续干着老本行。沙漏的需求越来越少，卡尔森最后只得停产。但他并不气馁，他相信自己能够战胜眼前的困难，于是他决定先好好休息，轻松一下。他便每天都找些娱乐，看看棒球赛，读读书，听听音乐，或者领着妻子、孩子外出旅游。但他的头脑一刻也没有停止开拓的思考。机会终于来了，一天，卡尔森翻看一本讲赛马的书，书上说，“马匹在现代社会里失去了它运输的功能，但是又以高娱乐价值的面目出现。”在这不引人注目的两行字里，卡尔森好像听到了上帝的声音，高兴地跳了起来。他想：“赛马骑用的马匹比运货的马匹值钱。是啊！我应该找出沙漏的新用途！”

就这样，从书中偶得的灵感，使卡尔森精神重新振奋起来，把心思又全都放到他的沙漏上。经过几天苦苦的思索，一个构思浮现在他的脑海：做个限时 3 分钟的沙漏，在 3 分钟内，沙漏里的沙子就会完全落到下面来，把它装在电话机旁，这样打长途电话时就不会超过 3 分钟，电话费就可以有效地控制了。

想好了后，他就开始动手制作。这个东西设计上非常简单，把沙漏的两端嵌上一个精致的小木板，再接上一条铜链，然后用螺丝钉钉在电话机旁就行了。不打电话时还可以作装饰品，看它点点滴滴落下来，虽是微不足道的小玩意，却能调剂一下现代人紧张的生活。

担心电话费支出的人很多，卡尔森的新沙漏可以有效地控制通话时间，售价又非常便宜。因此一上市，销路就很不错，平均每个月能售出 3 万个。这项创新使原本没有前途的沙漏转瞬间成为对生活有益的用品，销量成倍地增加，面临倒闭的小作坊很快变成一个大企业。卡尔森也从一个即将破产的小业主摇身一变，成了腰缠亿贯的富豪。

决定一个人成功的因素不只是他的能力，还要看他是否能够始终乐观地看待自己周围的事物，看他在身处逆境时是否依然能够积极乐观地寻找改变逆境的办法。

一位心理学家说过，你不可以改变一件已经变糟的事情，但你可以选择快乐地对待它，这样，无论你遭遇什么，你都能够在其中发现乐趣。

彼得拿着一支刚买的冰激凌，一边走一边吃，十分快乐。忽然一不小心，整支冰激凌掉在了地上，和泥沙混在一起。

彼得愣愣地待在那里，一句话也说不出来，只是睁大了眼睛看着地上的冰激凌。

这时，有个老太太走过来，对彼得说：“好吧，既然你碰到这样坏的遭遇，脱下鞋子，我给你看一件有意思的事情！”

老太太说：“用脚踩冰激凌，重重地踩，看冰激凌从你脚趾缝隙中冒出来。”彼得照着她的话去做。

老太太高兴地笑：“我敢打赌，这里没有一个孩子尝过脚踩冰激凌的滋味！现在跑回家去，把这有趣的经验告诉你妈妈。”

接着，老太太说：“要记住！不管遭遇什么，你总可以在其中找到乐趣！”

这件事，使彼得很受启发，他很快学会了这种处世原则。

不久后的一天午后，一场大雨在地面上形成一洼洼的小水坑。彼得的妈妈带着他，小心翼翼地避开人行道上的积水。不料，一辆计程车从身边疾驶而过，将两人的身上溅满了水。

彼得的母亲很生气，旁边的彼得却兴奋地对妈妈说：“遇水则发，我们要发了。”

正在生气的母亲听到这样可爱的童言稚语，也不禁莞尔一笑，两人快快乐乐地踩着积水回家了。

这个小故事的意义十分深刻：如果你不满意自己的现状，想力求改变它，那么首先应该改变的是你自己，如果你有了积极的心态，能够积极乐观地改善自己的环境和命运，那么你周围所有的问题都会迎刃而解。

问题的关键不在于发生了什么事情，而在于我们怎样看待发生在自己身上的事情。无论发生了什么事情，你都必须接受既定的事实，把个人的悲伤掩藏在微笑下面，平静地继续生活。因为无论发生多么难以承受的事情，随着时间的推移都会变得微不足道；无论多么深的痛苦和挫折，这一切都会成为过去。

第八章

实现成功的自己

◎自我展示：亮出自己的自信

【心理学家告诉我们，这是一个两分钟的世界，你只有一分钟展示给人们你是谁，另一分钟让他们喜欢你。】

在当今社会，你必须拥有一分钟展现自我的本领。就在一瞬间，别人就喜欢或讨厌你了。在一分钟内，就让“观众”喜欢上你，对你刮目相看。

一位曾经留学美国的长者在国内的一次课堂上，讲过这样的一个真实的故事。他说他初到美国的时候，发现美国的大学生每次上课前总要先拿一张硬纸，再用颜色鲜艳的笔在其上面郑重其事地写上自己的名字，然后对折一下，让这张硬纸站立在桌面显眼的位置上。他对此疑惑不解，就问坐在旁边的美国学生。美国学生告诉他，给他们讲课的教授一般都是知识渊博、地位很高的社会名流，而这对他们来说就意味着机会——因为在讲课时，教授会不时地叫学生回答问题。让写有自己名字的硬纸站立在桌面显眼位置，这就意味着自己将会有多次被教授提问而展示自己才华的可能，从而在毕业时获得被教授推荐到著名公司当职员的机会。而他在后来也确曾多次耳闻目睹过，教授推荐上课能充分展示自己才华的学生到著名公司当职员的事情。

这个故事中被教授推荐的那些美国学生是幸运的，而这幸运正是由于他们在课堂上充分地展示了自己才华的结果，要不然，他们绝对不会有这样的机会，亮出自己就是给自己机会。

为什么有的人一看一听就给人好感，而有的人从衣着、表情、声音、行动上就使人不以为然？如果知道怎么使别人喜欢自己，在工作和人际交往上是有很大好处的，会获得很多帮助和机会。

20世纪40年代末期以后，由于美国冷冻凝缩技术的发展，罐头橘汁能保持水果原汁液的营养价值和大部分水果的味道，比鲜橘子汁还便宜，且一年四季可以饮用。而且它味道好，热量比较低，是一种天然的健康饮料。问题是美国人喝橘汁的习惯是一天一次，只在早饭时喝少许。

要扩大销路，必须首先改变美国人这个习惯。为此，60年代美国橘汁制造者们开始广泛开展电视广告宣传，用各种各样的镜头，分别表现儿童、少年、青年、中年以至老年人，在不同的时间和不同的场所饮用橘汁的情况。广告还用特写镜头显示人们饮用橘汁时感到凉爽宜人、神清气畅的情景，且用大杯饮。并提出这样的口号："它不在只是吃早饭时饮用。""橘汁会使你潇洒。"

经广告宣传，橘汁终于得到了社会的公认，从而橘汁的销量也被打开了。

现在，电视广告已经司空见惯。那么，作为一个人，我们是否也需要为自己的优点和长处做些广告呢？由于人们的思维定式，很多时候，有可能会对你的优点视而不见，也有可能会用老眼光来看待你。改变自己在别人心中形象的最好方法就是争取到表现自己的舞台，这需要智慧，更需要勇气。

亮出自己一种自信的展示，一个有才干的人能不能得到重用，很大程度上取决于他能否在适当场合展示自己的本领，让他人认识。如果你身怀绝技，但藏而不露，他人就无法了解，到头来也只能空怀壮志，怀才不遇了。而有积极表现欲的人总是不甘寂寞，喜欢在人生舞台上唱主角，寻找机会表现自己，让更多的人认识自己，让伯乐选择自己，使自己的才干得到充分发挥。从一定意说，积极的表现欲是推销自己的前提。

比如，某单位新分配来几位大学毕业生，其中有一位敢想敢说，表现欲较强，事事走在前面，有出众的表现。在领导眼中他是个人才。他不负众望，策划了几次重大公关活动，为企业打开局面作出了贡献。不久他被任命为这个单位最年轻的经理。相反，与他同来的两位毕业生，在学校时成绩很突出，是高材生，但是因没有出众的表现，工作平平，始终没有大的发展。他们之间的距离渐渐地拉开了。在这里，不能不说表现欲的强弱是一个重要的制约因素。这再一次说明，在激烈竞争的社会里，缺乏表现欲的人是很难把自己推销到关键岗位上去的。

每个人都有一定的长处，但这些肯定不是"伯乐"一眼就能看出来的，更多的还是要靠"千里马"自己来展示。譬如，你突出的管理才能、你优美的文采等等，都要靠你自己展现出来，才能让别人信服。许多人不善于亮出自己，以至于对待机会像小孩儿玩沙子，让小手捧满沙子，然后让沙粒落下，一粒接一粒，直至全部落光。结果则是追悔莫及。

亮出自己，抓住机会，迈出成功的第一步，你将会少一些人生的遗憾。

◎首因定律：第一印象真的很重要

【心理学研究发现，与一个人初次会面，45 秒钟内就能产生首因效应。并且这种先入为主的首因效应是人的普遍的主观性倾向，会直接影响到以后的一系列行为。】

一个新闻系毕业生正急于寻找工作。一天，他到某报社对总编说："你们需要一个编辑吗？"

"不需要！"

"那么记者呢？"

"不需要！"

"那么排字工人、校对呢？"

"不，我们现在什么空缺也没有了。"

"那么，你们一定需要这个东西。"说着他从公文包中拿出一块精致的小牌子，上面写着"额满，暂不雇用"。

总编看了看牌子，微笑着点了点头，说："如果你愿意，可以到我们广告部工作。"

这个大学生通过自己制作的牌子，表现了自己的机智和乐观，给总编留下了美好的"第一印象"，引起对方极大的兴趣，从而为自己赢得了一份满意的工作。

当我们进入一个新环境，参加面试，或与某人第一次打交道的时候，常常会听到这样的忠告："要注意给别人的第一印象噢！"

第一印象，又称为初次印象，指两个素不相识的陌生人第一次见面时所获的的印象。那么，第一印象真的有那么重要，以至在今后很长时间内都会影响别人对你的看法吗？

心理学上有一个规律，在和比较陌生的人交往中，他给我们的早期往往比较深刻。有这样一个心理学实验证明了这个规律。

心理学家设计了两段文字，描写一个叫吉姆的男孩一天的活动。其中一段将吉姆描写成一个活泼外向的人：他与朋友一起上学，与熟人聊天，与刚认识不久的女孩打招呼等；而另一段则将他描写成一个内向的人。研究者让有的人先阅读描写吉姆外向的文字，再阅读描写他内向的文字；而让另一些人先阅读描写吉姆内向的文字，后阅读描写他外向的文字，然后请所有的人都来评价吉姆的性格特征。

结果，先阅读外向文字的人中，有78%人评价吉姆热情外向，而先阅读内向文字的人，则只有18%的人认为吉姆热情外向。可见，人们在不知不觉中，倾向于根据最先接收到的信息来形成对别人的印象。

由此可见，第一印象真的很重要！人们对你形成的某种第一印象，通常难以改变。而且，人们还会寻找更多的理由去支持这种印象。有的时候，尽管你表现的特征并不符合原先留给别人的印象，人们在很长一段时间里仍然要坚持对你的最初评价。第一印象在人们交往时所产生的这种先入为主的作用，被叫做首因定律。

其实，人类有一种特性，就是对任何堪称“第一”的事物都具有天生的兴趣并有着极强的记忆能力。承认第一，却无视第二。不经意地你就能列出许许多多的第一。如世界第一高峰，中国第一个皇帝，美国第一个总统，第一个登上月球的人等等，可是紧随其后的第二呢？你可能就说不上几个。

在生活中，人同样对第一情有独钟，你会记住第一任老师，第一天上班，初恋等等，但对第二就没什么深刻的印象。这就是“首因定律”的表现。

因此，我们要特别注意给别人的第一个印象，要争取在第一次亮相的时候，就显出最有光彩的自己。

首先，注重仪表风度。通常，人们都愿意同衣着干净整齐、落落大方的人接触和交往。

其次，注意言谈举止。言辞幽默，侃侃而谈，不卑不亢，举止优雅，定会给人留下难以忘怀的好印象。另外，要重视自己的涵养，丰富自己的头脑。一个学识渊博、对问题有独到见解、对事情有果断的处理能力、礼节有度的人更能征服他人的心。当然这要靠日积月累的磨砺，但它却能通过言谈举止、仪表风度等，在与人交往的每时每刻透露出来，影响他人对你的印象和判断。

首因效应在我们的日常交往中起着非常微妙的作用，只要能准确地把握它，定能给自己的事业开创良好的人际关系氛围。

◎近因定律：人际关系需要“保鲜”

【近因效应提醒我们在人际交往中，不能依靠吃老本，要时刻注意近期的表现，时刻注意保持已经树立起来的形象。】

生活里，我们总是强烈谴责喜新厌旧的人，认为他们的行为是不道德的。然而，在交往中，其实很多人都有“喜新厌旧”的习性——比较重视“新”的信息，而不太重视旧的信息。

新近的信息比以前得到的信息对于交往活动有更大影响，突然的一个“信息”会使人们早已习惯的认识和印象发生质的飞跃，这和首因定律正好相反，在心理学上叫做“近因定律”。

那么首因定律和近因定律岂不是自相矛盾？其实，它们并不矛盾，而是各自有着适用的范围。心理学家告诉我们，一般的，当两种矛盾的信息连续出现时，首因定律突出，而当两种矛盾的信息间断出现时，近因定律更为明显；在与陌生人交往时，首因定律影响较大，而在与熟人交往时，近因定律则有较大影响。

生活中有许多近因效应的例子。比如某人犯了一个错误，人们便改变了对这个人的一贯看法。

某电视台著名节目主持人，一直受人喜爱尊重，到了晚年却晚节不保，因为一桩私生活的丑闻而败坏了一世名声，就是近因定律的作用。在朋友交往中，有时多年的友谊会因一次小别扭或误会而告终；夫妻之间吵架，一气之下，可能全忘记了对方过去的好处和恩爱，只想着离婚，这也是近因定律“惹的祸”。

民政部门似乎对近因定律有所了解，所以在夫妻来办理离婚的时候，往往会劝他们先冷静一段时间考虑考虑，再来办不迟。结果很多夫妻回去仔细一考虑，又想起了对方的种种好处，又不想离了。

近因效应还有一个表现就是，在人与人交往的过程中，往往最后一句话决定着整句话的调子。比如，老师跟学生说：“随便考上一个学校，该没有什么问题吧？虽然录取率那么低。”或者说：“虽然录取率那么低，总能考上一个学校吧？”这两句话的意思是一样的，只因语句排列的顺序不同，给人的印象却全然不同。前者给人留下悲观的印象，后者则给人乐观的印象。

因为这个规律的存在，老师批评学生或上级批评下属时，也应该注意语句的先后顺序，尽可能使它产生一个良好的近因效应。比如在进行严厉批评后，我们不要忘了安抚对方的情绪：“……也许，我的话讲的重了一点，但愿你能理解我的一番苦心。”“……很抱歉，刚才我太激动了，希望你能好好加油！”用这种话作结束语，被批评者就会有受勉励之感，认为这一番批评虽然严厉了一点，但都是为我好的。

近因效应提醒我们在人际交往中，不能依靠吃老本，要时刻注意近期的表现，时刻注意保持已经树立起来的形象。

平时在和老朋友交往中，每一次交往都要认真对待，特别是每一次交往最后几分钟的音容笑貌。由于是老朋友，就没有什么首因定律可言了，而到底哪一次交往能发生近因定律，却是无法预料。只要有一次表现的有点异样或特别，那么，过去的表现可能就会大打折扣甚至一笔勾销。因此，每一次交往都得小心行事，不能因为是老朋友就“忘乎所以”。

近因定律包含着人类喜新厌旧的本性。这提醒我们人际关系是需要“保鲜”的——尤其是夫妻之间。我们大概都还记得电影《手机》中那句流行一时的台词：“在一张床上睡了20年，难免会有一些‘审美疲劳’”。就是说，不管当初如何恩爱，如何甜蜜，如果不能经常保持新鲜感，近因定律会使我们忘记对方过去的好，而因为喜新厌旧，就有移情别恋的可能。

◎相似定律：观念相近的人容易成为朋友

【所谓“道不同者不相为谋”，志向不同，就像两股道上跑的车，怎么也走不到一块去。】

心理学家做过这样一个实验：他们要求一些年轻人回忆他们结交的一位最亲密的朋友，并请列举这位朋友与他们自己有哪些相似之处与不同之处。大多数人列举的尽是他的朋友与他的相似之处，什么“我们性格内向、诚实，都喜欢欣赏古典音乐”啦，什么“我们都很开朗、好交际、还常常在一起搞体育活动”啦，等等。

自古就有一种说法叫“臭味相投”，还有一个俗语叫“物以类聚，人以群分”，说的都是人们与和自己相似的人容易看着顺眼，容易成为朋友。

在我国古代，钟子期和伯牙的友谊非常有名。钟子期有出神入化的琴技，而只有伯牙才能听出他琴技的高妙，于是二人成为最知己的朋友。后来伯牙在政治斗争中被杀，钟子期非常伤心，竟然立誓终生不再弹琴了。

钟子期、伯牙之所以有超乎寻常的友情，就是因为他们有个相似的特点——对音乐高超的鉴赏力。因为无人能取代伯牙，所以他在钟子期心中的地位是独一无二的。

相反，如果志趣不投，人和人就不容易成为朋友；即使本来是朋友，发现志趣各异，也容易变成陌路。古时候“割席断交”的故事，就和钟子期、伯牙的故事正好相反。

管宁和华歆在年轻的时候，是一对非常要好的朋友，经常一起吃、一起住，一起读书。有一次，他俩一块儿在地里锄草，管宁碰到了一块黄金，但是他自言自语地说了句：“我当是什么硬东西呢，原来是锭金子。”接着，就继续锄草。

华歆听说捡到金子了，忙跑过来，激动地拿在手里看，显出贪婪之色。管宁责备华歆说："钱财应该是靠自己的辛勤劳动去获得，一个有道德的人不该贪图不义之财。"华歆不赞同他，也不好意思说什么。

又有一次，他们坐在一张席子上读书。忽然外面沸腾起来，一片鼓乐之声，夹杂着人们看热闹的声音。他们走到窗前一看，是一位达官显贵从这里经过，仪仗队衣着华丽，威风凛凛。

管宁看完了，就回到原处继续读书。华歆却完全被这种张扬和豪华的排场吸引住了，书也不读了，跑到街上去看个仔细。

管宁看到华歆的行为很失望。等华歆回来后，管宁拿出刀子把他们共同坐的席子从中间割成两半，痛心地宣布："我们两人的志向和情趣太不一样了。从今以后，我们就像这被割开的草席一样，再也不是朋友了。"

所谓"道不同者不相为谋"，志向不同，就像两股道上跑的车，怎么也走不到一块去，所以真是没有必要在一起了。

在日常生活中我们也经常可以看到，人生观、宗教信仰、对社会时事看法比较一致的人，更容易谈得来，感情融洽。相似性包括很多方面，如态度、信念、兴趣、爱好和价值观等。同年龄、同性别、同学历和相同经历的人容易相处；行为动机、立场观点、处世态度、追求目标一致的人更容易相互扶持……

那么人为什么会喜欢与自己相似的人呢？

首先，人们与和自己持有相似观点的人交往时，能够得到对方的肯定，便会增加"自我正确"的安心感。他们之间发生争辩的机会较少，容易获得对方的支持，很少会受到伤害，比较容易有安全感。

其次，相似的人容易组成一个群体。人们试图通过建立相似性的群体，以增强对外界反应的能力，保证反应的正确性。人在一个与自己相似的团体中活动，阻力会比较小，活动更容易进行。

◎互补定律：合作需要优势互补

【互补定律和相似定律并不矛盾。因为差异并不一定都能形成互补，而互补性的前提是交往双方都得到满足。】

在生活中我们可以发现，不仅特征相似的人会相互吸引，有时候一些彼此之间差异较大的人，也能够建立起较为亲密的关系。在需要、兴趣、气质、性格、能力、特长和思想观念等方面，如果存在差异，而双方的需要和满足途径又正好成为互补关系，就可以产生相互吸引的关系。这证明人不仅有认同的需要，也有从对方获得自己所缺乏的东西的需要。

那么互补和相似定律是否矛盾呢？它们并不矛盾，因为差异并不一定都能形成互补。互补性的前提是，交往双方都得到满足，如果不能满足这一要求，那么相反的特性就不能够产生互补，甚至还产生厌恶和排斥。比如高雅和庸俗、庄重和轻浮、真诚和虚伪等等，这些就只能造成“道不同者不相为谋”。

或者说，形成相似的那些条件，往往是大的方面，比如人生观、做人处世原则、人生追求等等。这些如果不同，就难以理解，不容易吸引。而形成互补的，往往是相对较小的方面，比较具体的特征。就像人们常说的：“该相似的地方相似，该互补的地方互补。”

互补一般可分为两种情况。一种是：交往中的一方能满足另一方的某种需要，或者弥补某种短处，那么前者就会对后者产生吸引力。如能力强、有某种特长、思维活跃的人，对能力差、无特长、思维迟缓的人来说，就具有吸引力；依赖性特别强的人愿意和独立的人在一起；脾气暴躁的人和脾气温和的人能够成为好朋友；支配型的人和服从型的人能够结为秦晋之好，试想，如果两个都是支配性的人结为夫妻，那家中还能有太平吗？

互补的另一种情况是：因为别人的某一特点满足了你的理想，而增加了你对他的喜欢程度。比如一个看重学历的人，自己又没有拿高学历的机会，会很看重高学历的朋友等等。

任何人都与生俱来地具有一些缺点，而且性格不是那么容易改变。为了弥补自己的不足，我们往往在寻求生活伴侣和事业伙伴时，注意寻找能弥补自己缺点的人。

小张是一个好与人争辩道理且十分任性的人，他找的是一个大大咧咧的老婆。小张之所以喜欢她，是因为她能够让小张从容地依照自己的步调行事，不和他较真，让他很安心。

在事业的合作上，寻找和自己互补的人是非常重要的。

最初，比尔·盖茨亲手经营微软公司，时间长了，他逐渐发现自己在管理方面能力的某种欠缺，并且他真正的兴趣是在软件开发上，所以日益感到分身乏术，力不从心，工作兴趣也下降了很多。这使他逐渐认识到管理方面需要有专门的人才来为他打理，于是他后来找到了大学时的同学鲍尔默。鲍尔默正好是管理方面的天才。他热情万丈，善于影响别人，善于调动职工的积极性，在管理者位置上如鱼得水。

对于比尔·盖茨来说繁琐乏味的管理工作，对于鲍尔默而言却是乐趣无穷。这就形成了很好的互补关系，强强联合，缔造了辉煌的成功。

◎相互吸引定律：靠什么赢得别人的好感

【有人说过这样一句话："什么是好人？对我好的就是好人。"其实这种观点是很有代表性的。人们大多是以这个标准来衡量周围的人的。】

心理学研究表明，我们通常喜欢的人，是那些也喜欢我们的人。他不一定很漂亮，或很聪明，或者很有社会地位，仅仅是因为他很喜欢我们，我们也就很喜欢他。这个规律叫做相互吸引定律。

这种情况并不奇怪，符合人的自我中心的本性。人大概都有一些自恋，也就是喜欢自己。这个世界上，你最爱的人是谁？恐怕大部分人都会回答是自己。人们都把自己当成世界的中心，自己作为衡量一切的标准。

为什么说这条定律是来源于人的自恋心理呢？因为当人们发现一个人

喜欢自己，不管对方客观情况怎样，是否具有让自己喜欢的特点，都会无条件比较喜欢对方。人们大概是想象，既然对方喜欢自己，那么一定是他在某些方面和自己相似，认可自己的为人和某些特点，那么自己有什么理由不同样喜欢对方呢？

这种心理规律，在某种程度上，也和人们的自信缺乏有关。

一个人如果自我尊重程度较强，较为自信，那么别人表示出来的对他的喜欢和赞扬，对他的影响就不是很大，人际吸引的相互性原则对他的作用也就不是很大。而那些具有较低自我尊重的人，往往不喜欢那些给他们否定性评价的人，因为他极不自信，所以特别需要别人的肯定，特别看重别人表达的对自己的喜欢。

在实际生活中，严格地讲，没有人是完全自信的，因此大多数人都特别需要别人对自己的肯定。

这样说来，那些喜欢我们的人、对我们好的人，自然会更容易赢得我们的喜欢，而无论他在客观上是怎样的人。当然，这里说的是通常的情况，而不包括全部。

你可以想想你身边的人，你想过你喜欢的人通常具有哪些特征吗？你喜欢他们，是因为他们外在的美貌？还是因为他们内在的智慧？或是因为他们显赫的社会地位？

我们为什么会喜欢那些喜欢我们的人呢？也许是因为喜欢我们的人能使我们体验到一种愉快的情绪，一想起那些人，就会想起和他们交往时，那种被喜欢着、被爱着的快乐，这使得我们一看到他们，自然就有了好心情；而且，那些喜欢我们的人使我们受尊重的需要得到了满足。因为他人对自己的喜欢，是对自己的肯定、赏识，表明自己对他人或者对社会是有价值的。

有些人很善于利用这个心理定律赢得别人的好感。那就是，为了得到别人的认可，就表现出喜欢对方的样子。比如推销员，他每天要面对许多从未谋面的人，他也许并不了解那些人，但是，他必须表现出对对方的喜欢，这是为了让对方也喜欢他、接受他，他的生意才好做。

可以说，这个规律在社交场中很具有实用价值。这是赢得别人好感的捷径。你可以经常表现出对别人的兴趣，这就表明对对方有好感，就很容易赢得对方同样的情感回报。

当然，这个规律也不是绝对的。有时我们喜欢某个并不喜欢我们的人，相反，我们不喜欢的人有时却很喜欢我们。我们只能说在其他一切方面都相同的情况下，人有一种很强的倾向，喜欢那些喜欢我们的人，即使他们的价值观、人生观都与我们不同。

◎互惠定律：得到好处，就要回报对方

【中国古代讲究礼尚往来，也是互惠定律的表现。这似乎是人类行为不成文的规则。】

在第一次世界大战中，有一种德国特种兵的任务是，深入敌后去抓俘虏回来审讯。

当时打的是堑壕战，大队人马要想穿过两军对垒前沿的无人区，是十分困难的。但是一个士兵悄悄爬过去，溜进敌人的战壕，相对来说就比较容易了。参战双方都有这方面的特种兵，经常派去抓一个敌军的士兵，带回来审讯。

有一个德军特种兵以前曾多次成功地完成这样的任务，这次他又出发了。他很熟练地穿过两军之间的地域，突然出现在敌军战壕中。

一个落单的士兵正在吃东西，毫无戒备，一下子就被缴了械。他手中还举着刚才正在吃的面包，这时，他本能把一些面包递给对面突然而降的敌人。这也许是他一生中做得最正确的一件事了。

面前的德国兵忽然被这个举动打动了，并导致了他奇特的行为——他没有俘虏这个敌军士兵回去。而是自己回去了，虽然他知道回去后上司会大发雷霆。

这个德国兵为什么这么容易就被一块面包打动呢？人的心理其实很微妙。人一般有一种心理，就是得到别人的好处或好意后，就想要回报对方。虽然德国兵从对手那里得到的只是一块面包，尽管他根本没有要那个面包，但是他感受到了对方对他的一种善意，即使这善意中包含着一种恳求。但这毕竟是一种善意，是很自然地表达出来的，在一瞬间打动了他。

他在心里觉得，无论如何不能把一个对自己好的人当俘虏抓回去，甚至要了他的命。

其实这个德国兵不知不觉地受到了心理学上“互惠定律”的左右。这种得到对方的恩惠，就一定要报答的心理，就是“互惠定律”，这是人类社会中根深蒂固的一个行为准则。

一位心理学教授做过一个小小的实验，证明了这个定律。他在一群素不相识的人中随机抽样，给挑选出来的人寄去了圣诞卡片。虽然他也估计会有一些回音，但却没有想到大部分收到卡片的人，都给他回了一张。而其实他们都不认识他啊！

给他回赠卡片的人，根本就没有想到过打听一下这个陌生的教授到底是谁。他们收到卡片，自动就回赠了一张。也许他们想，可能自己忘了这个教授是谁了，或者这个教授有什么原因才给自己寄卡片。不管怎样，自己不能欠人家的情，要给人家回寄一张，总是没有错的。

这个实验虽小，却证明了互惠定律的作用。当从别人那里得到好处，我们总觉得应该回报对方。如果一个人帮了我们一次忙，我们也会帮他一次，或者给他送礼品，或请他吃饭。如果别人记住了我们的生日，并送我们礼品，我们对他也会这么做。

一个人向朋友请教一件事，两人聚会吃饭，那么账单就理所当然应由请教人的这个人付，因为他是有求于人的一方。如果他不懂这个道理，反而让对方付，就很不得体。

在不是很熟悉的朋友之间，你求别人办事，如果没有及时地回报，下一次又求人家，就显得不太自然。因为人家会怀疑你是否有回报的意识，是否感激他对你的付出？及时地回报，可以表明自己是知恩图报的人，有利于相互之间继续交往。

而且如果不及时回报，会给你带来一些麻烦。你一直欠着这个情，如果对方突然有一件事反过来求你，而你又觉得不太好办的话，就很难拒绝了。俗话说：“受人一饭，听人使唤。”可以说，为了保持一定的自由，你最好不要欠人情债。

当然，在关系很亲密的朋友之间，就不一定要马上回报，那样可能反而显得生疏。但也不等于不回报，只是时间可能拖得长一些，或赶到机会再回报。

朋友间维护友谊遵循着互惠定律，爱情之间也是如此。其实世上没有绝对无私奉献的爱情，不像歌里和诗里表现的那样。爱情也是讲求互惠互利的，双方需要保持一个利益的平衡。如果平衡被严重打破，就可能导致关系破裂。

人与人之间的互动，就像坐跷跷板一样，要高低交替。一个永远不肯吃亏、不肯让步的人，即使能得到好处，也是暂时的，他迟早要被别人讨厌和疏远。

◎尊重效应：学会迎合上级

【作为下级，你的所作所为，会直接影响到你留给上级的印象。】

为了给上级留下一个好印象，你首先应该分析上级的心理和喜好，耐心寻找上级的特点，以他喜欢的方式完成工作，不要逞强，更不要急于表现自己。其次，你要有一个良好的心理来迎合上级的一些做法，当然，这些做法应该是正确的，不违背原则的。

首先，上级的话你一定要听。泰勒在《政治家》一书中写到："专心致志地听就是一种最安全而且最灵验的奉承形式。一个人能做出自己洗耳恭听的样子，他就具有了获得人们好感的才能。"显然这种倾听本身就很有价值，但是，当他带来理想的心理反应时，就会变得更加有效。

上级发表讲演，当他一坐下来你就鼓掌，他会把你的敬意当做是一般的礼节；但是，听了一会儿你又鼓掌，你就让他知道，你被他讲演中的某些动人之处所吸引了。这时，你也许会以为他很快会淡忘了此事，其实不然，他会将你的赞扬长时间地铭记在心，甚至当你对他的讲演已经印象淡薄时，他还会念念不忘。

即使上级谈的都是一些老调，也要侧耳凝听，时而给予表示共鸣或赞佩的应和，决不可有一丝不耐烦的神态。前面说过，这种部下是最被赏识的。

上级多少都有对下属训话谈经验的心理欲望，不妨做个忠实的"听众”来听他高谈阔论。对这种肯比别人更用心“聆”听上级言论的下属，上级自然会给他更多的信任与超乎事实以上的评价。事实上，人对那些肯听自己发言的对象都会具有好感的。

聆听上级谈话时，在听讲中要随时露出感动、认同的表情，偶尔重复上级的话语，请求其给予更详细地说明解释。开始时会有点别扭，几次后，自然就会适应了。

总之，不管时间、不论场所，上级有所吩咐，一定要心悦诚服地以明快的声音和态度来应答。

所谓创意型的部下，就是一个懂得掌握上级心理的人。

其次，做个关心上级的下属。对那种给自己关心的人，谁都会给予好感并且愿意与之为伍的。同样，一个肯随时关切上级生活的下属，在上级眼中毋宁是最值得给予提拔的部下。因此为人下属者，一定不要吝惜这种探问平安的电话。当然，这种问候必须注意到时效性。除了例行关心灾害、生日和探病的事外，对于上级家的喜庆也要给予庆贺一番。

再次，在公开场合给上级留足面子。在上级的眼里，如果自己的下属在公开场合使自己下不了台，丢了面子，那么这个下属肯定是对自己抱有敌意或成见，甚至有可能是有组织、有预谋的公开发难。正如一位心理学家所说的那样：“人们都喜欢喜欢他的人，人们都不喜欢不喜欢他的人。”这样，在公开场合不给领导留面子的结果便是，领导要么给予以牙还牙的还击，通过行使权威来找回面子；要么便怀恨在心，以秋后算账的方式慢慢报复。

最后，要多做少说。一旦你得到上级指示要做一件事时，你要先考虑如何把这件事做得比预期的更圆满。你要在内心问自己：“我要是做得比要求的更多，是不是更有用。”如果是，你就该这样做。

另外，还要注意随时随地抓紧机会表示自己对他忠心耿耿，永远站在上级这一边。以你的态度说明一个事实：我是你的好朋友，我会尽己所能支持你。不要以为上级很愚笨，如果你真的努力这样做，他看在眼里，一定会很明白你的意思，对你日渐产生好感。听到公司有什么谣言或传闻，不妨悄悄地转告上级，以示你的忠心。不过，你的措词与表达方式须特别注意，说话简明、直接最为理想，比如你告诉上级：“不知你有没有听过这消息，不过，我想你会有兴趣知道……”上级愿意选择你为他的下属，他对你的印象自然不差，你必须摒除对上级的偏见，事事替他着想。

记住：讨人喜欢和受人信赖的人，基本上不是那种以我为核心、想问题和做事情都从“我”字出发的人。

◎沟通定律：做善解人意的人

【善解人意就是善于察言观色，揣摩别人的心理状态，想对方之所想，急对方之所急，体贴别人。】

一个善解人意的人，总是设身处地为别人着想，不让别人紧张、拘束，更不会让别人尴尬难堪。

据说，莎士比亚就具有善解人意的神奇能力。在和人交往的过程中，他就像一条变色龙，能根据交往对象的不同特点，随着时间、地点的变化，进行应变。文学批评家威廉·哈兹里特指出：“莎士比亚完全不具有自我，他除了不是莎士比亚之外，可以是其他任何人，或是任何别人希望他成为的人。他不仅具备每一种才能以及每一种感觉的幼芽，而且能借着每一次的命运改换，或每一次的情感冲突，或每一次的思想转变，本能地预料到它们会向何方生长，而他就能随着这些幼芽延伸到所有可以想象得出的枝节。”

作为一个管理者，在与下属共处时，一定要发挥莎士比亚的这种能力——善解人意，以便在下属的心里树立一个良好的形象。

就以最平常不过的沟通来说，有的下属可能会感到紧张、拘谨，这时候，管理者就应善解人意，以主动的姿态，真诚的态度，风趣的言谈，制造出和谐轻松的气氛，消除对方的紧张心理，缩短彼此的心理距离。这样管理者既建立起平易近人的形象，又能使下级受到鼓舞，把管理者视为知己，从而敞开思想，以心交心。善解人意，主动沟通。

而在工作中，如果下属由于某种心理障碍造成工作进程出现问题时，一个高明的管理者决不会妄加训斥，而是为下属排忧解难。

新来的家电推销员小丁性格内向、讷言，而他的工作又要求他必须积极主动。这天，主管大志适时地向他讲清楚道理，告诉他胆怯和恐惧是自然的。大志告诉小丁，只要他愿意付出代价和汗水，使用积极的心态的话，那么他肯定就能成为他自己所想成为的那种积极主动的员工。同时，大志还向他讲述了一些别人是如何克服了胆怯和恐惧的事例。并向小丁建议：经常向自己说一句自我激励的话。

在大志的帮助下，小丁通过这种自我激励的方式活跃起来，很快成为一名成功的销售员。

事实上，恐惧通常只有当员工面对新情况或者做一件从来没有做过的工作时才会产生。聪明的管理者一不会嘲笑员工，二不会蔑视员工，他们总是客观地看待员工的“恐惧”，积极帮助员工尽快走出恐惧的阴影，令“当事者”感激涕零，“旁观者”“窃”喜在心。相信长期如此，员工们的恐惧肯定会一天天消逝。有如此善解人意的管理者，“我还怕什么?”而这又怎能不诱使他们一个个成为努力奋发、不知疲倦的员工呢？毕竟，这使他们可以无后顾之忧地大胆施才，放心创新，甚至可以与管理者一争高低。

总之，善解人意是一个优良的品质，是一个完美的心理特征。管理者借此可以与下属交心，拉近彼此的心理距离，让员工心甘情愿、死心塌地地为自己工作。具体来说，要注意三点：

第一，了解下级，便是要了解下级的工作需要得到什么帮助和支持；了解下级的心理特征和情绪变化，以利于调动其积极性。

第二，尊重下级。表现在支持下级和肯定下级的工作。对下级的意见和建议要认真听取、采纳；对下级所取得的成绩要及时肯定；尊重下级的劳动，对下级的工作要给予支持。

第三，要求下级完成任务时，要弄清下级可能遇到哪些困难，单凭他的力量是否能顺利完成。

◎霍桑试验：为下属承担责任

【根据世界卫生组织统计的数据，每年死于心血管疾病的人高达1660万，占全世界死亡总人数的三分之一。造成高血压的原因有很多，而沉重的心理负担也是其中之一。】

在职场中，因为工作繁忙、竞争激烈，员工大多都有一定的心理压力。作为一名管理者，对其员工应敏感体谅，而员工则应随时把自己情绪上的波动、工作中的合理要求及时向他反映，这是双方呼应的事。当然领导者不可能真正了解员工的内心世界，但是经常相互进行思想交流，不失为疏导员工压力的有效手段。

当然，在疏导下级压力之前，管理者应该反省一下，自己是不是存在让下级产生不必要的压力的行为？自己是不是也存在不良情绪，进而给下级的心理造成阴影。英国的医学工作者通过研究发现，如果老板不公正、不通情达理的话，他的员工患高血压、心脏病或中风的几率就会增加。研究人员指出："一位不受欢迎的上司就是职场上的潜在压力来源。从临床医学表现上看，就有可能对员工造成强烈的负面心理影响，并对员工的心血管功能造成很大的影响。"所以，管理者必须对自己的言行全新审视。

疏导下级心理压力的最简单最直接的方法是面带笑容，以笑容打开下级的心扉。一个发自肺腑、暖人身心的微笑，不仅可以使员工感到温暖，感到轻松愉快，从而降低心理压力，还可以让自己有一个不错的心情。美国许多企业或公司的经理宁愿雇用一位中学未毕业却有着迷人笑容的女下属，而不愿聘请一个满脸"尊严"的哲学博士。同样的道理，许多下属都向往有一个和颜悦色的管理者，而不是一个严肃的铁面判官。

纽约百老汇大街证券交易所有名的经纪人斯坦哈特过去严肃刻板，脾气暴戾，以至他的下属战战兢兢，唯恐出错，从而导致工作效率降低。后来他检点往事，一改旧习，无论在电梯上或走廊中，还是在大门口或商场里，逢人三分笑，像普通一员那样虔诚地与人握手，结果不仅让员工的心理压力剧减，工作效率大增，而且顾客盈门，生意兴隆。所以，笑容是大自然赋予人类的一贴良药，是使人们交际融洽和谐的一盏绿灯，是管理者疏导下属心理压力的最基本的手段。

与员工谈心也是一个疏导下级心理压力的有力手段。这一形式最早应用于20世纪30年代初在西方电气公司所进行的霍桑试验。当时，谈心只是一种让员工通过向人诉说自己的困难而减轻心理负担的方式。这一做法后来遭到非议，其原因是干扰了企业组织的正常工作，因为参加谈心的顾问们想着手解决他们听到的问题，而忘记了自己的责任只是充当倾听者。但是，有关心理咨询方面的谈心却没有受到这种消极影响，而且随着进一步完善而日益兴旺。因此，当管理者发现下级存在心理压力时，不妨找一个合适的时间合适的地点，与下级进行一次心对心的交流，让他们减轻心理压力。

在工作过程中，有的下级由于工作上出了大问题，怕上级责怪，甚至因此丢掉饭碗，因此，忐忑不安，如惊弓之鸟。这时候，作为一个成熟的中级管理者，就要学会为下属分担压力，敢于替下属承担责任。

“一切责任在我。”1980年4月，在营救驻伊朗的美国大使馆人质的作战计划失败后，当时的美国总统吉米·卡特立即在电视机里做了如上声明。在此之前，美国人对卡特的评价并不高。有人甚至评价他是“误入白宫的历史上最差劲的总统”，但仅仅由于上面的那一句话，支持卡特的人居然骤增了10%以上。

勇敢地为下属承担责任，不要把一切责任推给下属，会让下属的心理负担大大减轻，并且对上司心存感激。这是一种睿智的选择，因为没有人会喜欢推脱责任的管理者的，你勇敢地为下属承担责任，反而会让他的上级更加器重他。

◎氛围定律：人际交往需要氛围的渲染

【人际交往就如同舞台上的演出，为了演出成功，不仅需要很好的台词、演技，还需要一种看不见、摸不着，却必不可少的氛围。】

如同电影中需要通过背景音乐来渲染气氛一般，在人际交往的场合，也往往需要营造一点氛围，它好似交际的润滑剂，能使交际顺利地进行下去。

有一次，一位专家应一个学术会议之邀，作一个讲座。他到了会上才发现，到会人很少，只有十多人。他有点尴尬，但不讲又不行，于是他随机应变，说：“会议的成功不在人多人少。今天到会的都是精英，我因此更要把课讲好。”

这句话把大家逗得开怀大笑，这一笑，激活了气氛，再加上专家讲课充满激情，使得那一次讲座非常成功。

在演出和演讲的现场，气氛异常重要。气氛热烈，听众、观众爆满，才容易促成演讲或演出的成功。如果没有营造出比较热烈的气氛，显得冷场的话，无论你的演讲内容多么精彩，恐怕也会成为失败的演讲，不能达到很好的宣传效果。而当场面不理想的时候，演讲者或演员如果能像上面故事中的临机应变的专家那样，进入角色，投入激情和的技巧，给听众、观众一个积极刺激，就可以将冰冷的气氛激活。

生活中在许多场合下都需要有一定气氛做衬托。

有的商人请客或赴约，总喜欢带一个漂亮的女助手前往，就是为了依靠女人的美丽与温柔，给交际场增添一点情趣，营造一种融洽的氛围。

在交际活动中，如果把交际桌看成是会议桌，气氛就很难营造起来，也无法让对方投入。想对方投入，一般靠自己的带引。

有一种生意人，他们可以在会议桌上非常严肃，非常理智，然而，一旦到了社交场合，却又能放得很开，与人斗酒、唱卡拉 OK，开各式各样的玩笑，一副百无禁忌的样子。其实，他是在营造气氛。

生意场的交际活动，既是正式会议的延伸，又不等于正式会议，也取代不了正式会议，然而，它却能起到正式会议所难以起到的作用。在交际场上和会议桌上都能做到应付自如的，才算得上是一个能力比较全面的商人。

气氛也常常由物品来营造。比如春节前夕，人们看到家家户户贴的春联，使会泛起一股欢快感。商家的门面在开张时，总要挂满彩旗，摆满有关单位和亲朋好友、捧场人所赠的花篮（其中许多是自己买或租的，写上别人的名字以显气派），门口站满花枝招展、披着缎带的迎宾小姐；有的地方还允许放鞭炮，在声、色上造气氛。

商家用这种手段就是为了招徕顾客，引人注目，以达到广告效应。其实，婚、丧、嫁、娶仪式，会议召开的宣传，都需要营造相应的气氛。这样除了为表达自己的某种心情外，更多的是给他人看，起到一种变相的广告宣传的作用。

在两性的交往中，气氛对于男女感情的发展也是很重要的。性心理学告诉我们，一定的色彩、气味、环境或形象、声音，能快速引发人的情欲。一般说来，情侣们都喜欢到幽雅、安静的地方交流，例如选择公园的一个角落，幽静的丛林中，树荫下的石椅或溪边的绿茵上。因为那里直接接触大自然，让人心旷神怡，容易唤起对生命的热爱和美好人生的向往，双方可以尽情地倾吐心声。更亲密的情侣，则选择在幽雅的咖啡馆、酒吧或茶艺馆，原因是那里灯光柔和，伴有轻柔、优美的音乐。几杯香茶，几盅葡萄酒或两杯咖啡下肚，会催起一股浓情与爱意。

◎团队协作：赢得信任是合作的前提

【赢得信任是人们合作的前提。如果团队成员之间对彼此的个人品质产生怀疑，很难想象他们能够为了某个共同的目标毫无猜忌地竭诚合作。】

作为管理者，作为团队中的一员，我们对这种组织中的信任应做广义的理解，不仅包括对个人品质的信任，而且包含对专业能力的信任。

从心理学角度来讲，如果团队成员对彼此的个人品质产生怀疑，相互之间就很难建立坦诚、互信的合作关系；同样，如对彼此的专业能力不放心，也势必不敢全身心地投入到所合作的事业上。所以，要赢得他人信任必须具备优秀的个人品质及过硬的专业技能。作为团队成员，必须诚信、负责，对自己所经手或承办的事诚信、负责，也对团队其他成员诚信、负责。时刻牢记自己是团队的一员，时刻牢记自己所从事的工作关系到整个团队目标的实现与否，关系到其他成员事业的成功与否。

在一个企业中，随着知识型员工的增加，每个成员的专长可能都不一样，每个人都可能是某个领域的专家。所以，任何成员都不能自视过高，都应该保持足够的谦虚，并时常检查自己的缺点，不断完善自我。一个狂妄自大的员工很难获得他人的认可，难以融入整个团队中去。诚信、负责、谦虚的个人品质或许足以赢得他人对你人品的信任，但不足以获得他人对你工作的信任。要获得他人对你工作的信任，还必须具备优秀的专业技能，故团队成员除了应修身养性外，还必须不断学习，提高工作技能，以便更好更快地实现团队目标。

信任是相互的，对于企业中的每个人来说，在赢得他人信任的同时也要信任他人。每个人都应具备豁达的胸襟，充分信任他人，认可他人的个人品质及专业素养。或许你认为他人在某些方面不如你，但你更应该看到他人的强项和优点，并对他人寄予希望。每个人都有被别人重视的需要，特别是那些具有创造性思维的知识型员工更是如此。有时一句小小的鼓励和赞许就可以使他释放出无限的工作热情。

除了要信任别人之外，身为组织的一员，你还应当养成与别人形成互惠互助，一起分享胜利果实的好习惯，只有这样，才能够形成通力合作的组织氛围。

迈克尔·乔丹在结束自己的篮球生涯时说：“在别人看来，我站在篮球世界的顶端，每当听到这样的赞美，我都感到惶恐。我所取得的任何成绩都是和队友们以及教练一起努力的结果，还有赞助商和每一个支持鼓励我们的球迷们，荣誉属于你们的每一个人，我只是幸运地作为代表，一次次地领取奖杯。”

乔丹在每一场比赛时都和队友团结一致，去争取胜利，取胜之后他总是和队友和教练拥抱，和大家一起分享。正是乔丹这种无私的分享精神，皮蓬等一大批 NBA 巨星才甘于做配角，紧紧地团结在乔丹周围，为公牛队取得了一个又一个冠军。而乔丹则永远毫无争议地成为公牛队的进攻核心和精神领袖。

分享才能共赢。无论是在自然界，还是在一个企业组织中，这个道理都是通用的。

大卫是一位果农，他培植了一种皮薄、肉厚、汁甜而少虫害的新果子。正当收获季节，引来不少果贩纷纷购买，使大卫发了大财，增加了不少财富。

当地不少人羡慕他的成功，也想借用他的种子来种果子，大卫认为物以稀为贵，其他人也种这种果子将会影响自己的生意，所以还是自己独享成功的喜悦为好，于是全部都拒绝了。别人没有办法，只好依旧用老种子。可是到了第二年果熟季节时，大卫的果子质量大大下降了，只好降价处理。

大卫想弄清楚产生这种现象的原因，于是就来到城里找专家咨询。专家告诉他，由于附近都种了旧品种果子，而唯有他的是改良品种，所以，开花时经蜜蜂、蝴蝶和风的传媒，把他的品种和旧品种杂交了，当然他的果子就变质了。

“那可怎么办?”大卫急切地问。

“很简单！只要把你的好品种分给大家共同来种，不就行了。”

大卫立即照专家的说法办了。这一年，大家都收到了好果子，个个都喜笑颜开。

大卫想独享财富，岂料独享带有毁灭性的后果。后来，他把改良的品种分给大家来种，不仅自己获得了财富，也帮助别人获得了财富，取得了双赢的成果。

互信才能合作，分享才能共赢。任何成功都是建立在互信合作的基础上，任何成功都是团队智慧的结晶，是共同劳动的结果。要更好地促进团队之间的合作，共同推进组织向前发展，我们就要学会信任和分享。

◎身教定律：身教重于言教

【美国行政管理学家切克·威尔逊提出：如果部下得知有一位领导在场负责解决困难时，他们会因此信心倍增。因此说：身教重于言教。】

日本本田技研工业公司的创始人和总经理本田宗一郎以对人太粗暴而闻名。他一看见员工做得不对，拳头立刻就会打过去。虽没有做错但只是照葫芦画瓢、没有一点创新的人和做错事闯大祸的人一样，同样会遭一顿打。

有的人挨打后还不知道是怎么一回事，认为老板大概是发疯了，但事后本田宗一郎还是会告诉员工挨打的原因。由于一般都是不知不觉动手的，所以事后本田宗一郎会马上反省，但也只是在脸上稍有点对不起的表情。

尽管如此，年轻人并不讨厌他，反而更加佩服他的表率作用。总之，本田宗一郎一直都是自己率先去干棘手的事、艰苦的活儿，亲自做示范，无声地告诉人们，你们也要这样干。

玛丽·凯在这个问题上更有自己独到的见解。她认为领导的速度就是众人的速度，称职的经理应该以身作则。她说："一个称职的经理必须能以实际行动激励部下，经理不但应在工作习惯方面，而且应在衣着打扮方面为众人树立一个好榜样，经理形象是十分重要的……我只是在自己的形象极佳时才肯接待光临我家的客人，我认为，自己是一家化妆品公司的创始人，必须给人留下好的印象。因此，与其不能给人留下好印象，不如干脆闭门谢客。我甚至不得不限制自己最喜爱的消遣方式：养花。我认为，要是让我们公司的一个人看见我身上沾满了泥浆，那多不好。我的这些做法已被传扬出去了。有人告诉我，我们的全国销售主任中有许多人在学着我的样子，都穿得十分漂亮，成了各自地区成千上万的美容顾问在穿着方面效法的榜样……"

人们常常模仿管理者的工作习惯和修养，不管其工作习惯和修养是好还是坏。假如一位经理常常迟到，吃完午饭后迟迟不回到办公室，打起私人电话没完没了，不时因喝咖啡而中断工作，一天到晚眼睛直盯着墙上的挂钟，那么，他的部下大概也会如法炮制。值得庆幸的是，员工们也会模仿一个经理的好习惯……

作为一位管理者，你重任在肩，你的职位越高，越应重视给人留下适当的印象。因为管理者总是处于众目睽睽之下，所以你在采取行动时务必要考虑到这一点。以身作则吧！过不了多久，你的部下就会照着你的样子去做。

孔子曰："其身正，不令而行；其身不正，虽令不从。"身教的作用不可低估。

身教是各级管理人员必不可少的"基本功"、"必修课"，只有具备良好的身教作用，才能成为一名合格的管理人员。

在企业管理中，身教不仅起到了导向和示范作用，而且还有凝聚人心、化解矛盾、鼓舞士气、催人奋进的特殊功能。

长期经验教训证明：身教是密切管理人员与员工的黏合剂。管理人员的职位越高，身教影响力的涉及面越宽。管理人员只有自身过硬，才能引起见贤思齐的广泛思想共鸣，带出过硬的团队。而且，从某个或某些管理人员身上往往可以看到一个企业的前途与希望。

◎保龄球效应：人人都爱听称赞的话

【人人都爱听称赞的话，关键是要赞美的恰到好处，合了他人的口味，这样才能顺风顺水，扶摇直上。】

怎么样激发员工的工作热情呢？是指出他们的不足，然后让他们奋勇改变呢？还是用大量的赞美语言，让他们更加努力呢？其实很多时候赞美比批评更能激发一个人的潜能和积极配合的愿望。

两名保龄球教练分别训练各自的队员。他们的队员都是一球打倒了8只瓶。

教练甲对自己的队员说："很好！打倒了8只。"他的队员听了教练的赞扬很受鼓舞，心里想，下次一定再加把劲，把剩下的2只也打倒。

教练乙则对他的队员说："怎么搞的！还有2只没打倒。"队员听了教练的指责，心里很不服气，暗想，你咋就看不见我已经打倒的那8只。

结果，教练甲训练的队员成绩不断上升，教练乙训练的队员打得一次不如一次。

这就是著名的保龄球效应。赞美和鼓励可以使人备受鼓舞，充分发挥潜力，越来越好；指责和批评则会使人气馁，产生挫折感和抵触情绪，越来越差。

美国著名企业家玛丽·凯·阿什认为："要成为一个优秀的管理人员，你必须了解赞美别人可以使人成功的价值。赞美是一种有效而且不可思议的推动力量。"国外很多企业家都很重视赞美的作用，使用各种方式去表扬职工、下级，用口头的、书面的、精神的、物质的种种方法去调动他们的积极性。赞美使人意识到自己的价值，可以增强个人的自信心。一个人每个小成绩都能引起别人的注意，他就会有信心去尝试更困难的工作。

赞美是一种有力的心理暗示，他的力量是惊人的。哈佛大学专家斯金诺的实验充分地肯定了这一点。他认为，赞美不仅仅是奖赏，它是和一些行为的发生相联系的东西，它有着促使某种行为重新出现的趋向。当动物的大脑接收到鼓励的刺激，大脑皮层兴奋中心调动起各个系统的"积极性"，潜在的力量能动地变成了现实，行为发生了改变。

管理者应该认识到，任何时候都可以赞美别人。赞美对别人来说，就像荒漠中的甘泉。对能干的员工你可以称赞他的才干；对尽心尽力才完成最低定额的职工，应该称赞他的精神；对勇于创新的人，应该称赞他的开拓精神。工作中需要赞美的场合很多，赞美对自己、对他人的影响都是积极的。因为赞美使对方的心里感到愉快，而因为能使对方愉快，自己也会感到愉快。遗憾的是人们对于司空见惯的事太不注意，没有意识到他们的需要，更没有意识到你可能是唯一能满足对方这种需要而又不费吹灰之力的人。有人说，赞美是一小笔投资，只需片刻的思索与工夫就能得到意想不到的报酬。这话有些道理，但似乎又有太多的实用主义的味道。赞美不应该仅仅为了酬报，它应该是沟通情感、表示理解的方式，如同微笑一样，也是照在人们心灵上的阳光。马克·吐温说："靠一句美好的赞扬我们能活上两个月。"

但是很多时候，管理者却不太注意适时地给予赞美，对别人的工作成绩表现得过于冷静。认为干得好是理所当然的，应该如此，而且以为每个人都应达到同样的水平，忽视了个人之间的种种差异，忽视了个人在取得成绩的过程中所付出的努力。一般说，能力强的人，这种管理心理会在无形中挫伤别人的积极性。

之所以出现这种情况，原因很多。没有意识到正面激励对人的促进作用，在工作中就会忽视赞美的作用。这样的管理者可能是严格有余而鼓励不足。莎士比亚说过："我们得到的赞扬就是我们的工薪。"从这个意义上说，每个人都是别人"工薪"的支付者。管理者也应该慷慨地把这笔"工薪"支付给应得的人。我们平时听到最多的牢骚是什么？不是"太累了"或"太苦了"，而是"干了这么多，谁也没说个好字"。类似的牢骚很能说明问题，人们需要得到"工薪"，而应付"工薪"的人又太吝啬了。

美国钢铁大王安德鲁·卡内基选拔的第一任总裁查尔斯·史考伯说："我认为，我那能够使员工鼓舞起来的能力，是我所拥有的最大资产。而使一个人发挥最大能力的方法，是赞赏和鼓励。"

"再也没有比上司的批评更能抹杀一个人的雄心。……我赞成鼓励别人工作。因此我乐于称赞，而讨厌挑错。如果我喜欢什么的话，就是我诚于嘉许，宽于称道。"

"我在世界各地见到许多大人物，还没有发现任何人——不论他多么伟大，地位多么崇高——不是在被赞许的情况下，比在被批评的情况下工作成绩更佳、更卖力气的。"

所以，作为一个有抱负的管理者，不论对任何人，都应该根据他的实际情况，看到他的贡献和新的起点，给予真诚的赞美。每个人都需要赞美，主管人员应该善于发现机会，及时给予。赞美之所以对人的行为能产生深刻影响，是因为它满足了人的较高层次的需要。一般说，高层次的需求是不易满足的，而赞美的话语，部分地给予了满足。这是一种有效的内在性激励，可以激发和保持行动的主动性和积极性。当然，作为鼓励手段，它应该与物质奖励结合起来。行为科学的研究指出，物质鼓励的作用（如资金）将随着使用的时间而递减，特别是在收入水平提高的情况下，更是如此。人对精神鼓励的需求是普遍的、长期的，社会越发展越是如此。记住，重视赞美的作用，正确地运用它，是管理者的有效管理方法之一。

附：赞美也有讲究

作为企业管理者，要使赞美达到你所期望的效果，首先你要不吝惜你的赞美。有位成功的青年管理者曾经说过："当今的中上层领导习惯于骂人和警告人，如果能反过来赞美他人，可使对方更有信心，更容易发挥潜能。”有的管理者也将赞美他人作为一种用人的方法，以此开发人才。

不吝赞美，并不是要你做个老好先生，随便赞美下属，必须掌握适当的时机，要做到这种境界，确实说起来容易，做起来难。

对一个人表扬、称赞都是因为他在某方面令人满意，虽然这一点相同，但赞美很有讲究，具体是哪一方面值得赞美，在什么地点进行赞美，对于谁进行赞美，这许多的差异，便要求你熟练地掌握你赞美的语言。

1. 赞美什么

赞美一个人，当然是因为他有出色的表现，但是出色在哪一方面却有所不同，有的人在本职工作中表现突出，做出出色的成绩。而有的人会在本职工作以外，有突出的专长和表现。对这两种情况，称赞和表扬应该有所不同，对于本职工作有突出表现者，你对他的成绩进行表彰，会使他更努力于本职工作，并且使他对自己的成绩有成就感，一般情况下，可以起到比较好的效果，但是对于工作以外的成绩，赞美便要慎重一些。

有的管理者对于工作以外的才能表现突出的员工，会这样赞美：“你来做现在的工作，真的走错了路，做 XX 工作，是更适合你的，你在这方面懂得真多呀。”这种赞美无异于给你的员工下了逐客令，很容易让人认为你在暗示他不适合于现在的工作，这对员工的伤害更大。这样一来，他的工作热情顿时会熄去一部分，即使管理者本无此意，也会使员工产生同样的感觉，真是一大失误。

但如果你说：“想不到你还是个多面手！本职做得好，其他工作也烦你代劳了！”这样，员工就不会敏感地联想到上司赞美的所谓言外之意，也便不会造成彼此间的误会。可见，同是赞美一个人，同是赞美其工作以外的才能，表达不同，效果便会大异。

2. 赞美的场合

赞美，可以有公开的表扬夸赞，也可以有私下里进行的鼓励和肯定。但在现在的社会，在众人面前大加夸赞，也会给“榜样”带来一些麻烦和困扰，使赞美的作用适得其反。

但是，现在有很多领导往往有一种误解，以为在众人面前赞美员工，他必定会心存感激。当然，在众人面前指责员工，会使他难堪，是不当的。但赞美有时也是不当的，作为管理者，必然认识到这一点。

在众人面前过分赞美某员工，会带来很多不便。对于被赞美的人，经常会感到不安，而其余的人，会产生妒忌，你的赞美越多、越重，他们的妒忌 会越强烈。如果你的赞美有此言过其实，会使他们鄙夷你，直到怀疑你所赞美的是否属实。

聪明的员工在被当众赞美时，通常是说声“谢谢”，便及时离开了，与其说他是害羞，倒不如说他是不习惯周围人妒忌的目光。

因此，在众人面前赞美他人，必须注意两个问题：

（1）是否会令赞美的人产生不必要的困扰，比如周围人的妒忌等。

（2）赞美是否恰到好处？比如你要考虑赞美得是否实事求是。

3. 暗中赞美

虽然前面已经提醒过，赞美员工时，应该注意不要在众人面前大加宣扬。当着被赞美人的面，不要当众给他造成不安。那么，你可以在他不在场的时候，当着他的个别同事的面对他加以赞美吗？这种“暗中赞美”也是不可取的。毕竟，竞争意识人人都会有的，人总是不自觉地和他人进行比较，所谓的优越和自卑也就因为这样的比较而产生。因此，虽然不在大庭广众下称赞某个人，而是在个别职员面前赞美他的同事，由于此种竞争意识和比较，后果也是非常不好的。

所以，在你要赞美的人不在场时应有所考虑，照顾一下在场人的颜面和心理感受。但是如何才能照顾得周到呢？这的确是一件不容易的事。最好的办法，与其给自己找不必要的麻烦，倒不如不要这样的赞美。你只要做到心里有数，对于当场者给以适当的慰勉，未尝不是件令人高兴的事。

因此，作为管理者，应该避免对于不在场的人进行赞美，尤其不能将在场者同不在场者进行比较，褒扬不在场直接或间接地指出在场者的不足，这对于各个方面都没有好处。

4. 赞美新员工

新员工刚开始工作，他往往从你的话里来估计你对他的印象及评价。因此，你此时的赞美对他工作的开展至关重要，他会因为你的赞美而增添许多自信，因你的肯定而增加工作的热情。当新员工的工作比较令你满意时，你会进行赞美。这时，往往你会戴上一副“有色眼镜”，赞美时总要带上一点特定的词，比如“新人怎样”、“新人如何如何”。这两个“新人”，会让新人有一种很不自在的感受。因为总是以“新人”称呼他们，使他们有一种不受器重的感受，自然很伤自尊心和积极性。另外，管理者如果忽视了他们的个性，抱着新员工本应如此的心态，便会令这些人反感。

为了做好对新员工的赞美，要遵守下面3个原则：

（1）要意思单纯，不要让大家误会你的意思；

（2）赞美要就事论事，要做具体的赞美；

（3）赞美必须是从善意出发。

李杰刚到一家公司，工作认真负责，努力进取。经理对他的表现非常满意，对他说："现在的年轻人大部分责任心不强，不思进取，而你和他们不同，好好努力吧"。这样一句赞美的话，很会使李杰有这样一些想法："如果我干得稍有点不好，经理肯定会说，现在的年轻人怎么都不行，给他做事真不容易。"无形中，李杰就背了一个思想包袱。

另外，赞美的内容表达得不宜太抽象，否则，不但使下属费解，而且常会使下属误会其中的意思。

◎交往效应：如何成为最受欢迎的人

【上班之后，每天和我们相处时间最长的人是谁？不是爱人，不是父母，而是同事——早上一睁开眼，便急急忙忙赶去与他们见面；直到夜幕低垂，才满脸倦意地互道"再见"。】

出来做事的头一天，父母都会千叮咛万嘱咐：在外面，讲究的是一团和气，和同事抬头不见低头见，千万别生嫌隙。

但尽管你小心翼翼地维护着和同事的关系，但有一天却仍可能惊奇地发现，自己怎么被同事孤立起来了？

被同事孤立的滋味不好受，被孤立的原因也是五花八门。但每个感到孤立的人都可以想一想，为什么被孤立的是自己，而不是别人呢？

除了遇上一些天生善妒的小人，大部分时候，自身的一些缺点都是导致被孤立的主要因素。在单位里，飞扬跋扈的人、搬弄是非的人、打小报告的人、爱出风头的人，往往都是被孤立的对象。假如你被孤立了，赶快检查一下，自己是不是这类人？

归纳而言，被同事孤立的原因主要有如下三种：

1. 因为薪水过高

燕燕自从进了现在这家公司后，就一直被同部门的两个女同事孤立。每天上下班，晓燕都会向她们微笑、打招呼，但她们总是面无表情，装作没看见。每每这个时候，燕燕的微笑就一下子僵在了脸上，别提多尴尬了。

平时，她们也不和燕燕讲话，有时燕燕凑过去想和她们一起聊天，结果她们像商量好的一样，马上闭上嘴巴，各做各的事情去了，丢下燕燕讪讪地站在一边。

在这种环境下工作，燕燕的郁闷可想而知。后来，她才迂回曲折地从其他同事那里听到一点风声：燕燕虽然初来公司，但工资却比这两个女同事高出一大截，于是引来了她们的忌恨。

燕燕对现在的工作非常满意，不仅轻松，工资待遇也很称心。她不想因为同事关系不和就牺牲了工作，可心头的烦恼却一天甚似一天。

解决之道：堡垒都是从内部攻破的，想不被人孤立，关键在于打破“敌”方的统一战线。燕燕可以找机会多接近两人中比较好说话的那个，经常赞美她的服饰、气色，聊聊家常；另一个就只打招呼，少说话。时间长了，她们的阵营自然就被分化了。

2. 因为弄错角色

赵蕾在一家国有企业从事财务工作，财务部只有主任、出纳和她三人。主任不管业务，出纳去年才凭关系进来，于是全部门所有的工作几乎都压在了赵某身上。出纳只做现金一块的活计，连最基本的报销都不做，但主任从来不说半个“不”字，因为她有靠山。

在领导的纵容下，出纳工作极其马虎。相反，赵蕾做事努力尽心，可到最后总是吃力不讨好。主任有时还会暗示赵蕾，她对工作太认真，把事情都默默地做完了，不等于把他架空了吗?

赵蕾心底里直呼冤枉。主任连电脑都不懂，动不动就甩手把所有的工作都推到她一个人身上，把她累得几乎趴下。到头来，却埋怨她太过能干，赵蕾感到自己简直里外不是人。

现在，主任和出纳都明显地表现出不喜欢赵蕾，平时两人总是有说有笑、有商有量，单单把赵蕾排除在外，赵蕾为此郁闷不已。

解决之道：被同事孤立时，我们也应从自身找找原因。如果一个人不喜欢你，可能是他不对；如果所有人都不喜欢你，也许问题就出在你身上。赵蕾对工作兢兢业业，为什么不被主任肯定？很可能是她平时有些越级的举动，令主任不满。她说，自己很想把财务部工作搞好，可是，三个人中，就只有她有这个意识。由此可以看出，她把自己的角色弄错了。

做好部门工作是主任的事情，作为下属，应当配合上级完成这一目标，而不是干脆代替上级去思考。她在言谈中，对主任颇为鄙视，主任对此怎么会没有察觉呢？看来，赵蕾还是应该先摆正自己的位置。

3. 因为太出风头

小悦是个精明能干的女子，年纪轻轻便受到老板的重用，每次开会，老板都会问问她，对这个问题怎么看？她的风头如此之足，公司里资格比她老、职位比她高的员工多多少少有些看不下去。

小悦观念前卫，虽然结婚几年了，但打定主意不要孩子。这本来只是件私事，但却有好事者到老板那里吹风，说她官欲太强，为了往上爬，连孩子都不生了。这个说法一时间传遍了整个公司，小悦在一夜之间变成了“当官狂”。

此后，小悦发觉，同事看她的眼神都怪怪的，和她说话也尽量“短平快”，一道无形的屏障隔在了她和同事之间。小悦很委屈，她并不是大家所想的那么功利呀，为什么大家看她都那么不屑？

解决之道：在职场中锋芒太露，又不注意平衡周围人的心态，有这样的结果并不奇怪。小悦并非是目中无人，只是做人做事一味高调，不善于适时隐藏自己的锋芒。只要她能真诚地对待同事，日子久了，他们自然会明白，这就是她的真性情。

◎沟通效应：以倾听赢得他人好感

【杰克·乌弗在《陌生人在爱中》里写道：“很少有人经得起别人专心听讲所给予的暗示性赞美。”善于倾听，无疑是赢得他人好感的最好方式。】

有一个年轻人，去向大哲学家苏格拉底请教演讲术。为了表示自己有好口才，他滔滔不绝地讲了许多话。最后，苏格拉底要他缴纳双倍的学费。

那年轻人惊诧地问道："为什么要我加倍呢？"

苏格拉底说："因为我得教你两样功课，一是怎样闭嘴，另外才是怎样演讲。"

在日常的生活中，我们是不是有过这样的经历：自己滔滔不绝地讲个没完没了，而别人早已经厌烦了。当别人说话时，我们总喜欢打断别人，说自己感兴趣的话。有时候我们虽然在听别人说话，但却心不在焉，不是打哈欠就是抠手指。

如果你希望别人喜欢你，尊重你，在背后称赞你，这里有一个方法：耐心倾听对方的话，不管他说什么都兴味盎然，哪怕知道他将说什么也决不打岔。

你将发现，即使一个最不讲道理、最顽固的人，也会在一个有耐心、具有同情心的听者面前软化下来，变得像小猫一样乖顺。

卡尔在一个晚宴上，见到了一位著名的植物学家。

在此之前，卡尔并不认识这位植物学家，他无意中发现此人很有意思，于是专注地坐在椅子边倾听他谈论大麻、印度花草以及室内花园。那个植物学家还给卡尔讲了有关马铃薯的一些惊人故事。

卡尔在这次晚宴上什么也没做，只顾专心地听那位植物学家谈话，听了好几个小时。植物学家最后临别时向所有的人宣布"卡尔是最有意思"的人，是一个"最有意思的谈话家"。

这似乎让人奇怪，卡尔自始至终只是一个倾听别人讲话的人，却被说成是"谈话家"。这就说明倾听也是一种交流，也是一种对话。

人都是自私的，人最优先关注的永远是自己。跟你谈话的人，对他自己、他的需求和他的问题，比对任何人任何事更感兴趣百倍。他对自己的牙痛，比对非洲的四十次地震更感兴趣——渴望拥有听众不只是孩子的愿望，成年人更需要别人的认同与欣赏。聪明人会耐心地做一个听众，鼓励别人表现自己。而倾听就是最好的鼓励，这表示你对他的观点感兴趣，欣赏他说话的方式，甚至是欣赏他整个人。

因此，心理学上的一条最重要的规则是："做一个好的听者。鼓励他人谈论他们自己。"富有魅力的人大多是善于倾听别人言谈的人。真正善听人言者比起善言者更能感动对方，更能唤起对方的亲近感。

戴尔·卡耐基在《人际关系》一书中，叙述了一个他亲身体验的小故事：

最近，我参加了一个桥牌集会。在场的一位金发女郎听说我过去在欧洲待过不少时间，休息时，她对我说："卡耐基先生，能给我谈谈欧洲吗？那里一定有许多美妙的地方和美丽的景色。"

我们在沙发上坐下来时，她说她和她的丈夫刚从非洲回来。

"啊，非洲！"我叫起来，"那地方太有意思了。我一直想看看非洲，可我始终没这缘分。你去过那个传闻中的狩猎王国吗？你太幸运了！能告诉我那里到底是怎么样吗？"

45 分钟过去了。她再也没有问我到过什么地方，看到过些什么。事实上她并不想听我谈自己的旅行。她所要的只是一个有兴趣的听者，这样才能提高她的自尊。

分别的时候，她对主人说我是她所遇到的"第一位一见如故的朋友"，是"最谈得来的人"。

一个最谈得来的朋友？可我几乎没有说过什么话。我所做的只是：专心地倾听。

我对非洲一无所知，就像我对企鹅解剖一窍不通一样。我真诚地对我不了解的事情感兴趣，这一点对方是能够感觉到的，所以她很高兴。

这种专心诚意地听别人讲话，正意味着给予别人以最大的赞美。这种"暗示性赞美"是人类隐秘的通病所需要的处方。

如何做到倾听对方呢？

要专心。倾听时要精神集中，神情专注。多与对方交流目光，别人讲话时要适时点头，并发出"是"、"对"、"哦"等应答。但不要轻易打断别人的谈话，也不要随便插话，若非插话不可，要先向对方表示抱歉，并征得对方同意，如"对不起，我可以提个问题吗？"或"请允许我打断一下。"

要虚心。交谈中要尊重对方的观点，即使你不同意别人的看法，也不要轻易打断别人的谈话。如确有必要，需等人家讲完后再阐明自己的观点。特别是对方还没有充分地把自己的意思表达清楚的时候，不要轻易表态，乱下断语，也不要挑剔批评。

要耐心。交谈中要注意控制自己的情绪。有时会因为对方过长的发言或自己不感兴趣的话题而感到厌烦，这时要学会控制自己的情绪，不要表露出

来，要耐心听他把话讲完，这是对讲话人的尊重。特别是对方有意见的时候，要耐心倾听，给对方提供宣泄自己不满的机会，有助于问题的解决。

◎糊涂效应：糊涂是人际关系的润滑剂

【糊涂是人际关系的润滑剂。大凡立身处世，是最需要聪明和智慧的。】

郑板桥说："聪明有大小之分，糊涂有真假之分，所谓小聪明大糊涂是真糊涂假智慧。而大聪明小糊涂乃假糊涂真智慧。所谓做人难得糊涂，正是大智慧隐藏于难得的糊涂之中。"

糊涂不是无智，相反它是人类隐藏着的智慧。糊涂不是无能，相反它是人类一种未曾被启动的潜能。做人要学会糊涂。郑板桥曾道，难得糊涂。但难得糊涂的郑板桥，其实是个明白人。看破官场腐败、肮脏的他，辞官回乡，写诗作画为生，潇洒人生，以怪驰名。能看破，但就是不说出来或做出来。这是一种揣着明白装糊涂的智慧。

同事之间往往会有一些非正式的小道消息传播开来。有时，就需要你学会装糊涂；对于装糊涂的方法应该灵活多变。"心照不宣"是一种比较高级的装糊涂法，只要你管住了自己的嘴，抑制住你想表现的欲望就行了。有的时候你会被同事当面提及，应该顾左右而言其他。实在被同事逼急了，最好说不知道。有时，会有一种像小偷被别人当场捉住一样的感觉，这没有什么难堪的，只需你双眼无辜地望着同事，同事肯定会怀疑是他的判断失误。

因此，这种"糊涂"实际上就是"明者远见于未萌，智者避危于无形"，是一种少有的谨慎，可以有更多的时间去专注于某项重要的工作，是一种为以后取得胜利的一种策略。在与同事相处的时候，揣着明白装糊涂是一种达观，一种洒脱，一份人生的成熟，一份人情的练达。懂得了这一点，我们才能挺起刚劲的脊梁，披着温柔的阳光，达到希望的彼岸。

另外有一种就是被动装糊涂，是因为你对事情的真相不清楚，还想知道；或者这件事实在关系重大，四处都是陷阱，怕掉下去，只得装糊涂。

有时，从你那里探听情报的同事反而可能掌握一切情况，只是为了得到更多的事实或者核实一下而已。这时，你只能装得“更傻”了。假如你想反过来，从探听者那里获得情报，你更得会装糊涂。只要你多用反问句或者疑问句，“真的?”“是吗?”……同时，充满渴望地望着同事，或者诱导同事继续讲下去，他或许就忍不住把所知道的消息说得一清二楚。

一个主管职位空缺，关于人选的问题议论纷纷，而你又没有接受过任何正式的谈话，那些日子你感觉像热锅上的蚂蚁。后来，同事问你：“啥时候请客呀？老兄，快要高升了。”这时候，你就要“糊涂”一下：“不要再拿我开心了，你得给我发聘书呀?”同事得意地说：“这回，你的聘书或许真的是我给你发。”接着，他真的在老板面前猛侃一番。

这是高明的糊涂。这种装糊涂的办法往往会让你获得极大的主动性，而不会在同事的言论之下产生巨大的心理压力。

有道是“木秀于林，风必摧之”。在一些喜爱卖弄自己才干的同事面前装糊涂好处很多，会让同事对你不会有防御心理和嫉妒心理，从而也不会把注意力集中在你身上，处处为你穿小鞋。然而，不幸的是现在的人全都想表现自己的小聪明，唯恐别人说他傻。结果逞一时之能，成为众矢之的，反而让自己负上巨大的心理压力。

其实，我们何不“难得糊涂”一下？这种糊涂，不跟别人正面地较真，表面上看是糊涂，其实是一种聪明。这里的“糊涂”，并不是真糊涂，而是“假糊涂”，嘴里说的是“糊涂话”，脸上反映的是“糊涂的表情”，做的却是“明白事”。因此，这种“糊涂”是人类的一种高级智慧，是精明的另一种特殊表现形式，是适应复杂社会、复杂情景的一种高级的、巧妙的方式。

不过话说回来，除了装糊涂，有时还要装明白。当财务部的主任笑着问你：“听说，从下个月起，公司的奖金将要调整了?”这件事你怎么没听说过？然而无风不起浪。假如你说：“没有听说过”。就显得你消息有多不灵一样，更不会是老板的亲信，那样做太傻了。这时，你最好问：“怎么，反应很大吗？还没有最后做出决定的事已经传得如此厉害啦，真有灵通人士呀！”在这时，装糊涂也就是装明白，是一种与同事相处的心理战术。

◎面子效应：人活一张脸，树活一张皮

【人活一张脸，树活一张皮。人人都有一张脸，是脸都会要面子。所以，我们与人交往，必须时刻顾及他人的面子。挽回了他人的脸面，他会衷心感激你，喜欢你。】

有一天晚上，卡耐基参加一个宴会，宴席中，坐在他右边的一位朋友讲了一段幽默故事，并引用了一句话，意思是“谋事在人，成事在天”。那位健谈的朋友提到，他所引用的那句话出自《圣经》。但卡耐基知道这位朋友错了，他很肯定地知道出处，一点疑问也没有。

为了表现优越感，卡耐基忍不住纠正他。对方立刻反唇相讥：“什么？出自莎士比亚？不可能！绝对不可能！”那位朋友一时下不来台，不禁有些恼怒。

当时卡耐基的老朋友法兰克·葛孟坐在他左边。他研究莎士比亚的著作多年，于是卡耐基就向他求证。葛孟在桌下踢了他一脚，然后说：“戴尔，你错了，他是对的，这句话的确出自《圣经》。”

那晚回家的路上，卡耐基对葛孟说：“法兰克，你明明知道那句话出自莎士比亚。”

“是的，当然。”他回答，“《哈姆莱特》第五幕第二场。可是亲爱的戴尔，我们是宴会上的客人，为什么要证明他错了？那样会使他喜欢你吗？他并没在征求你的意见，为什么不保留他的脸面？”

无论你采取什么方式指出朋友的错误：一个蔑视的眼神，一种不满的腔调，一个不耐烦的手势，都有可能带来难堪的后果。你以为他会同意你所指出的吗？绝对不会。因为你否定了他的智慧和判断力，打击了他的荣耀和自尊心，同时还伤害了他的感情。对方非但不会改变自己的看法，还要进行反击。

心理学的研究表明，谁都不愿把自己的错处或隐私在公众面前“曝光”，一旦被人曝光，就会感到难堪或恼怒。因此，在交际中，如果不是为了某种特殊需要，一般应尽量避免触及对方所避讳的敏感区，避免使对方当众出丑。

法兰克·葛孟对戴尔·卡耐基的人生告诫是：一些无关紧要的小错误，放过去也无伤大局，那就没有必要去纠正。这样不但能保全朋友的面子，维持正常的谈话气氛，还能使你有意外的收获——在朋友和在场的人心目中建立良好的印象，这无疑有利于自身人气的提高。

在社交中谁都可能不小心弄出点小失误，比如念了错别字，讲了外行话，记错了对方的姓名职务、礼节失当等等。

当我们发现对方出现这类情况时，只要是无关大局，就不必对此大加张扬，故意搞得人人皆知，使本来已被忽视了的小过失，一下变得显眼起来。更不应抱着讥讽的态度，小题大做，拿人家的失误在众人面前取乐。

因为这样做不仅会使对方难堪，伤害他的自尊心，让他对你心生反感，而且也容易使别人觉得你为人刻薄，在今后交往中对你敬而远之，产生戒心。

在社交中，有时常会进行一些带有比赛性、竞争性的文娱活动，比如棋类比赛、乒乓球赛、羽毛球赛等。有经验的社交者，在自己“实力雄厚”、绝对能取胜的情况下，往往并不会使对方败得很惨，反倒是有意让对方胜一两局，既不妨碍自己总体上的获胜，又不使对方太失面子。比如有些象棋高手，在连赢几盘后，往往会有意地走错几步，让对方最后赢一两盘。大家都心知肚明，你给他留了面子，他自然心存感激。

◎多看效应：脸儿熟才好办事

【如果我们想与某人建立良好的关系，就不妨多找机会和他见面。】

20 世纪 60 年代，心理学家查荣茨做过这样一个实验：

先向被试出示一些照片，有的出现了 20 多次，有的出现了 10 多次，有的只出现了一两次，然后请被试评价对照片的喜爱程度。

结果发现，被试更喜欢那些看过很多次的熟悉照片，而非那些只看过几次的新鲜照片，也就是说，看的次数增加了喜欢的程度。

这种对越熟悉的东西就越喜欢的现象，心理学上称为“多看效应”。

人的心既坚强又柔弱，是一个很奇妙的存在体。有些感情因素，比如喜欢，会在不知不觉的接触中产生。接触频率，或者说见面次数越多，越会喜欢。

有社会心理学家为了证明这个效应，曾做过一个实验：

在一所大学的女生宿舍楼里，他们随机找了几个寝室，发给它们不同口味的饮料，然后要求这几个寝室的女生，可以以品尝饮料为理由，在这些寝室间互相走动，但见面时不得交谈。

一段时间后，心理学家评价她们之间熟悉和喜欢的程度。

结果发现：见面的次数越多，相互喜欢的程度就越大；见面的次数很少或根本没有，相互喜欢的程度也较低。

闭上眼睛，仔细回想一下，我们对有些人的印象一般，但是随着经常的接触，是不是会越看越顺眼，甚至会越来越喜欢?

有些人我们第一次可能觉得她不漂亮，不温柔，不是自己喜欢的类型。但是却天天见，时间长了，是不是也会越看越觉得她很漂亮，可爱?

小聪、大华和明明三个人在高中念同一个班，彼此都是很好的朋友。但是高考之后，小聪和大华都考在了同一所大学读书，而明明则考到了另一座城市的一所大学里上学。

小聪和大华几乎每个星期都会碰面四五次，有时是相约一起出去玩，有时是一起吃个饭，有时是在校园巧遇。明明在新学校也结识了许多自己的新朋友，和小聪、大华则是只在寒暑假才在家乡见面，一起开心地玩几天。

结果很显然，尽管他们三人还是好朋友，但是不知不觉中，小聪和大华的关系更加亲密，而与明明则有些莫名其妙的生疏。

可见，若想增强人际吸引，就要留心提高自己在别人面前的熟悉度。

当一个男生喜欢一个女生的时候，就可以时不时地故意制造见面的机会。假如她经常去某个餐厅吃饭，你就故意也在那个时间点去那个餐厅吃饭，“嗨，这么巧，你也来这吃饭呀”，并想尽办法坐得离她近点儿。

试想，你每天都这样见到她，在她旁边吃饭，就有机会了，所谓“近水楼台先得月”，你再时不时地和她探讨下问题，送她上班或回家。她会对你的印象越来越深，很可能会不知不觉地就喜欢上你。

假如你想得到领导的重视和赏识，你就有必要经常向领导汇报工作。工作一开始，就要先汇报，工作进行到一定阶段，要按时汇报，进行到一定程度，要及时汇报，工作完成，要立即汇报。

这样，经常性地汇报，与领导接触的机会就多了，见面的次数也多了，让领导了解你的机会也多了，与领导越熟悉，领导越有可能喜欢你，这样，提拔你的可能性就大了。成不成，混个脸儿熟，机会总要大些。

附：心理学大事记

约公元前 510 年　孔子提出性习论、学知论、发展观和差异观等教育心理学思想。

约公元前 450 年　古希腊的恩培多克勒认为人体由四根（土、水、火、空气）构成；人的心理特性依赖身体的特殊构造；身体上的四根的配合比例不同造成心理上的差异。

约公元前 429 年　古希腊的德谟克利特认为生活和心理活动都是灵魂的功能，也都是机械的作用。认定心理是物质的派生的存在。

约公元前 400 年　古希腊的希波克拉底认为脑是心理的器官。他将恩培多克勒的人体四根说发展为人体四液说。在《论人的本性》一书中认为正是这四种体液形成了人的性质。他将心理疾病分为狂躁、忧郁和痴呆三类。

约公元前 380 年　古希腊的柏拉图承认物与观念两种现象，观念除生而具有者外，皆为感官观察的结果。这是心物二元论的基础。

约公元前 350 年　古希腊的亚里士多德提出五种感觉的理论和三条联想律。他误认为心脏是心理的器官。著有《论灵魂》。

约公元前 320 年　孟子主张“性善论”，重视环境和教育在人性发展中的作用。在情意心理方面提出“寡欲”、“尚志”等。

约公元前 260 年　荀子认为：“形具而神生”，主张“性恶沦”，注重“化性起伪”，所著《劝学》、《解蔽》、《正名》等专篇，对学习、认识人性和思维等心理问题有较全面、系统的论述。

约公元 70 年　王充著《论衡》，其中论述有关感知觉、思维、注意、情欲和人性等心理学思想。

约公元 100 年　刘劭著《人物志》，提出人的才性与其鉴定问题。

约公元500年　范缜著《神灭论》阐明形神关系问题。

公元1650年　英国哲学家霍布斯的《人性论》出版，主张机械主义的决定论；法国哲学家、数学家笛卡尔的《论情欲》出版，提出心身交互作用论及“反射”的概念。

公元1677年　英国哲学家、教育家斯宾诺莎的《伦理学》出版，提倡心物平行论。

公元1689年　洛克的《人类理解论》出版，创术语“观念的联结”，即“联想”。提出“白板说”。

公元1695年　莱布尼茨提出心身平行论，创术语“统觉”。

公元1709年　贝克莱的《视觉新论》出版。

公元1734年　沃尔夫的《经验心理学》出版，创“官能心理学”。世界上首次出现“心理学”一词。

公元1739年　休谟的《人性论》出版。用联想主义、现象主义及科学因果论阐明自然现象的规律。

公元1754年　孔狄亚克的《感觉论》出版。

公元1760年　麦斯麦发表动物磁性论，并提出麦斯麦术用于治疗精神病患者。

公元1765年　莱布尼茨的《人类理解新论》出版。

公元1807年　贝尔和马让迪发现感觉神经和运动神经在结构和功能上的差异；杨提出色觉论，即后由赫尔姆霍茨发展的三色说。

公元1808年　加尔建立颅相学说。

公元1816年　赫尔巴特的《心理学教科书》出版。

公元1821年　弗卢朗第一次进行脑功能定位实验。

公元1822年　贝塞耳首先在天文观测上发现反应速度的个别差异。

公元1825年　“普尔金耶现象”发现。

公元1826年　缪勒发表《视觉比较生理学》，提出神经特殊能量学说。

公元1832年　贝内克提出心理学为自然科学，他的《心理学教科书》出版。

公元1834年　加尔和施普尔茨海姆提出官能分区的假设，推动了脑功能的研究；韦伯的《触觉论》发表，提出韦伯定律。

公元1838年　法国精神病学创始人埃斯基罗尔创术语“幻觉”；惠斯

通发明实体镜。

公元 1840 年　达尔文发表自然选择学说。

公元 1843 年　布雷德的《神经病学》出版，创术语“催眠术”。

公元 1844 年　洛采提出动的视觉的部位标记说。

公元 1850 年　赫尔姆霍茨首创测量神经冲动传导速率的方法。他最早进行反应时的实验。

公元 1852 年　赫尔姆霍茨发表色觉论。

公元 1855 年　麦克斯韦首创混色器。

公元 1868 年　费希钠的《心理物理学纲要》出版。

公元 1861 年　布罗卡发现大脑言语中枢的部位。

公元 1863 年　冯特的《论人类和动物的心理学讲演录》出版；谢切诺夫的《脑的反射》出版，用新的反射学说解释各种心理现象。

公元 1865 年　密尔提出联想四法则，即类似律、接近律、多次律和不可分律。

公元 1869 年　高尔顿的《遗传的天才：它的规律与后果》出版。

公元 1872 年　达尔文的《人和动物的表情》出版。强调人类意识和动物心理在发展上的连续性。

公元 1874 年　布伦塔诺的《从经验的观点看心理学》出版，为意动心理学的创立奠定了基础；韦尼克研究失语症，发现大脑听觉言语中枢；冯特的《生理心理学纲要》出版。

公元 1876 年　世界上第一种心理学杂志《心》在英国创刊，由培因主编。

公元 1878 年　缪勒的《论心理物理学的基础》出版。

公元 1879 年　冯特在莱比锡大学建立世界上第一个心理学实验室，标志现代心理学的诞生。

公元 1881 年　冯特主编世界上第一种实验心理学杂志《哲学研究》；泰勒最先应用心理学方法研究增强工效问题，创立“泰勒制”。

公元 1882 年　普赖尔的《儿童心灵》出版，是心理学史上第一部用观察和实验方法研究儿童心理发展的较系统的著作；霍尔在霍普金斯大学建立美国第一个心理学实验室；别赫捷列夫在喀山建立俄国第一个心理学实验室。后来出版《脊髓和脑的传导通路》；罗马尼斯的《动物的智慧》出版。

公元 1885 年　艾宾浩斯的《记忆》出版。发表“保持曲线”，创立

“节省法”；朗格提出情绪学说，即詹姆斯—朗格情绪理论《见情绪理论》；马赫的《感觉的分析》出版。

公元 1887 年　霍尔创办了美国第一种心理学期刊《美国心理学杂志》。

公元 1889 年　颜永京的《心灵学》出版。这是中国最早的哲学心理学译著；第 1 届国际心理学会议于 8 月 6～10 日在巴黎召开，夏尔科任主席。

公元 1890 年　詹姆斯的《心理学原理》出版；卡特尔的《心理测验及其测量》出版。创术语“心理测验”。

公元 1892 年　美国心理学会成立，霍尔为第一任会长；铁钦纳首次发表心理学研究“关于认识的时间测量”和博士论文“单视刺激的双视的结果”。以后在康奈尔大学创立构造心理学。詹姆斯的《心理学简编》出版。

公元 1893 年　美国《心理学评论》创刊，卡特尔任主编。

公元 1894 年　屈尔佩建立符兹堡学派。

公元 1895 年　法国第一种心理学杂志《心理学年报》创刊。

公元 1896 年　勒邦的《群众心理学》出版．提出群体心理与群体“暗示说”；铁钦纳的《心理学大纲》出版；杜威的重要论文“心理学中的反射强概念”发表。

公元 1897 年　英国第一个心理学实验室由沃德在剑桥大学建立。

公元 1898 年　阿根廷第一个心理学实验室由皮涅罗建立。它也是拉丁美洲国家第一个心理学实验室；桑代克的博士论文“动物智慧：动物联想过程的实验研究”发表。最先用客观法研究动物行为。

公元 1900 年　冯特的社会心理学巨著《民族心理学》第一卷出版，1920 年 10 月全书完成。弗洛伊德的《梦的释义》出版；摩根的《动物的行为》出版。创术语“尝试错误”。

公元 1901 年　法国心理学会成立。

公元 1902 年　英国心理学会成立，迈尔斯为第一任会长。

公元 1903 年　德国实验心理学会成立。澳大利亚第一个心理学实验室由史密斯建立。

公元 1904 年　《英国心理学杂志》创刊；美国《心理学公报》创刊。由卡特尔和鲍德温主持；斯皮尔曼发表著名论文“一般智力”，首次提出能力的二因素说。

公元 1905 年　《比奈—西蒙量表》问世。

公元 1907 年　王国维译丹麦霍夫丁的《心理学概论》的中译本出版；别赫捷列夫的《客观心理学》出版。

公元 1908 年　国际精神分析协会第一次会议在奥地利的萨尔茨堡举行；麦独孤的《社会心理学导论》出版；罗斯的《社会心理学》出版。艾宾浩斯的《心理学纲要》出版。

公元 1909 年　蔡元培留德期间在莱比锡大学从师冯特；回国后积极提倡和发展心理科学。

公元 1911 年　斯特恩提出智商概念。

公元 1912 年　韦特海默研究似动现象，发表《运动视觉的实验研究》标志格式塔心理学的建立；俄国第一个心理研究所由切尔帕诺夫在莫斯科大学建立；日本《心理研究》创刊，1926 年改为《心理学研究》；阿德勒在《精神病的组成》中提出个体心理学的名称，并创建个体心理学派。

公元 1913 年　华生发表《行为主义者心目中的心理学》，标志行为主义心理学的建立。闵斯特伯格的《心理学与工业效率》出版；桑代克的《教育心理学》出版，提出练习律和效果率。

公元 1916 年　美国《实验心理学杂志》创刊；弗洛伊德的《精神分析引论》出版；特曼修订比奈—西蒙测验，称为斯坦福—比奈智力量表。

公元 1917 年　陈大齐在北京大学创建中国第一个心理学实验室；克勒的《人猿的智慧》出版。

公元 1918 年　陈大齐的《心理学大纲》出版，为中国最早的大学心理学教科书。

公元 1919 年　华生的《在行为主义者看来的心理学》出版。

公元 1920 年　中国第一个心理学系在南京东南大学建立；国际应用心理学会成立。克拉帕雷德为首任会长。

公元 1921 年　中华心理学会在南京成立。它是中国心理学会的前身。首任会长张耀翔；廖世承、陈鹤琴合著《智力测验法》；郭任远在美国《哲学杂志》第 18 期上发表论文“取消心理学的本能说”；克雷奇默的《体格与性格》出版。

公元 1922 年　中国第一本心理学专业杂志《心理》创刊，张耀翔主编。

公元 1923 年　艾伟在美国东乔治’华盛顿大学开始从事汉字心理研究；刘廷芳在美国哥伦比亚太学发表博士论文“汉字心理研究”；皮亚杰

的《儿童的语言和思维》出版；弗洛伊德的《自我与本我》出版，探讨人格的结构：本我、自我和超我。

公元1924年　陆志韦修订比奈—西蒙智力测验；奥尔波特的《社会心理学》出版。

公元1926年　北京大学建立心理学系；清华大学建立教育心理学系，后改为心理学系；日本心理学会成立；印度心理学会成立。

公元1927年　巴甫洛夫的《大脑两半球机能讲义》出版。

公元1929年　波林的《实验心理学史》出版；克勒的《格式塔心理学》出版；拉什利发表大脑皮层功能等势说。

公元1930年　国际心理卫生协会成立。

公元1931年　中国测验学会6月21日在北平举行第一次年会并宣告正式成立。

公元1932年　中国《测验》杂志创刊，为中国测验学会之会刊；巴特利特的《记忆：一个实验的与社会的心理学研究》出版，提出图式的概念；维戈茨基的《思维和言语》出版。

公元1936年　中国心理卫生协会4月19日在南京举行成立大会。

公元1937年　1月24日中国心理学会在南京举行成立大会。

公元1941年　英海尔德与皮亚杰合著的《儿童数量观念的发展：守恒与原子论》出版。

公元1945年　澳大利亚心理学会成立。

公元1947年　艾森克的《人格的维度》出版；墨菲的《人格》出版，发展了人格的生物社会的理论；赫布在《行为的组织》一书中提出新行为论。韦克斯勒发表儿童智力量表。

公元1951年　罗杰斯的《患者中心治疗》出版。同年，国际心理科学联合会成立，皮埃隆为主席。

公元1953年　斯金纳的《科学和人类行为》出版。

公元1954年　马斯洛的《动机与人格》出版，提出他的需要层次论。

公元1967年　奈瑟的《认知心理学》出版。

公元1973年　鲁利亚的《神经心理学原理》出版。

公元1981年　休伯尔和维厄瑟的感受野研究及斯佩里关于割裂脑的研究获诺贝尔医学和生理学奖。

附：心理测试

◎大脑工作能力调查问卷：评价大脑的工作能力

现实中，有的人智商（IQ）很高，但他的社会适应能力和完成任务能力却不和智商成正比。原因是尽管他拥有优秀的资质，却不善于运用自己的大脑。开发运用自己优秀的大脑是获取成功的关键。《大脑工作能力调查问卷》就是来自于日常生活和工作实践，为成年人提供的专门用来测量个体大脑工作能力的工具。

本测验从五个方面分析评价个体大脑工作能力：注意力、转移力、创造力、敏感力和自控力。本测验能很好地反映成年人所必备的大脑工作能力，为他们提供大脑工作状况方面的分析与建议，从而帮助个人更准确地认识大脑状况，为他们的自我矫正和培训提供参考。

下面的测验将使你更好地了解自己的大脑工作能力。该测验由五个方面60个题目组成。每个题目针对工作（生活）中的一个角度提问。本测验大约需要15分钟完成。

本测验是关于个人工作和生活中的一些问题，回答无所谓对与错，请尽量按自己的真实想法回答问题。请凭直觉作答，不用过多考虑。

测验题目

题号	题目	选项
1	你在听别人说话时，是否常常心不在焉？	是　否
2	你是否主动积极地参加会议和文娱活动？	是　否
3	你是否经常做一些自己所爱好的事情和体育活动？	是　否
4	你是否对中途改变计划的事情很恼火？	是　否
5	每天带着自我启发的目标工作（学习），是吗？	是　否

题号	题目	选项
6	你在工作（学习）时，是否同时牵挂着另外一项工作（学习）？	是　否
7	你是否常常阅读相同性质的图书？	是　否
8	你一听到音乐便兴致勃勃，是吗？	是　否
9	你是否基本上与同一个朋友交往？	是　否
10	你是否坚持一日一次锻炼身体？	是　否
11	当被别人指责后，你是否始终难以忘记？	是　否
12	你是否经常注意他人的言行举止？	是　否
13	你常常对自己的想法直言不讳吗？	是　否
14	别人提出不同的意见时，你是否不大愿意接受？	是　否
15	你是否能坚持做到不过量饮酒？	是　否
16	在谈话时，你是否会无意识地说起其他的事情？	是　否
17	你的性格是否适宜做接连不断的工作？	是　否
18	你是否经常遗忘一些小事情？	是　否
19	你不喜欢与思考方法、生活方式不同的人一起研究工作吗？	是　否
20	比起单凭大脑记忆，你是否更依赖于记笔记？	是　否
21	你是否在开长会过程中常常打呵欠？	是　否
22	发生不愉快的事情后，你是否难以忘怀？	是　否
23	你的睡眠特点是：上床后立即就睡着了，是吗？	是　否
24	你是否对工作（学习）不按部就班地进行感到不满意。	是　否
25	你是否每天很早就睡醒？	是　否
26	遇到担心的事情，你是否终日萦绕在心？	是　否
27	你不喜欢受时间表的约束？	是　否
28	你在妥善解决问题后往往有解脱感？	是　否
29	你对突发事件是否能马上适应？	是　否
30	你是否经常吃豆类果实类食物和蔬菜？	是　否
31	你是否有这样的经历：忙这忙那，什么都想干似地度过一天？	是　否
32	你是否喜欢把众多的事情集中起来处理？	是　否
33	在发生令人头痛的事情时，你是否能做到不怎么烦恼？	是　否
34	更换领导后，你对新领导是否能很快熟悉？	是　否
35	你是否具有经常总结并思考问题的习惯？	是　否

题号	题目	选项
36	刚看完的书（笔记），你是否会再重新阅读好几遍？	是　否
37	在改穿不同的服装后，你是否会浑身不自在？	是　否
38	早晨起来后，你是否感觉精神总是很好？	是　否
39	你是否常被人说是个头脑固执的人？	是　否
40	你的呼吸是否既深又长？	是　否
41	一件事做得时间太长后，你是否会急躁地希望早点结束？	是　否
42	你做事情不愿意受最后时间的限制？	是　否
43	你是否有对要紧的事情立即作记录的习惯？	是　否
44	你不太喜欢托人办事？	是　否
45	你是否能做到无论何时何地都能做到充分地松弛？	是　否
46	你在工作（学习）时，是否总觉得时间过得太慢？	是　否
47	你交往的朋友大多是志趣、想法一致的人吗？	是　否
48	你从不胸痛和胃痛吗？	是　否
49	接到自己做不想做的事情时，你是否会感到束手无策？	是　否
50	你有不吸烟的好习惯吗？	是　否
51	工作（学习）时，你是否对周围人的说话声听得很清楚？	是　否
52	你是否对频繁调换各种交通工具感到疲倦？	是　否
53	你是否觉得自己比一般人会玩？	是　否
54	你不大喜欢改变生活环境吗？	是　否
55	你是否能做到经常精神愉快地工作（学习）？	是　否
56	在等人时，你是否感到时间长得难熬？	是　否
57	你的兴趣和爱好一直很专一吗？	是　否
58	对某事发生兴趣后，你总喜欢从理论上探讨其原因吗？	是　否
59	你喜欢专心于一项工作（学习）吗？	是　否
60	你不喜欢暧昧的言行？	是　否

记分规则

这个测验从注意力、转移力、创造力、敏感力和自控力五个方面分析评价个体大脑工作能力。对应各项目的题号，根据答题情况计算出各项目的得分，记入表 1 中，并在表 2 中找到大脑工作能力几方面的发展程度。

表1：得分表

项目	题号	得分
注意力	1、6、11、16、21、26、31、36、41、46、51、56	
转移力	2、7、12、17、22、27、32、37、42、47、52、57	
创造力	3、8、13、18、23、28、33、38、43、48、53、58	
敏感力	4、9、14、19、24、29、34、39、44、49、54、59	
自控力	5、10、15、20、25、30、35、40、45、50、55、60	

各项目得分标准：注意力把“否”的个数作为得分；转移力把“否”的个数作为得分；创造力把“是”的个数作为得分；敏感力把“否”的个数作为得分；自控力把“是”的个数作为得分。

测验分数的解释

表2：大脑工作能力评定程度

程度项目	差　一般　好
注意力	0～45～89～12
转移力	0～45～89～12
创造力	0～45～89～12
敏感力	0～45～89～12
自控力	0～45～89～12

需要说明的是，若本测评中得分较低，并不必然地意味着自己的大脑功能不行。即使得分低些，也有其一定的特点和长处。最重要的是认清自己的特点，扬长避短。

◎天赋智能测验：评测你的基本能力和素质

智力是复杂的、多维的，先天具有的智力（天赋）和后天的提高同样重要。如果选择职业或提高领导能力需要某方面的天赋，而你又恰好拥有那种天赋，你就能把它变成资本，来获取成功。《天赋智能测验》是从人类最基本的能力出发编制的一种心理工具，可以用来测量个体是否具有从事各种工作所必须具备的基本能力与素质。

本心理测验可以反映你的基本能力水平和学习掌握新知识的潜在能力等方面的状况，能很好地反映你所必备的基本能力倾向状况，为你提供个人基本能力方面的分析与建议，从而帮助你更准确地认识自己，为今后的自我矫正和学习提高提供参考，对自己能否晋升或选择更合适的工作作出初步的判断。

本测验共有120道测验题目。每道题目陈述工作或生活中的一种情形，可根据自己的实际作出选择。测验时间约为30分钟，要求个体凭直觉作答，不必过多考虑。

测验指导语：请考虑你的日常的行为和经历，判断下列每一句陈述是否与您的行为或想法一致，请对每个题目后面的“1”、“2”、“3”、“4”、“5”五个等级做出选择。这五个数字表示您的认同程度，“1”表示最不认同，“5”表示最认同。答案没有对错，也没有好坏之分。请尽快回答，不要遗漏。

测验题目

题号	题目	选项
1	当我学会一个新词，我会试着把它用在对话或写作中。	1 2 3 4 5
2	我喜欢将得到的信息用图表来表示。	1 2 3 4 5
3	我能在脑海中想象出清晰准确的画面。	1 2 3 4 5
4	我喜欢唱歌，即使只唱给自己听	1 2 3 4 5
5	我能够熟练使用剪刀、球、锤子、刀子、刷子、针、钳子等工具。	1 2 3 4 5
6	我理解别人的情绪、性格、价值观和目的。	1 2 3 4 5
7	我明白自己相信什么，以及为何产生目前的行为方式。	1 2 3 4 5
8	我有“绿色天赋”，即喜欢植树种草。	1 2 3 4 5
9	我喜欢就某一观点进行辩论或对某件事进行解释。	1 2 3 4 5
10	我喜欢做智力测验或求解逻辑判断之类的谜题。	1 2 3 4 5
11	我注意衣服、发型、汽车、自行车等日常事物的风格类型。	1 2 3 4 5
12	当音乐变得沉闷、节奏失常或跑调时，我会很快发现。	1 2 3 4 5
13	我擅长身体运动，如跳舞、游戏或比赛。	1 2 3 4 5

题号	题目	选项
14	我能够影响他人，使他们相信我的信念、偏好、愿望或作出响应。	1 2 3 4 5
15	我的自我认知帮助我在生活中作出明智决定。	1 2 3 4 5
16	我关心自然和环境事业。	1 2 3 4 5
17	我善于用文字描述事物。	1 2 3 4 5
18	我容易记住一些数字或统计量（运动会的比分、建筑的高度等）。	1 2 3 4 5
19	我喜欢把东西拆开再拼回原状。	1 2 3 4 5
20	在我的脑海中，有一座“音乐图书馆”	1 2 3 4 5
21	我擅长制作手工艺品或制作模型。	1 2 3 4 5
22	我很愿意从事帮助别人的职业，比如教育、治疗、咨询等。	1 2 3 4 5
23	对自我情绪的认知帮助我决定是否投身某件事中及投入的程度。	1 2 3 4 5
24	我喜欢上公园、动物园和水族馆。	1 2 3 4 5
25	我善于用言语说服他人。	1 2 3 4 5
26	我喜欢国际象棋、跳棋等要运用谋略的游戏。	1 2 3 4 5
27	我喜欢画出自己的想法或草图来帮助解决问题。	1 2 3 4 5
28	我喜欢用自己的身体弄出乐声（哼歌、拍手、打响指等）。	1 2 3 4 5
29	我习惯通过动作来帮助自己记忆。	1 2 3 4 5
30	我能够充当一个有效的协调者，帮助别人或团体解决问题。	1 2 3 4 5
31	我了解自己在不同的环境中感觉、情绪、信念的复杂性。	1 2 3 4 5
32	我喜欢在自然界里露营或远足。	1 2 3 4 5
33	我喜欢到书店或图书馆去看书并研究一些想法。	1 2 3 4 5
34	我觉得心算是一件容易的事情。	1 2 3 4 5
35	我喜欢玩走迷宫、辨认视觉错觉等游戏。	1 2 3 4 5
36	我容易从周围的声音中辨认出旋律。	1 2 3 4 5
37	我善于动手修理或制作物品。	1 2 3 4 5
38	即使别人试图掩饰，我也能看出来他们的真实动机。	1 2 3 4 5
39	我的内心世界是我获得力量或者重新开始的根本源泉。	1 2 3 4 5
40	我容易适应不同的环境和事情。	1 2 3 4 5

题号	题目	选项
41	我喜欢玩拼字游戏、填字游戏、字谜等文字游戏。	1 2 3 4 5
42	对某些东西的数目我喜欢估计一下或猜测一下。	1 2 3 4 5
43	我能够用素描、油画、雕刻、草图等图形方式表现立体空间。	1 2 3 4 5
44	我喜欢在思考或做事时哼歌或小声唱歌。	1 2 3 4 5
45	我有很好的平衡感和协调能力。	1 2 3 4 5
46	我有很大的交际圈子。	1 2 3 4 5
47	我对自己的观点自信，不轻易动摇。	1 2 3 4 5
48	我擅长记忆曾到过的地方，记得动物、植物、人和物的名字。	1 2 3 4 5
49	与别人谈话时，我会小心地选择字眼，注意直意和言下之意。	1 2 3 4 5
50	我更喜欢有明确答案、是非分明的问题。	1 2 3 4 5
51	我能够区分色彩、线条及形状的细微差别。	1 2 3 4 5
52	我容易分辨各种不同的歌曲。	1 2 3 4 5
53	我能很快学会一种新的舞蹈或运动。	1 2 3 4 5
54	我容易与别人熟悉。	1 2 3 4 5
55	我对自己的情绪、信念、态度和感情负责。	1 2 3 4 5
56	我关心周围或在自然界中见到的人、场所和事物。	1 2 3 4 5
57	我能够自信地用语言和文字表达自己的意思。	1 2 3 4 5
58	我愿意从事化学、工程师、物理、天文学或数学等的工作。	1 2 3 4 5
59	我能够轻松准确地看地图。	1 2 3 4 5
60	我能听出同时演奏的不同乐器之间的不同。	1 2 3 4 5
61	我喜欢手工活动，如木工、组装模型或缝纫。	1 2 3 4 5
62	我喜欢与新的人交往和共事。	1 2 3 4 5
63	我在众人面前从容自信。	1 2 3 4 5
64	我习惯注意所在街区、学校和家附近的环境。	1 2 3 4 5
65	不论说话还是写文章，我的语法都是比较正确的。	1 2 3 4 5
66	我在接受事实、理由、原则方面严格而审慎。	1 2 3 4 5
67	我善于颜色搭配和装饰。	1 2 3 4 5
68	我喜欢多种音乐。	1 2 3 4 5
69	我讲话时常用手势。	1 2 3 4 5
70	当我无法做出决定时，我会咨询别人的意见。	1 2 3 4 5

题号	题目	选项
71	我喜欢制订符合自身情况的目标并积极实现这些目标。	1 2 3 4 5
72	只要有机会，我喜欢待在大自然中。	1 2 3 4 5
73	我对声音、节奏、音调变化、语言的韵律敏感，尤其是诗歌。	1 2 3 4 5
74	我遇到问题会用逻辑、分析和按部就班的过程去解决。	1 2 3 4 5
75	我容易记住别人的长相，而不是他们的姓名。	1 2 3 4 5
76	我喜欢用编歌的方式来记忆具体事项。	1 2 3 4 5
77	我能模仿别人的姿势和表情。	1 2 3 4 5
78	我不喜欢冲突，当冲突发生时，我尽量维持和谐。	1 2 3 4 5
79	我时常花一定的时间仔细考虑和自己有关的事情。	1 2 3 4 5
80	我善于预测自然现象的变化（如：季节的来临或快要下雨了）。	1 2 3 4 5
81	我喜欢经常性地、广泛地阅读。	1 2 3 4 5
82	大家遇到数学问题常常找我帮忙。	1 2 3 4 5
83	我擅长拼图、阅读说明书、模型或图纸。	1 2 3 4 5
84	我了解音乐的基本规则，比如和声、主音。	1 2 3 4 5
85	我喜欢亲自参加某种运动，而不是旁观。	1 2 3 4 5
86	我善于让他人感觉自在、舒服。	1 2 3 4 5
87	我很清楚自己擅长的和不擅长的事情。	1 2 3 4 5
88	我喜欢生物，不喜欢化学。	1 2 3 4 5
89	我把写信或写电子邮件当成重要的交流方式。	1 2 3 4 5
90	我相信几乎每一件事情都有一个合乎逻辑的解释。	1 2 3 4 5
91	当我看电影时，我比较注意看而不是听。	1 2 3 4 5
92	我有很好的乐感和音准。	1 2 3 4 5
93	从事投球、射箭、打高尔夫球等运动时，我能准确地命中目标。	1 2 3 4 5
94	我对他人的反应有强烈的感觉。	1 2 3 4 5
95	我喜欢可以一个人玩的游戏，如：单人纸牌、电脑游戏。	1 2 3 4 5
96	我精通户外活动，如：打猎、钓鱼或观鸟。	1 2 3 4 5
97	我喜欢学外语。	1 2 3 4 5
98	科学上最新的讨论与议题令我着迷。	1 2 3 4 5

题号	题目	选项
99	我有很好的方向感。	1 2 3 4 5
100	我能够从理性和感性两方面受到音乐的感染。	1 2 3 4 5
101	我需要动手操作，才能了解工作原理。	1 2 3 4 5
102	我喜欢与他人共事。	1 2 3 4 5
103	我比较信任自己的判断，而不是他人的忠告。	1 2 3 4 5
104	我喜欢以大自然为背景或对象来绘画或摄影。	1 2 3 4 5
105	我善于记忆名字或事件。	1 2 3 4 5
106	我善于在情境中发现规律与异常。	1 2 3 4 5
107	当我阅读时，我的脑海中就会浮现出故事的情节。	1 2 3 4 5
108	我喜欢表演，比如为观众唱歌或者演奏乐器。	1 2 3 4 5
109	我用体育运动减轻压力或者获得满足。	1 2 3 4 5
110	我尽量做到宽以待人、严于律己。	1 2 3 4 5
111	我喜欢写日记或者记录每日活动。	1 2 3 4 5
112	在户外，我觉得舒适而自信。	1 2 3 4 5
113	我常使用隐喻，我的语言很有表现力。	1 2 3 4 5
114	我喜欢数学课，而不是社会课或英语课。	1 2 3 4 5
115	我站在一个地方不动，也能想象出某一物品在不同角度的样子。	1 2 3 4 5
116	我很清楚自己的音乐趣味，知道自己喜欢什么，不喜欢什么。	1 2 3 4 5
117	我喜欢参加短剧或戏剧演出。	1 2 3 4 5
118	我喜欢社交聚会及活动，善于结交新朋友。	1 2 3 4 5
119	我常常思考自己及自己的价值观。	1 2 3 4 5
120	在森林中，我可以凭借太阳和星星找到方向。	1 2 3 4 5

记分规则

本测验题目全部为正向记分题目，即答题所选的定级数字为该题目得分。根据“天赋智能分类与相关题号表”，将测验题目归类，本类型的各题目得分合计后即为该智能类型的得分。

表 1：天赋智能分类与相关题号表

能力类型	相关题号	得分
语言才能	1、9、17、25、33、41、49、57、65、73、81、89、97、105、113	
逻辑才能	2、10、18、26、34、42、50、58、66、74、82、90、98、106、114	
图形功能	3、11、19、27、35、43、51、59、67、75、83、91、99、107、115	
音乐才能	4、12、20、28、36、44、52、60、68、76、84、92、100、108、116	
身体才能	5、13、21、29、37、45、53、61、69、77、85、93、101、109、117	
人际才能	6、14、22、30、38、46、54、62、70、78、86、94、102、110、118	
自我能力	7、15、23、31、39、47、55、63、71、79、87、95、103、111、119	
自然才能	8、16、24、32、40、48、56、64、72、80、88、96、104、112、120	

天赋智能类型评定

当你计算出每一类智力的得分后，请参考“天赋智能类型评定程度表”列出的强度分值，确定你每一类得分相对应的强度水平。

表 2：天赋智能类型评定程度表

强度分值			
能力分类	低强度	中等强度	高强度
语言才能	15～32 分	33～55 分	56～75 分
逻辑才能	15～32 分	33～55 分	56～75 分
图形才能	15～32 分	33～55 分	56～75 分
音乐才能	15～32 分	33～55 分	56～75 分
身体才能	15～32 分	33～55 分	56～75 分
人际才能	15～32 分	33～55 分	56～75 分
自我能力	15～32 分	33～55 分	56～75 分
自然才能	15～32 分	33～55 分	56～75 分

每个人可以根据自己各种能力类型的强度特点（参见“能力强度特点说明表”），明确自己存在什么长处或不足，扬长避短，有针对性地提高增强自己某一方面的才能。

表 3：能力强度特点说明表

强度等级	能力强度特点
低强度	你倾向于回避这个领域的活动。除非受到特别的激励，否则获得专门技术会有障碍，需要付出很多努力。然而，请记住，所有的智力，包括这一种，都是可以随时提高的，直至终身。
中等强度	你能够利用或者保留这种智力。尽管你承认它，但你并不一定愿意运用它。另一方面，你通常也不会刻意回避运用它。增加本领域的专门技术能够使你获得满足感，但是需要付出专心和努力。
高强度	你乐于运用这种智力。你从中感受到兴奋和挑战，或许到着迷的程度。只要有机会，你就会选择运用这种智力。成为本领域的专家是值得的，也是能够实现的。而且，比起中等强度或者低强度的人，你只需要付出很少的努力。

八类智力的具体特征与适合的职业

我们首先应该明白，所谓一种才能高，仅是相对而言的，有些人还可以同时具备几种较高的才能。所以以上介绍的特点和职业只是提供一点儿参考。在一定的学习或培训之后，某一方面才能增强了，照样可以从事其他相关职业。

表 4：智慧类型与适合职业分析表

突出的智慧	具体特征	适合的职业
语言才能	如果你拥有较高的语言才能，你就喜欢阅读和写作，并且对于名称和地点有良好的记忆力。你喜欢讲故事，并且容易让别人理解你的意思。你最好的学习方式是去看、去说、去听。	语言才能高的人包括诗人、作家、演说家、律师、政治家和教师。
逻辑才能	如果你拥有较高的逻辑才能，你会喜欢跟数字打交道，喜欢做实验，喜欢研究各种模型和关系。你喜欢有秩序的活动，最佳学习方式是对信息进行分类、对抽象问题进行深入思考，以寻找基本原理。	逻辑才能高的人包括数学家、生物学家、地质学家、工程师、物理学家、研究者和其他科学家。

突出的智慧	具体特征	适合的职业
图形才能	如果你拥有较高的图形才能，你就会喜欢想象事物，感受变化，探索迷津和困惑。你或许喜欢描绘、构建、设计和创造东西。你的最佳学习方式是看图、看电影或者录像，用眼睛观察。	图形才能高的人通常从事雕塑、绘画、外科手术和工程等行业。
音乐才能	如果你拥有较高的音乐才能，你就会对环境中的声音很敏感，喜欢音乐，喜欢听着音乐学习或者阅读。你欣赏音调和节奏，在旋律和乐曲中学习的效果最好。	音乐才能在歌手、指挥和作曲家身上表现突出，也包括那些喜爱音乐、懂得欣赏音乐，能够运用多种音乐元素的人。
身体才能	如果你拥有较高的身体才能，你会倾向于通过身体感受来吸收知识，熟练地运用身体技能。对于你而言，在能够活动和亲自体验的环境中，学习效果最好。你能够熟练地用适当的方式操作物品。	身体才能高的人包括木匠、士兵、技工、舞蹈演员、体操运动员、游泳运动员以及其他运动员。
人际才能	如果你拥有较高的人际才能，你会喜欢和别人在一起，喜欢和别人谈话，喜欢投身于社会活动。你有理解别人的能力，大家也经常找你帮忙。你的最佳学习方式为联系、分享和参加合作小组。	人际才能高的人常见于销售、顾问、社团组织、咨询、教育等行业，或者其他为别人提供帮助的职业。
自我才能	如果你拥有较高的自我才能，那么你是一个独立思考并且能够创新的人。你专注于自己内心的想法和感受，接受自己本能的指引，追寻最初的目标，在这个过程中，你觉得惬意。在遇到有争议的问题时，你有强烈的个人主张。调整自己的工作步调对你来说很重要。	自我才能高的人包括哲学家和企业家。
自然才能	如果你拥有较高的自然才能，你就会喜欢大自然，喜欢各种动植物，喜欢踏青，喜欢旅游。你有较强的环境适应能力，在比较恶劣的环境下你的生存能力也会比一般人高一些。这样，你的生活会更加丰富多彩。	自然才能高的人适合当一名生物学家、旅游探险家、地质工作者，甚至可以成为一名特警或特种兵。

◎情商调查问卷：预测你的职业成就

情商是指我们认知、理解和驾驭自我情感以及他人情感的能力。这些能力包括：自我控制、热情、坚持不懈，以及激发自己和他人利用这种情绪、感觉、心情去适应社会，驾驭社交场合的能力。人的情商水平，即在人际交往中精于使用情感的能力，是获得成功的极其重要的因素。人们认为，情商和智商一样重要，甚至情商比智商更重要。令人欣慰的是，虽然智商是与生俱来的，但是情商却是一种我们能学到和提高的品质。情商，不仅仅在管理层中具有重要的意义，在企事业中、在集体中的每一个人，都是十分需要的，这既有利于个体，也有利于集体的健康发展。

本测验是从人事测量的角度出发编制的测验工具，可以被用来有效地预测人们的职业成就，特别是管理职业的成就。本测验从情绪控制能力、情绪稳定性、情绪平衡能力、挫折承受能力、情绪应付能力、生活调节能力、社会适应能力等7个方面对个体的情商水平进行评价，可为人才选拔、职业咨询等提供重要的参考依据。

（1）本测验广泛适用于高中以上文化程度的人群。

（2）可用于企业对管理人员的集体施测，为实施有效管理和选拔管理人员提供借鉴和依据。

本测验由30道题目组成。答题时间约为20分钟。

指导语：每道题目陈述一种情况，请受测者结合自身实际，用“1”、“2”、“3”、“4”表明自己的认同程度，“1”表示不认同，“2”表示不确定，“3”表示基本认同，“4”表示非常认同。在回答问题之前，努力让自己身临其境，不必过多考虑。

测验题目

题号	题目	认同程度
1	我通常能够保持沉着冷静、积极乐观、镇定自若。	1 2 3 4
2	我在压力之下也能够保持思路清晰并且专注于手中的任务。	1 2 3 4

题号	题目	认同程度
3	我能够勇于承认自己的错误。	1 2 3 4
4	我通常或者总是能够实现承诺、信守诺言。	1 2 3 4
5	对于实现自己的目标，我是很负责任的。	1 2 3 4
6	我在工作中能够做到有条不紊并且很细心。	1 2 3 4
7	我经常性地从各种各样的大量资料中搜寻和发掘新的思想。	1 2 3 4
8	我擅长于产生新的思想。	1 2 3 4
9	我能够游刃有余地处理大量的需求和对付不断变化的需要优先考虑的事情。	1 2 3 4
10	我是结果导向型的，为实现目标我有着强大的动力。	1 2 3 4
11	我喜欢提出挑战性的目标并且积极地去实现这些目标。	1 2 3 4
12	我一直在努力学习如何提高我的绩效，包括向比我年轻的人征求建议。	1 2 3 4
13	为实现一个重要的组织目标，我做好了牺牲自身利益的准备。	1 2 3 4
14	公司的使命是我能够理解并认同的。	1 2 3 4
15	我的团队（不管是部门、院系，还是公司）的价值影响着我的决策并且能够阐明我所作出的选择。	1 2 3 4
16	我能积极寻求推进组织总体目标的机会并取得他人的帮助。	1 2 3 4
17	在当前的工作中，我追求的是人们的要求或期望之外的更高目标。	1 2 3 4
18	障碍与挫折只可能使我延迟一时，但却不能使我停止。	1 2 3 4
19	我认为绕开官样文章或者屈就于过时的规定有时是必要的。	1 2 3 4
20	我会寻求一些新的视野，即使它意味着尝试某种全新的东西。	1 2 3 4
21	工作中我能够宠辱不惊，高兴或悲痛一般都不会扰乱我。	1 2 3 4
22	情况发生变化时，我能够迅速调整自己的策略。	1 2 3 4
23	跟踪新信息是我降低不确定性和寻找做事的更好途径的最佳手段。	1 2 3 4
24	我一般不会将挫折归结于人身缺陷（我自己的或者其他人的）。	1 2 3 4
25	我的行动发自于一种对于成功的期望，而不是开始于担心失败的心理。	1 2 3 4
26	当工作有压力的时候，我能够让自己放松。	1 2 3 4
27	如果别人需要，我会向他们提供建议并且在情感上支持他们。	1 2 3 4

题号	题目	认同程度
28	我能够在从事不感兴趣的事情时创造激情。	1 2 3 4
29	我善于成功地解决同事之间的争端。	1 2 3 4
30	我能够与他人亲密地交谈。	1 2 3 4

记分规则

本测验全部为正向记分题目，即“1”记1分，选择“2”记2分，选择“3”记3分，选择“4”记4分。将30个问题的分数加起来就会得到你整个情商的分数。然后对照下表，将自我意识、管理情感、激发自我热情、与他人心意相通、社交技能五个方面对应题号的得分相加，就得到您的情商五大要素的分数。

表1：情商五大要素与相关题号对应表

要素	对应题号	得分
自我意识	1、6、11、16、21、26	
管理情感	2、7、12、17、22、27	
激发自我热情	3、8、13、18、23、28	
与他人心意相通	4、9、14、19、24、29	
社交技能	5、10、15、20、25、30	

测验分数的解释

这份问卷说明了你的情商。如果你得了100分或更高的分数，表明你具备了很高的情商。得分在60～100分说明你具备发展管理能力的情商。得分在60分以下说明应意识到你也许低于正常的情商。

对于情商五个因素——自我意识，控制情绪，自我激励，与他人心意相通以及社交技能——中的每一个因素，如果你的得分高于20分就说明你具备很高的情商，低于15分则反之。

◎核心素质测验：对自己的能力合理评估

一般认为，成功人士的核心素质包括交流能力、推断能力、团队精神、商业意识和进取精神六项。现在，职场的竞争归根结底是核心素质的竞争，雇员仅凭自己的勤勤恳恳、不知疲倦地苦干就能得到老板的注意与回报的日子已经过去了，即使你为老板做事非常卖力，但也会因为种种原因，如海外母公司想降低成本，或由于经济的衰退公司裁减规模等原因被炒鱿鱼。只有不断增强自己的核心素质和职场能力，才能掌握自己的职业前途。花费一定的时间与精力，进行履历投资，提高自身核心素质可以降低被裁员的风险，有些评论家称之为“衰退期的自我价值证明”，因为公司首先自然都会先裁掉那些被认为素质较低的人。如果想主动变换职业的话，核心素质也足以使你更快地找到，更顺利地适应新的工作。

心理学家设计出一系列心理测验考察个体核心素质各项能力状况，以利于其对自己能力做出合理估计，发扬长处，修正弱点，为提高职场竞争力提供必要的指导。

每道题目陈述一种情况，个体根据自身情况进行自我评估，测验由 25 道题目组成。测验时间约为 10 分钟，要求个体实事求是作答，不用过多考虑。

指导语：个体应该逐一思考下列陈述，如果认为自己“比所了解的所有人都差”选 A，如果认为“比所了解的大部分人差”选 B，认为“和所了解的大部分人差不多”选 C，认为“比所了解的大部分人好”选 D，认为“比自己所了解的所有人者都好”选 E。

测验题目

序号	内容	选项
1	工作能够有计划、有条不紊地进行，并总是集中精力先着力解决重要的问题。	A B C D E
2	在团队中口碑好，有威信。	A B C D E

序号	内容	选项
3	向领导汇报工作中的重要问题时，能够清楚表达并引起领导重视。	A B C D E
4	总是在对两个以上方案分析比较的基础上做出决策。	A B C D E
5	在公众场合发言自信而有条理。	A B C D E
6	在团队其他成员间发生冲突时，愿意接受自己的调解处理。	A B C D E
7	在商业竞争中能够做到知己知彼，注重充分搜集对手资料。	A B C D E
8	对遇到的挫折和问题，不只是关注表面现象，能够深入分析其原因。	A B C D E
9	一些别人不能胜任的工作，领导会交给自己来做。	A B C D E
10	工作起来精力充沛、干劲十足。	A B C D E
11	对于团队工作中的失败愿意主动承担应负的责任。	A B C D E
12	在复杂情况下，能做出果断的决定。	A B C D E
13	能够公平地对待每一位团队成员。	A B C D E
14	深入了解本行业的发展趋势，及时跟踪本行业的市场动态。	A B C D E
15	与同事讨论工作时能清楚地表达自己的观点。	A B C D E
16	一贯都能按时完成任务。	A B C D E
17	能拟制简洁明了的工作报告、备忘录及信函等。	A B C D E
18	将自己的日常工作融入企业的长远发展战略。	A B C D E
19	工作中需要决策时能够快速搜集相关资料及数据。	A B C D E
20	了解其他部门的工作。	A B C D E
21	对于团队遇到的困难能挺身而出，愿意主动承担较难做的工作。	A B C D E
22	总是满怀热情全身心投入自己所从事的工作。	A B C D E
23	愿意充分听取别人的意见后再做决定。	A B C D E
24	经常阅读公司有关文件。	A B C D E
25	对于工作中的分歧，能够在较短时间内向同事表达清楚自己立场及持此立场的理由。	A B C D E

记分规则

本测验全部为正向记分题目，即选择“A”记 0 分，选择“B”表示记 1 分，选择“C”记 2 分，选择“D”记 3 分，选择“E”记 4 分。根据

表1素质类型与相关题号表，将测验题目归类，然后将本类型的各题目得分合计后即为该素质类型的得分。

表1：核心素质类型与相关题号

素质类别	试题数	题号	得分
沟通能力	5	3、5、15、17、25	
推理能力	5	4、8、12、19、23	
团队精神	5	2、6、11、13、21	
商业意识	5	7、14、18、20、24	
进取精神	5	1、9、10、16、22	

测验分数的解释

得分越高说明所对应能力类型的素质越高，如果得分小于10分说明该项素质不及格，要加倍努力，如高于10分低15分说明该项素质较高，如果高于15分说明该项素质非常优秀。

◎安全感调查问卷：是否恐惧和焦虑的评测

做这样的假想，一天清晨，你离开寝室（家），已经走了很远，突然发现有一件东西没带，可能是手机、纸巾、钥匙或者钱包，你最不希望的是什么呢？

选手机的人是最没有安全感的，其次是纸巾，然后是钥匙，最后是钱包。选手机的人往往是随时随地都在警觉着任何事情，随时要跟别人取得联络，在情感上建立紧密的连接，需要别人，也需要关心别人，所以对他们来说在情感上的联系是很重要的；选纸巾的人，在某种程度上有时是有点强迫症的感觉，所以常常喜欢擦东西。

马斯洛认为，心理的安全感是一种从恐惧和焦虑中脱离出来的信心。安全和自由的感觉，特别是满足一个人现在和将来各种需要的感觉。心理和精神病研究界的学者普遍认为，安全感是人们对可能出现的对身体或心理的危险或风险的预感，以及个体在应对处置时的有力或无力感，主要表现为确定感和可控制感。大量的孤独症、神经症、社交恐惧症、反社会人格、迫害妄想等诸多病症都与安全感有关，认为强迫的核心是恐惧和不安全感。

这个测试带有一定的游戏性质，下面是一个专业的心理测试：

马斯洛《安全感——不安全感问卷》

测试说明：请根据测试题中的叙述，选择一个最符合你情形的答案。答案无所谓对或错，因此不必对任何一条陈述花太多的时间去考虑，只要答出你平时的实际感受是怎样的就可以了。整个测试大约10分钟内完成。

a = 是（符合）；b = 否（不符合）；c = 不清楚

1. 通常，我更愿与人待在一起，而不是个人独处。
2. 在社交方面我感到轻松。
3. 我缺乏自信。
4. 我感到自己已经得到了足够的赞扬。
5. 我经常感到对世事的不满。
6. 我感到人们像尊重他人一样地尊重我。
7. 一次窘迫的经历会使我在很长时间内感到不安和焦虑。
8. 我对自己感到满意。
9. 一般说来，我不是一个自私的人。
10. 我倾向于通过逃避来避免一些不愉快的事情。
11. 当我与别人在一起时，我也常常会有一种孤独的感觉。
12. 我感到生活对我来说是公平的。
13. 当朋友批评我时，我是可以接受的。
14. 我很容易气馁。
15. 我通常对绝大多数人都是友好的。
16. 我经常感到活着没有意思。
17. 一般说来，我是一个乐观主义者。
18. 我认为我是一个相当敏感的人。
19. 一般说来，我是一个快活的人。
20. 通常，我对自己抱有信心。
21. 我常常自己感到不自然。
22. 我对自己不是很满意。

23. 我经常情绪低落。

24. 在我与每个人第一次见面时，我常常感到对方可能不会喜欢我。

25. 我对自己有足够的信心。

26. 通常，我认为大多数人都是可以信任的。

27. 我认为，在这个世界上我是一个有用的人。

28. 一般说来，我与他人相处很融洽。

29. 我经常为自己的未来发愁。

30. 我感到自己是坚强有力的。

31. 我很健谈。

32. 我有一种自己是别人的负担的感觉。

33. 我在表达自己感情方面存在困难。

34. 我时常为他人的幸运而感到欣喜。

35. 我经常感到似乎遗忘了什么事情。

36. 我是一个比较多疑的人。

37. 一般说来，我认为世界是一个适于生存的好地方。

38. 我很容易不安。

39. 我经常反省自己。

40. 我是在按照自己的意愿生活，而不是按照其他什么人的意愿在生活。

41. 当事情没办好时，我为自己感到悲哀和伤心。

42. 我感到自己在工作和职业上是一个成功者。

43. 我通常愿意让别人了解我究竟是怎样一个人。

44. 我感到自己没有能很好地适应生活。

45. 我经常抱着“车到山前必有路”的信念而坚持将事情做下去。

46. 我感到生活是一个沉重的负担。

47. 我被自卑所困扰。

48. 一般说来，我感到还好。

49. 我与异性相处得很好。

50. 在街上，我曾因感到人们在看我而烦恼。

51. 我很容易受伤害。

52. 在这个世界上，我感到温暖。

53. 我为自己的智力而忧虑。
54. 通常，我使别人感到轻松。
55. 对于未来，我隐隐有一种恐惧感。
56. 我的行为很自然。
57. 一般说来，我是幸运的。
58. 我有一个幸福的童年。
59. 我有许多真正的朋友。
60. 在多数时间中我都感到不安。
61. 我不喜欢竞争。
62. 我的家庭环境很幸福。
63. 我时常担心会遇到飞来的横祸。
64. 在与人相处时，我常常会感到很烦躁。
65. 一般说来，我很容易满足。
66. 我的情绪时常会一下子从非常高兴变得非常悲哀。
67. 一般说来，我受到人们的尊重和尊敬。
68. 我可以很好地与别人配合工作。
69. 我感到自己不能控制自己的情感。
70. 我有时感到人们在嘲笑我。
71. 一般说来，我是一个比较陌生的人。
72. 总的说来，我感到世界对我是公正的。
73. 我曾经因怀疑一些事情并非真实而苦恼。
74. 我经常受到羞辱。
75. 我经常感到自己被人们视为异乎寻常。

记分标准：

1. a	2. a	3. b	4. a	5. b
6. a	7. b	8. a	9. a	10. b
11. b	12. a	13. a	14. b	15. a
16. b	17. a	18. b	19. a	20. a
21. b	22. b	23. b	24. b	25. a
26. a	27. a	28. a	29. b	30. a

31. a	32. b	33. b	34. a	35. b
36. b	37. a	38. b	39. b 或 c	40. a
41. b 或 c	42. a	43. a	44. b	45. a
46. b	47. b	48. a	49. a	50. a
51. b 或 c	52. a	53. b	54. a	55. b
56. a	57. a	58. a	59. a	60. b
61. b	62. a	63. b	64. b	65. a
66. b	67. a	68. a	69. b	70. b
71. b	72. b	73. b	74. b	75. b

凡是选择与表中一致的记 0 分，其余的一律记 1 分。大部分选“不清楚”的都记为 1 分。将所有题目的得分相加即为最后得分。

测试分析：

0—24 分属于正常范围。

25 分以上，则具有不安全感的倾向。

31 分以上，则具有不安全感。

39 分以上则具有严重的不安全感，即存在着严重的心理障碍。

对于具有安全感和具有不安全感的人，马斯洛还从 14 个方面进行了对比：

缺乏安全感的人	具有安全感的人
1. 感到被拒绝，感到不被接受，感到受冷落，或受到嫉恨、受到歧视。	1. 感到被人喜欢、被人接受，从他人处感到温暖和热情。
2. 感到孤独、被遗忘、被抛弃。	2. 感到归属，感到是群体中的一员。
3. 经常感到威胁、危险和焦虑。	3. 有安全感，无忧无虑。
4. 将世界、人生理解为危险、黑暗、敌意、挑战，像一个充满互相残杀的角斗场。	4. 将世界和人生理解为惬意、温暖、友爱、仁慈，普天之下皆兄弟。
5. 将他人视为基本上是坏的、恶的、自私的，或危险的。	5. 将他人视为基本上是好的、友善的。

缺乏安全感的人	具有安全感的人
6. 对他人抱不信任、嫉妒、傲慢、仇恨、敌视的态度。	6. 对他人抱信任、宽容、友好、热情的态度。
7. 悲观倾向。	7. 乐观倾向。
8. 总倾向于不满足。	8. 倾向于满足。
9. 紧张的感觉以及由紧张引起的疲劳、神经质、噩梦等。	9. 轻松、平静的感觉。
10. 表现出强迫性内省倾向，病态自责，自我过敏。	10. 开阔，表现出客体中心、问题中心、世界中心倾向，而不是自我中心倾向。
11. 自罪和羞怯感，自我谴责倾向，甚至自杀倾向。	11. 自我接受，自我宽容。
12. 被种种自我估价方面的情绪所困扰，如对权力和地位的追求，病态的理想主义，对钱和权势的渴求，对特权的嫉恨，受虐倾向，病态的柔顺、自卑等。	12. 为问题的解决而争取必要的力量，关注问题而不是关注于对他人的统治。坚定、积极，有良好的自我估价。
13. 不停息地为更安全而努力，表现出各种神经质倾向、自卫倾向、逃避倾向、幻觉等。	13. 以现实的态度来面对现实。
14. 自私，自我中心。	14. 关心社会，合作、善意，富于同情心。

◎性格倾向性测验：性格倾向评测

心理学家杨格把人类分为内向型及外向型。他的类型论传到了美国之后，又有了美国式的新发展。玛斯顿和雷爱德根据他的学说，做成了“性向检查”，这是把外向、内向的不同还原到量的多寡，设定一些问题，然后让受测者回答“是”或“非”，最后再根据数量计算，判定其性格倾向的一种测验。这种检查方法对于帮助我们了解日常生活表面的性格倾向，确实十分简便，因此性向检查在世界各国都极为普及。《性格倾向性测验》

就是我们参考有关资料，结合现实的发展设计的一个性格倾向测评工具。

本测验考察受测者的基本性格倾向。通过比较两种类型性格各自的优缺点，以及不同的调控办法，可以为不同性格类型的人提供一些有益的参考，使其更好地适应社会，取得更加优秀的业绩。

（1）本测验广泛适用于任何希望了解自己性格倾向的成年人，并为您的性格调控提供建议。

（2）适用于公司（部门）对属员集体施测，可了解属员的性格倾向，为实施有效管理提供依据。

本测验由50个题目组成。结合自己的实际，思考下面陈述的观点与您的想法或做法是否一致。请用“0”、“1”、“2”、“3”、“4”表示您的认同程度，“0”表示完全不同意，“1”表示比较不同意，“2”表示不确定，“3”表示比较同意，“4”表示完全同意。请不要太急着回答，也不要在同一问题上花太多时候考虑，不要再三思考，按照直觉回答就可以了。

测验题目

序号	题目	认同程度
1	我不会对一点小事耿耿于怀。	0 1 2 3 4
2	一事当前，我能立刻下定决心。	0 1 2 3 4
3	对于已定的计划，我会认真重视地彻底执行。	0 1 2 3 4
4	在下定决心之后，我不会再变卦。	0 1 2 3 4
5	比起思考，我更热衷于活动。	0 1 2 3 4
6	我常常心情抑郁。	0 1 2 3 4
7	我对失败的经验一直挥之不去。	0 1 2 3 4
8	我常常表现出满不在乎的样子。	0 1 2 3 4
9	我不爱说话。	0 1 2 3 4
10	我无法隐藏感情，心里想的，会立刻浮现在脸上。	0 1 2 3 4
11	我常为一点高兴的事而欢欣鼓舞。	0 1 2 3 4
12	我很容易就改变心情。	0 1 2 3 4
13	我通常很固执。	0 1 2 3 4
14	我的忍耐力很强。	0 1 2 3 4
15	我喜欢和别人争辩、打赌。	0 1 2 3 4

序号	题目	认同程度
16	我自认言论易过于偏激。	0 1 2 3 4
17	我为人处世十分谨慎。	0 1 2 3 4
18	我干事情动作利落。	0 1 2 3 4
19	我做事周密。	0 1 2 3 4
20	我喜欢做大手笔的工作。	0 1 2 3 4
21	我非常热衷工作。	0 1 2 3 4
22	我是个只爱幻想、不爱行动的空想家。	0 1 2 3 4
23	我有洁癖。	0 1 2 3 4
24	我经常乱搁东西，过后就忘地方。	0 1 2 3 4
25	我常乱花钱，大手大脚。	0 1 2 3 4
26	我喜欢在众人面前讲话。	0 1 2 3 4
27	我习惯挑剔别人的一点小错。	0 1 2 3 4
28	我爱说笑话。	0 1 2 3 4
29	我容易被别人戴高帽，并且喜不自胜。	0 1 2 3 4
30	我很倔强。	0 1 2 3 4
31	我内心有很多不满。	0 1 2 3 4
32	我很介意别人对自己的评论。	0 1 2 3 4
33	我喜欢批评别人，容易发火。	0 1 2 3 4
34	我会把自己的事情，完全放心地委托给别人去办。	0 1 2 3 4
35	我讨厌听别人的命令行事。	0 1 2 3 4
36	我认为自己有指挥领导别人的能力。	0 1 2 3 4
37	我能虚心地采纳别人的意见。	0 1 2 3 4
38	我自认为是机灵的。	0 1 2 3 4
39	我会隐瞒真相。	0 1 2 3 4
40	我很容易对他人施予同情。	0 1 2 3 4
41	我向来过于信赖他人。	0 1 2 3 4
42	对于伤害过我的人，我会记恨他。	0 1 2 3 4
43	我很容易害臊。	0 1 2 3 4
44	我更喜欢一个人独处。	0 1 2 3 4
45	我会为了交朋友煞费苦心。	0 1 2 3 4

序号	题目	认同程度
46	即使在众人面前，我也能泰然自若地侃侃而谈。	0 1 2 3 4
47	受人注目时，我会想要退缩。	0 1 2 3 4
48	即使和意见不同的人，我也能够轻松地交往下去。	0 1 2 3 4
49	我喜欢帮助别人。	0 1 2 3 4
50	我会毫不吝惜地把东西送给别人。	0 1 2 3 4

记分规则

本测验分正向记分题目和负向记分题目，正向记分题目选择“0”记0分，选择“1”记1分，选择“2”记2分，选择“3”记3分，选择“4”记4分；然后把各题的分数相加，即为受测者的得分。负向记分题目选择“0”记4分，选择“1”记3分，选择“2”记2分，选择“3”记1分，选择“4”记0分。

表1：正向记分与负向记分题目

正向记分题目	2、4、5、8、10、11、12、18、20、21、24、25、26、28、29、34、36、37、38、40、41、46、48、49、50
负向记分题目	1、3、6、7、9、13、14、15、16、17、19、22、23、27、30、31、32、33、35、39、42、43、44、45、47。

测验分数的解释

性向指数，最高是200，最低是0。大于100的话就可以判定为外向，小于100的话就可以判定为内向；161以上是“非常外向”，59以下是“非常内向”。介于100和90之间，具有内、外向两面的倾向，可以称作“两向的”中间类型。

外向型的人对客体表现出积极的态度，一方是缩在自己的壳甲中，别人完全摸不清他的思绪，有时变得胆小如鼠（内向型）。外向型的人，配合客体而思考、感觉、行动。关心完全用在客体，以客体为优先。所以，这种人容易受客体的影响制约。外向型的人对环境中的人物和事物反应积极。关心外界，容易受外界影响，也能影响外界。对陌生的或新的环境也不畏缩，和大家维持良好的关系。一般对外向型的评论是“经常消耗自己，把自己推展到万物之中”外向型的人，无意识态度属于内向性格，会补偿缺失感，以免外向态度露出破绽。但是，当无意识的压抑过度时，便会打出反抗旗帜，以自我为中心，出现利己的、原始的、幼儿的倾向。极端下产生的神经症，多半为歇斯底里。

内向型的人对客体表现出消极的态度。另一方则完全相反，开放、爽朗、很好相处，乐于助人也不拒绝别人的帮助（外向型）。内向型的人并不关心客体，以主体为优先。内向型的人对环境中的人物和事物反应消极。凭内心的主观因素做决定，不容易受外界影响。不关心外界，不喜欢受外界影响，也不愿意影响外界，因此变得闭锁而缺乏社交活动，多半倾向自我反省。对内向型的评论是“躲避外界的要求，尽量不为客体耗费能源，反为自己建立强力安全护围”。对周围的人设防线，态度冷漠，这种人一看就知道是内向型的人。内向型的人，无意识态度属于外向性格，有补偿作用，当压抑过度时，意识和无意识交战，直到疲劳困惫为止。内向型最容易罹患的神经症是精神衰弱症（不安、神经衰弱、神经质、各种强迫症状、恐惧症、疑病症等）。